그림으로 쉽게 배우는 수학

# 매듭 이론

복잡한 매듭, 그림을 통해 수학으로 증명한다

신조 레이코 · 다나카 코코로 지음
권기태 옮김

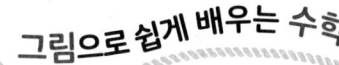
日本 옴사 · 성안당 공동 출간

Original Japanese Language edition
E DE MANABU SUGAKU MUSUBIME RIRON KONO HIMO, HODOKEMASUKA?
by Reiko Shinjo, Kokoro Tanaka
Copyright © Reiko Shinjo, Kokoro Tanaka 2024
Published by Ohmsha, Ltd.
Korean translation rights by arrangement with Ohmsha, Ltd.
through Japan UNI Agency, Inc., Tokyo

Korean translation copyright © 2025 by Sung An Dang, Inc.

이 책의 한국어판 출판권은
Japan UNI Agency, Inc.를 통해 저자권자와 독점 계약한 [BM](주)도서출판 **성안당**에 있습니다.
저작권법에 의하여 한국 내에서 보호를 받는 저작물이므로 무단전재와 무단복제를 금합니다.

# 머리말

사람들은 '수학' 하면 곧 '계산'을 떠올리는 경우가 많습니다. 하지만 기하학의 한 분야인 '매듭 이론'에서는 '매듭' 자체가 연구 대상입니다. 이 말을 들으면, 우리가 일반적으로 생각하는 수학과는 사뭇 다르게 느껴지지 않나요? 실제로 연구 과정에서는 대상이 되는 '매듭'을 시각적으로 파악하고, 그림을 그리며 사고하는 경우가 많습니다. 여러 장의 계산 용지가 수식이 아닌 그림으로만 채워지는 일도 드물지 않습니다. 수학자가 '그림'을 그리는 셈이지요. 이런 수학, 상상해보셨나요?

이 책은 매듭 이론을 계산하는 수학이 아니라 '그림을 그리는 수학'으로 소개하며, 흥미롭게 접근할 수 있도록 구성했습니다. 독자 여러분이 내용을 제대로 이해했는지를 점검할 수 있도록 연습문제도 풍부하게 실었습니다. 복잡하게 얽힌 끈들을 보다 보면 처음에는 머릿속이 어지러울 수도 있겠지만, 걱정하지 않으셔도 됩니다. 혼란스럽지 않도록 친절하고 차근차근 설명하고 있으니까요.

이 책의 집필은 옴사 편집부의 츠쿠이 야스히코 씨로부터 "매듭 이론을 주제로 일반인을 위한 책을 만들어 볼 수 없을까요?"라는 제안을 받은 데서 시작됐습니다. 참고한 입문서로는 『매듭 수학』과 『매듭 이야기(개정판)』이 있지만, 이 책은 그보다 더 낮은 난도를 목표로 삼았습니다.

집필 도중에는 NHK TV 프로그램 '웃지 않는 수학 제2시즌 #4 매듭 이론'의 수학 감수를 맡는 기회를 얻었고, 프로그램에서 사용된 '매듭의 지문'이라는 표현은 이 책의 9장에서 비유적으로 차용했습니다. 이 비유를 통해 '불변량'이라는 추상적인 개념도 좀 더 쉽게 이해할 수 있으리라 기대합니다.

마지막으로 오랜 시간 인내심을 가지고 함께 작업해주신 옴사의 편집자 여러분께 깊이 감사드립니다. 당초 계획보다 시간이 훨씬 더 걸린 점은 반성하고 있습니다. 또한 TV 프로그램 감수 기회를 주신 치요다라프트의 야마시타 마사토 씨, 초안 단계부터 원고를 검토해주고 귀중한 의견을 보내주신 도쿄여자대학교 신쿠니 료 선생님께도 진심으로 감사드립니다.

2024년 10월 저자 일동

# 차 례

머리말

## 제1장 매듭
1 일상에서의 매듭 ·················································· 10
2 묶여있다는 것은 어떤 상태인가? ···························· 12
3 매듭법을 설명한다 ··············································· 16

## 제2장 매듭 이론으로, 무엇을?
1 매듭과 고리 ······················································· 21
2 같은 매듭·다른 매듭 ············································ 28

## 제3장 고리를 살펴보기 위해서는
1 종이에 고리를 그려보자 ········································ 39
2 고리의 다이어그램 ··············································· 40
  • 기약 다이어그램 ················································ 53
3 매듭 이론의 목표 ················································ 59

## 제4장 다양한 고리
1 일상에서의 매듭으로부터 얻어진 매듭 ······················ 62
  • 옭 매듭 ···························································· 62
  • 마디 매듭 ························································· 63
  • 8자 매듭 ·························································· 63
  • 부듯가 매듭 ······················································ 64
  • 날개 매듭 ························································· 65
  • 맞매듭(스퀘어 매듭) ··········································· 66

- 외과의사 매듭 ··················· 67
- 세로 매듭(그래니 매듭) ··················· 67
- 솔로몬의 매듭 ··················· 68
- 보로메오 고리 ··················· 68

2 수학적인 의미를 가진 고리 ··················· 68
- 고리 계열 ··················· 68
- 분리 가능한 고리 ··················· 74
- 거울에 비친 고리 ··················· 80
- 합성 매듭 ··················· 89
- 프라임 매듭 ··················· 99

## 제5장 그래프와 매듭

1 평면 그래프 ··················· 105
2 오일러 공식 ··················· 109
- 오일러 공식의 확장 증명 ··················· 113

3 매듭의 다이어그램과 평면 그래프 ··················· 115

## 제6장 그려진 고리를 변형하자 I

1 같은 다이어그램·다른 다이어그램 ··················· 122
- '같다'가 무슨 말인가? ··················· 122
- '같은' 평면 도형 ··················· 123

2 평면의 동위 변형 ··················· 127
- 같은 도형이란? ··················· 133

3 고리 다이어그램의 동위 변형 ··················· 134
4 같은 고리를 나타내는 다른 다이어그램 ··················· 142
- 자명 다이어그램 ··················· 146
- 교대 매듭 ··················· 149

## 제7장 고리의 표를 만들자

1 고리의 복잡도 기준 ··················· 154
2 매듭을 나열하기 위해서는 ··················· 155
- 매듭의 최소 교점수 ··················· 155
- 최소 교점수를 결정하기 위해서는 ··················· 156
- 교점의 수가 1 또는 2인 다이어그램에서 얻어지는 매듭은? ··················· 157

3 교대 다이어그램과 최소 교점수 ·················· 164
　　4 매듭표의 작성 ······································· 166

## 제8장 그려진 고리를 변형하자 Ⅱ
　　1 평면의 동위 변형으로 이동하지 않는 같은 고리의 다이어그램 ········ 170
　　2 라이데마이스터 변형이란? ························· 175
　　3 라이데마이스터 변형을 사용해 보자 ················ 185
　　　• 교점을 늘리는 라이데마이스터 변형만 가능한 다이어그램 ········ 188

## 제9장 고리의 지문
　　1 불변량이란? ········································ 194
　　　• 사람의 불변량 ···································· 195
　　　• 평면 도형의 불변량 ······························· 199
　　2 고리와 다이어그램의 불변량 ······················· 201
　　　• 고리의 불변량 ···································· 201
　　　• 고리 다이어그램의 불변량 ······················· 202

## 제10장 그 고리, 정말로 얽혀 있어?
　　1 간이 고리수란? ····································· 204
　　2 간이 고리수를 구해보자 ··························· 205
　　3 계산의 예와 이를 통해 알 수 있는 것 ·············· 212

## 제11장 매듭이 정말로 묶여 있을까?
　　1 고리의 3채색 가능성이란? ························· 213
　　　• 고리 다이어그램의 3채색 ························ 213
　　2 3채색 가능 여부를 알아보자 ······················· 217
　　　• 호프 고리의 3채색 가능성 ······················· 220
　　　• 8자 매듭의 3채색 가능성 ························ 220
　　　• 3채색 가능성에 관한 연습문제 ·················· 221
　　3 3채색 가능 여부의 판정 결과를 통해 알 수 있는 것 ········ 225

## 제12장 불변성의 증명

1 간이 고리수의 불변성 증명 ......................................... 227
- 평면의 동위 변형 ............................................... 228
- 라이데마이스터 변형 I ........................................ 228
- 라이데마이스터 변형 II ....................................... 228
- 라이데마이스터 변형 III ...................................... 229

2 3채색 가능성의 불변성 증명 ...................................... 230
- 평면의 동위 변형 ............................................... 230
- 라이데마이스터 변형 I ........................................ 231
- 라이데마이스터 변형 II ....................................... 232
- 라이데마이스터 변형 III ...................................... 234

## 제13장 고리를 풀자

1 교차 교환과 매듭의 풀림수(unknotting number) ............ 237
2 고리 풀림수 ......................................................... 251
- 교차 교환과 간이 고리수 .................................... 255

부록 / 매듭과 고리의 표 ............................................... 261

찾아보기 .................................................................. 266

그림으로 쉽게 배우는 수학

# 매듭 이론

복잡한 매듭, 그림을 통해 수학으로 증명한다

제 1 장 | 매듭
제 2 장 | 매듭 이론으로, 무엇을?
제 3 장 | 고리를 살펴보기 위해서는
제 4 장 | 다양한 고리
제 5 장 | 그래프와 매듭
제 6 장 | 그려진 고리를 변형하자 Ⅰ
제 7 장 | 고리의 표를 만들자
제 8 장 | 그려진 고리를 변형하자 Ⅱ
제 9 장 | 고리의 지문
제10장 | 그 고리, 정말로 얽혀 있어?
제11장 | 매듭이 정말로 묶여 있을까?
제12장 | 불변성의 증명
제13장 | 고리를 풀자

# 제1장

# 매듭

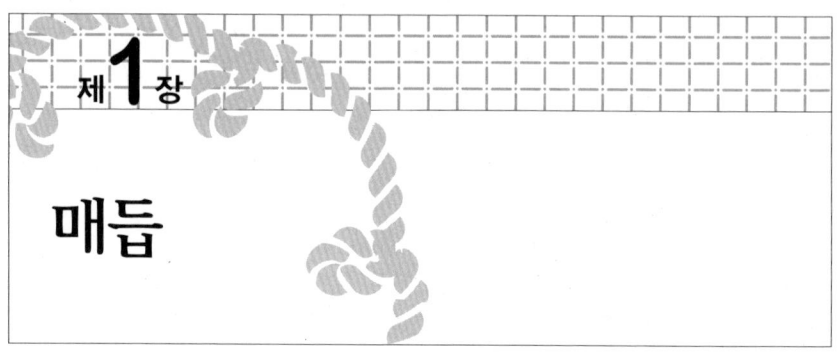

 이 책에서는 '매듭'에 대해 학습합니다. '매듭'이라는 단어는 누구나 한 번쯤은 들어본 적이 있을 것입니다. 실제로 우리 주변에는 많은 매듭이 존재하며, '끈을 묶어서 만드는 것'을 말합니다. 매듭은 영어로 'knot'이라고 부릅니다. knot은 일상적으로 쓰이는 '매듭'이나 '매듭을 묶다'를 의미하는 용어입니다. '매듭 이론'은 말 그대로 매듭에 대해 배우는 학문이지만, 수학에서의 매듭은 우리가 일상에서 보는 매듭과는 조금 다릅니다. 여기에서는 '수학에서의 매듭'이란 어떤 것인지 살펴보겠습니다.

## 1 일상에서의 매듭

 우리는 일상적으로 무언가를 묶곤 합니다. 그렇게 만들어진 매듭에는 이름이 붙은 경우가 많습니다. 그만큼 매듭이 우리 생활과 얼마나 밀접하게 관련되어 있는지를 보여줍니다.
 바느질에서는 바늘에 꿰어 놓은 실에 '구슬 매듭'을 만듭니다. 야외 활동을 좋아하는 사람이나 보이스카우트의 경험이 있는 사람이라면, '고정 매듭' 등을 알고 있을 것입니다. 또한 경험해 본 적이 있는 사람은 드물겠지만, 배를 부두에 계류할 때 끈으로 묶기도 합니다. 선물에 달린 리본에서 볼 수 있는 '나비 매듭'은 장식적인 이미지가 강하지만, 끈의 끝과 끝을 연결하는 매듭법 중 하나입니다. 허리 부분을 끈으로 조이는 바지는 끈을 나비 매듭으로 묶어 양 끝을 연결해 바지가 흘러내리지 않도록 합니다. 게다가 쉽게 풀 수 있다는 장점도 있습니다.
 생활하다 보면 실용적인 매듭뿐만 아니라 장식적인 매듭도 볼 수 있습니다. 예를 들어 축의금 봉투에 묶는 '날개 매듭'과 장식 목적의 '가고메 매듭'이 있습니다. **그림 1.1**의 왼쪽이 날개 매듭, 오른쪽이 가고메 매듭입니다.

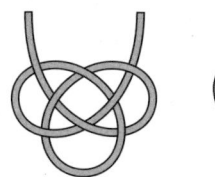

그림 1.1 날개 매듭과 가고메 매듭

또한 디자인의 요소가 되는 매듭도 있습니다. 예를 들어 문장(紋章)*이나 가문(家紋)* 등에도 수많은 매듭이 나타납니다. **그림 1.2**는 가문에서 볼 수 있는 매듭으로 왼쪽은 '세잎 매듭', 오른쪽은 '무한 매듭'입니다.

그림 1.2 세잎 매듭과 무한 매듭

주의 깊게 살펴보면, 우리 주변에서 많은 매듭을 발견할 수 있습니다.

> **연습문제 1** 신발 끈을 묶는 것 등, 무언가를 '묶는' 장면을 몇 개라도 좋으니 찾아보기 바랍니다.
>
> **해답** 한복의 고름이나, 도복의 띠를 묶거나, 길이가 부족한 끈이나 털실을 연결할 때, 잡지나 신문을 비닐 끈으로 묶을 때 등, 다양한 곳에서 우리는 무언가를 묶고 있습니다.

제4장에서도 우리 주변에서 자주 볼 수 있는 몇 가지 매듭을 소개합니다. 하지만 수학에서 말하는 매듭은 주변에서 볼 수 있는 매듭과는 조금 다릅니다. '수학에서의 매듭'에 대해서는 제2장에서 자세히 다루겠지만, 다음 절에서도 간단히 설명하겠습니다. 우선 수학에서의 매듭에 대해 설명하기 전 일반적인 매듭에 대해 먼저 알아보겠습니다.

---

* 역자 주: 국가 또는 단체 등을 나타내는 상징적인 표지를 의미합니다.
* 역자 주: 한 가문의 표지로 정한 무늬를 의미합니다.

# 2 묶여있다는 것은 어떤 상태인가?

여기에서는 어떤 상태일 때 '묶여 있다'라고 말할 수 있는지를 생각해 보겠습니다.

밧줄이나 리본처럼 끈으로 묶어 만든 매듭은 '풀 수 있다'고 말할 수 있습니다. 물론 코드나 목걸이가 엉켜서 생긴 매듭이나 바늘에 꿴 실로 만든 구슬 매듭처럼 단단히 조여진 매듭은 풀기 어려운 것도 있습니다. 그러나 그런 상태가 되기까지의 과정을 거꾸로 따라가면 원리적으로는 풀 수 있을 것입니다. 구체적인 예를 살펴봅시다. 그림 1.3은 '옭 매듭'을 묶는 방법입니다. 끈의 양 끝을 당기면 매듭 부분이 작아지고 단단하게 묶입니다.

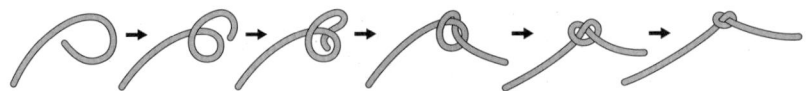

그림 1.3 옭 매듭을 묶는 방법

그러나 그림 1.4와 같이 순서를 거꾸로 적용하면 끈을 쉽게 풀 수 있습니다.

그림 1.4 옭 매듭을 푸는 방법

그렇다면 여기에서 질문입니다. ①~⑥ 중 어느 것이 매듭이 묶여 있는 상태이고, 어느 것이 매듭이 풀려 있는 상태일까요? ④, ⑤, ⑥의 상태에서는 양쪽 끝을 잡아당겨도 매듭이 생기지 않으므로, 묶이지 않은 것으로 볼 수 있습니다.

그렇다면 ③의 상태는 어떨까요? 매듭을 알고 있는 사람 중에는 ③의 상태를 매듭이 '느슨하게 묶여 있다'고 생각하는 사람도 있을 것이고, 매듭이 '느슨하다'고 생각하여 '묶여 있지 않다'고 판단하는 사람들도 있을 것입니다. 반면에 매듭을 묶는 방법을 모르는 사람은 단순히 끈이 엉켜있다고 판단할 수도 있습니다.

한 가지 더 예를 들어봅시다. **그림 1.5**는 '고정 매듭'을 묶는 방법입니다. 이 역시 ②의 상태에서는 양쪽 끝을 잡아당겨도 매듭을 만들 수 없기 때문에 매듭이 묶여 있지 않다고 말할 수 있습니다. ④의 상태를 고정 매듭이 '느슨하게 묶여 있다'고 생각하는 사람도 있고, 고정 매듭이 '묶여 있지 않다'고 판단하는 사람도 있을 것입니다. 고정 매듭을 모르면 단순히 끈이 엉켜있다고 판단할 수도 있습니다. 하지만 ③의 상태에서는 어떨까요? 양 끝을 잡아당기면 방금 본 '옭 매듭'이 생깁니다. 즉, ③의 상태는 '고정 매듭'으로는 풀려 있지만, '옭 매듭'으로 생각하면 묶여 있다고 볼 수도 있습니다.

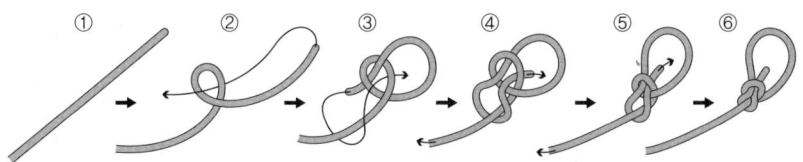

**그림 1.5 고정 매듭을 묶는 방법**

물론 **그림 1.6**과 같이 순서를 거꾸로 적용하면 끈을 쉽게 풀 수 있습니다.

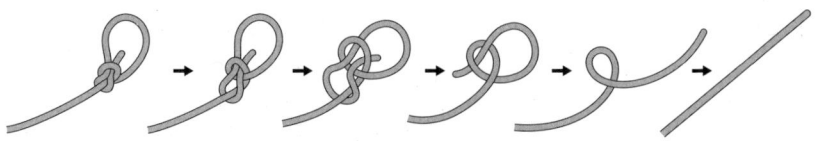

**그림 1.6 고정 매듭을 푸는 방법**

이렇게 보면 '묶여 있다'는 판단은 사람마다 다르기 때문에 '묶여 있다', '느슨하다', '풀려 있다'를 명확히 하기 위해서는 어떤 약속이 필요하다는 것을 알 수 있습니다.

---

**연습문제 2**  어떤 매듭법으로 되어 있는지는, 양 끝을 잡아당겨서 단단히 조여 만들어지는 매듭으로 판단하면 될까요?

**해답**  **그림 1.7**은 '슬립 매듭'이라고 불리는 매듭법인데, 이름 그대로 끈의 양쪽 끝을 당기면 쉽게 풀어집니다. 따라서 양 끝을 잡아당겨서 어떤 매듭인지 판단할 수 없습니다.

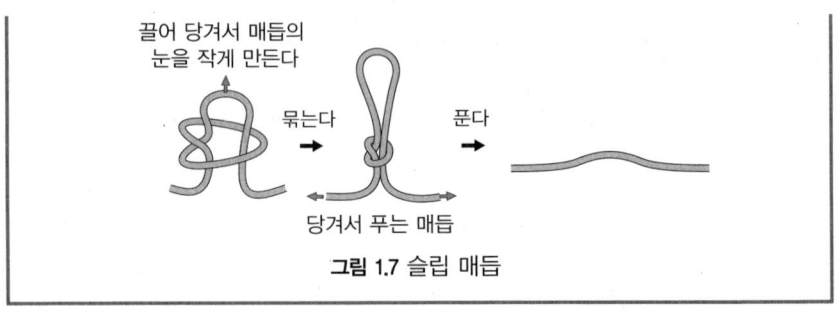

**그림 1.7** 슬립 매듭

그림 1.8은 '이중 슬립 매듭'과 이중 슬립 매듭의 고리 안으로 끈을 통과시켜 만드는 '이중 슬립 매듭의 변형판'입니다. 이중 슬립 매듭이 양쪽 끝을 잡아당겨도 풀리지 않는 매듭인 반면, 변형판은 끈을 고리에 통과시킬 때 둘로 접어서 고리에 통과시킨 후 양쪽 끝을 잡아당기면 쉽게 풀릴 수 있도록 만든 것입니다.

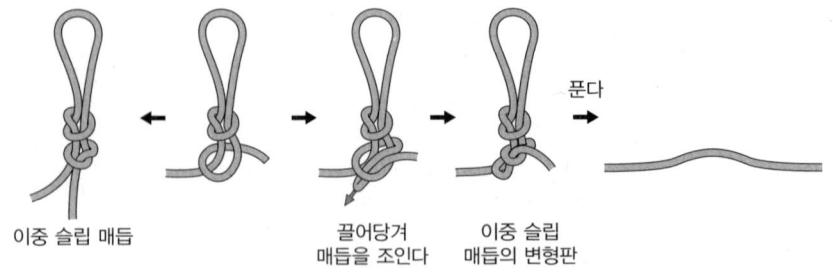

**그림 1.8** 이중 슬립 매듭과 변형판

슬립 매듭과 이중 슬립 매듭은 서로 다른 이름을 가지고 있지만, 양 끝을 잡아당기면 둘 다 풀린다는 점에서는 사실상 동일한 매듭이라 할 수 있습니다. 이처럼 매듭을 살펴보면, 일상에서는 '묶여 있다'에 대한 통일된 기준이 없다는 사실을 알 수 있습니다. 그러나 통일된 기준이 없다는 것은 수학에서는 피해야 할 상황입니다. '묶여 있다'는 상태를 정확히 정의하지 못하면 매듭 이론을 전개하기 매우 어렵습니다.

따라서 수학에서는 끈의 양 끝을 연결하는 것부터 생각하기로 합니다. 매듭을 만들지 않은 상태에서 양 끝을 연결하면 **그림 1.9**와 같이 묶이지 않은 고무줄과 같은 단순한 고리가 만들어집니다.

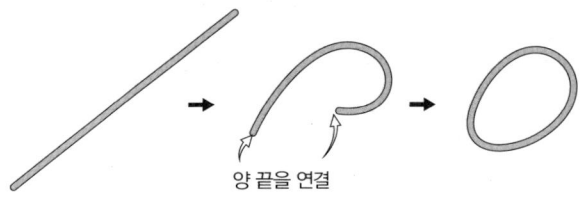

**그림 1.9** 끈의 양 끝을 연결

다음으로 매듭을 만든 상태에서 끈의 양 끝을 연결하면 '매듭이 있는 고리'가 만들어집니다. 이 끝을 닫은 매듭을 풀려고 하면 **그림 1.10**과 같이 풀 수 있는데, 고무줄처럼 '단순한 고리'로 되는 매듭도 있고, **그림 1.11**과 같이 그렇지 않은 매듭도 있음을 알 수 있습니다.*

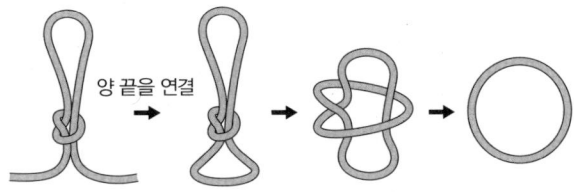

**그림 1.10** 단순한 원이 만들어지는 끝이 닫힌 매듭

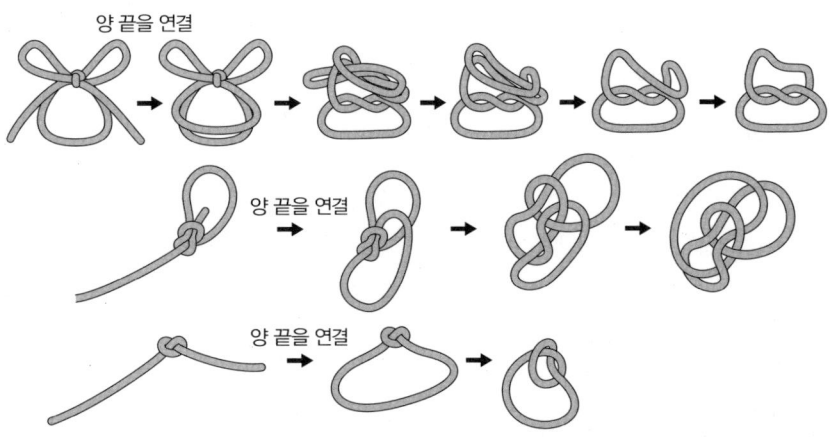

**그림 1.11** 끝이 닫힌 매듭을 풀면

---

* 뒤에서 기술하겠지만, 수학에 있어서는 풀 수 없는 것은 사실 '증명해야 한다'는 것입니다.

양 끝을 연결하기 전에는 풀 수 있는 매듭이지만, 양 끝을 연결하면 **그림 1.12**와 같이 모양이 바뀌고, 이렇게 만들어진 매듭은 끈을 자르지 않는 한 풀 수 없는 매듭이 됩니다.

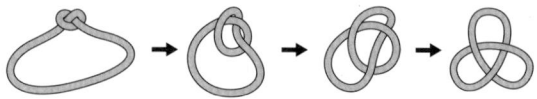

**그림 1.12** 끝을 닫은 옭 매듭

따라서 수학에서는 매듭의 양쪽 끝을 닫음으로써 그 매듭이 '묶여 있는지' 혹은 '풀려 있는지'를 판단합니다. 앞으로 수학에서 '매듭'이라고 하면 단순히 끈을 묶은 것이 아니라, 묶은 후 양 끝을 닫은 끈을 의미하는 것으로 약속합니다. 또한 끈은 고무줄처럼 자유롭게 늘였다 줄였다 할 수 있는 것으로 생각합니다.

이 책에서는 '수학에서의 매듭'에 대해 공부합니다. 따라서 앞으로는 위에서 말한 것처럼 '매듭'이라고 하면 양 끝이 닫힌 것을 떠올리기를 바랍니다. 또한 아직 다루지 않았지만, 몇 개의 매듭이 얽혀서 만들어진 '고리(link)'라는 수학적 대상도 동시에 다룰 것입니다. '고리'에 대해서는 다음 장에서 설명하겠습니다.

수학이라고 하면 '수식'이나 '계산'을 떠올리는 사람이 많겠지만, 이 책에서는 계산이나 수식이 거의 등장하지 않는 수학을 접하게 될 것입니다. '거의'라고 쓴 이유는 간단한 사칙연산 정도는 하기 때문입니다. 다음 장부터는 매듭의 그림을 많이 그리게 됩니다.

지금까지 본 것과 같은 매듭을 그리는 것이 어렵지 않을까 걱정하실 수도 있지만, 문제없습니다. 실제로 매듭을 그려본 적이 없더라도 많은 사람들이 매듭을 단순화하여 그리는 방법을 이미 알고 있기 때문입니다. 단순화하는 방법에 대해서 설명하겠습니다.

## 3 매듭법을 설명한다

모르는 매듭법을 시도해 보고 싶을 때, 여러분은 어떻게 하시나요? 실제로 끈을 이용하여 아는 사람에게 배우거나, 인터넷이나 책으로 찾아볼 것입니다. 최근에는 인터넷이나 책에서도 실제 끈을 사용하여 매듭법을 설명하는 사진 자료를 쉽게 구할 수 있지만, **그림 1.13**과 같은 그림을 사용하여 설명하는 것이나, 끈을 선으로 단순화한 **그림 1.14**와 같은 그림을 사용하는 것도 많이 있습니다. 두 그림 모두 끈을 묶는 방법을 표현한 것이지만, '어느 쪽이 더 실제의 끈과 같은가'라고 한다면 그림 1.13 쪽일 것입니다.

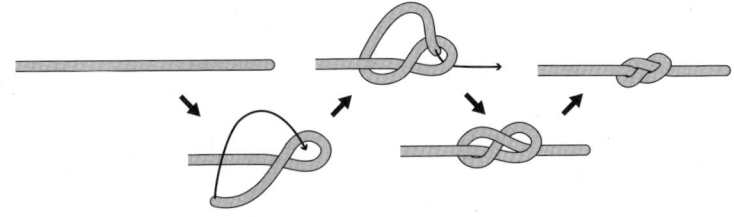

그림 1.13 8자 매듭을 만드는 방법

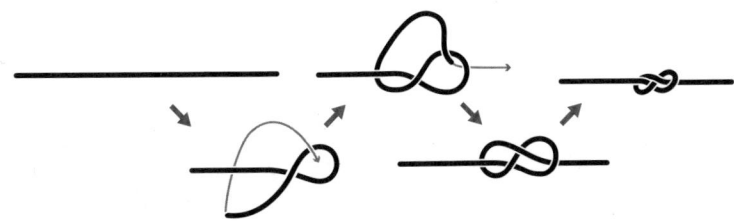

그림 1.14 단순하게 그린 8자 매듭을 만드는 방법

끈을 그대로 묘사한 그림 1.13과 같은 그림만 사용하는 것이 아니라, 왜 그림 1.14와 같은 그림도 사용하는 것일까요? 답은 간단합니다. 연필이나 펜으로 그리든, 컴퓨터나 태블릿을 사용해서 그리든 그림 1.14처럼 그리는 것이 훨씬 더 쉽기 때문입니다.

따라서 매듭 이론을 배울 때는 그림 1.14와 같은 그림을 그리게 됩니다. 다만, 이 책에서는 쉽게 이해할 수 있도록 그림 1.13과 그림 1.14를 병행하여 설명합니다. 여러분이 연습 문제를 풀 때는 그림 1.14와 같이 매듭을 그려보시기를 바랍니다.

참고로, 아이들을 위한 동화책 등에서는 그림 1.13과 같은 형태로 매듭을 표현합니다. 어른들은 그림 1.14를 보고 무의식적으로 그림 1.13과 같은 끈 매듭으로 변환할 수 있지만, 그림 1.14와 같은 그림에서 아이들은 '끈'이라는 것을 인식하지 못한다고 합니다.*

---

* 적어도 필자의 아이는 그랬습니다.

그림 1.15의 왼쪽은 수학에서의 매듭(여기에서 실제로 끈으로 만든 것을 상상해 보세요)이고, 오른쪽은 그것을 도식화한 것입니다. 매듭을 이렇게 평면상에 도식화한 것을 매듭의 '다이어그램'이라고 부릅니다.

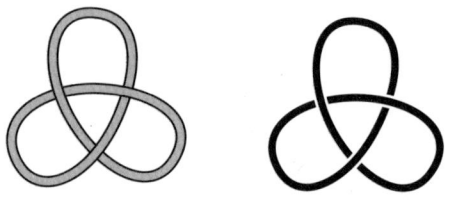

그림 1.15 매듭과 다이어그램

매듭의 '다이어그램'은 나중에 자세히 다루기로 하고, 우선 수학에서의 매듭은 잊어버리고, 묶인 끈을 어떻게 생각하면 **그림 1.16**과 같은 형태가 되는지 살펴보겠습니다.

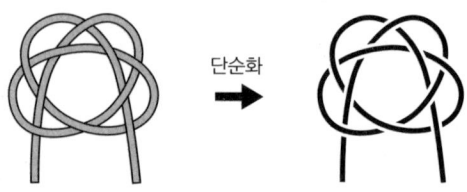

그림 1.16 단순화하여 그림

**그림 1.17**과 같이 끈의 형태를 곡선으로 그리고, 끈이 겹쳐 보이는 부분에서는 아래를 지나는 끈에 해당하는 부분을 지워 아래를 지나고 있음을 표현하는 식으로 단순화하였습니다.

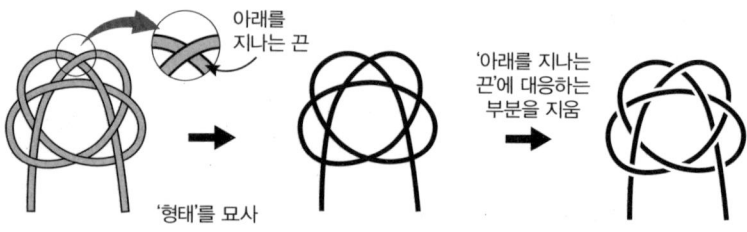

그림 1.17 단순화하는 방법

18 제1장 매듭

이런 설명이 없어도 단순화한 후의 그림을 보고 이것이 매듭이 지어진 끈을 나타내는 것으로 인식할 수 있지 않을까요? 그러나 수학에서는 겉으로 보기에 당연해 보이는 것일지라도 당연한 것으로 이야기를 진행할 수 없습니다. 제대로 약속하는 것이 필요합니다. 수학에서는 언제 누가 하더라도 단순화하여 그릴 수 있도록 규칙을 정해 둘 필요가 있습니다. 그 규칙에 대해서는 3장에서 자세히 설명하겠습니다.

**연습문제 3**  다음은 '가고메 매듭'의 매듭법입니다. 단계 ③~⑥의 매듭을 그림 1.17과 같이 단순화해서 나타내시오. 단, 끈 부분만 표시하고 화살표 등은 쓰지 않아도 됩니다

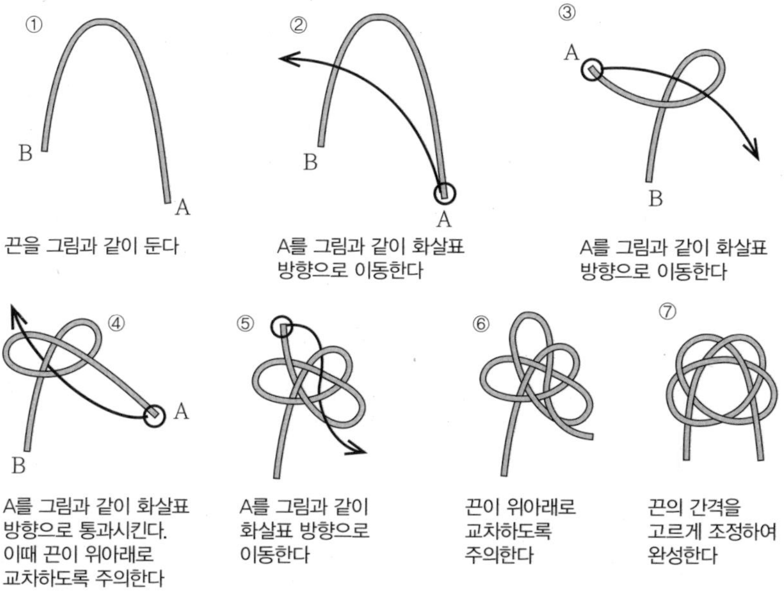

① 끈을 그림과 같이 둔다

② A를 그림과 같이 화살표 방향으로 이동한다

③ A를 그림과 같이 화살표 방향으로 이동한다

④ A를 그림과 같이 화살표 방향으로 통과시킨다. 이때 끈이 위아래로 교차하도록 주의한다

⑤ A를 그림과 같이 화살표 방향으로 이동한다

⑥ 끈이 위아래로 교차하도록 주의한다

⑦ 끈의 간격을 고르게 조정하여 완성한다

**그림 1.18** 가고메 매듭을 묶는 방법

**해답**  ③~⑥의 끈은 **그림 1.19**와 같이 단순화하여 그릴 수 있습니다.

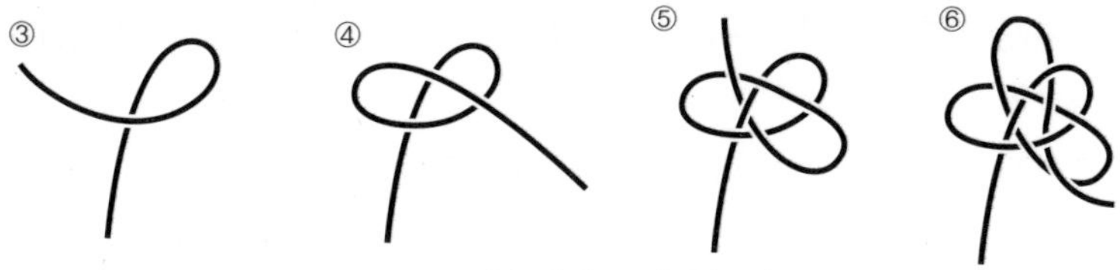

**그림 1.19** 단순하게 그린 ③~⑥

3. 매듭법을 설명한다

### 제1장 요약

1. 매듭은 영어로 'knot'이라고 부른다.
2. 수학에서는 끈을 연결한 양 끝이 닫힌 것을 '매듭'이라고 부른다.
3. 수학에서는 매듭을 '단순화'하여 그린 것을 연구한다.

# 제2장

# 매듭 이론으로, 무엇을?

매듭을 수학적 대상으로 연구하는 것이 '매듭 이론'입니다. 연구한다는 것이 생소하게 느껴질 수도 있지만, 어렵게 생각할 것은 없습니다. 매듭 이론에서는 수학에서 매듭에는 어떤 종류가 있는지 알아보는 것입니다. 여기서는 매듭 이론이 무엇인지 설명합니다. '매듭 이론'이라는 이름이 붙어 있지만, 매듭과 밀접한 관련이 있는 '고리(link)'도 중요한 연구 대상입니다.

## 1. 매듭과 고리

먼저 매듭 이론의 연구 대상인 '매듭'과 그 동료인 '고리'에 대해 설명합니다. 이미 언급했듯이 수학에서의 매듭은 **그림 2.1**과 같이 하나의 끈을 묶고 끈의 양 끝을 연결하여 닫은 것을 의미합니다. 즉, 수학에서 '매듭'이라고 하면 그림 2.1과 같이 끈을 묶고 그 끈의 양 끝을 연결하여 만든 매듭이 있는 고리를 가리킵니다.*

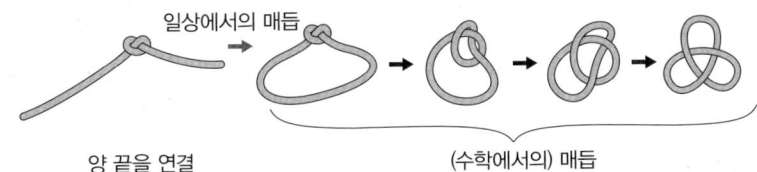

**그림 2.1** 일상에서의 매듭과 수학에서의 매듭

**그림 2.2**는 수학에서의 매듭의 예입니다. 두 번째 그림은 '세잎 매듭', 세 번째 그림은 '8자 매듭'으로, 매듭 이론에서 자주 예로 등장하는 매우 유명한

* 매듭이 지어지지 않은 단순한 고리도 매듭으로 간주합니다.

매듭입니다.

**그림 2.2** 수학에서의 다양한 매듭

그림 2.2의 맨 오른쪽 매듭은 '매듭'이라기보다는 '얽힌 끈'으로 보일 수도 있지만, 이것도 매듭입니다. **그림 2.3**과 같이 변형하면 8자 매듭임을 알 수 있습니다. 수학에서는 이렇게 형태는 달라도 같은 매듭으로 간주합니다. 즉, 그림 2.3에 나타난 매듭은 겉모습은 다르지만 모두 8자 매듭인 셈입니다.

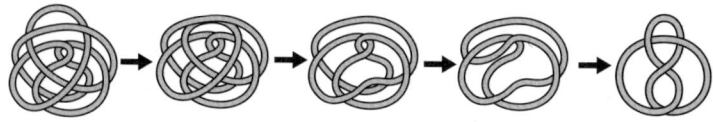

**그림 2.3** 8자 매듭

그림 2.2의 맨 왼쪽 그림은 '묶이지 않은 고리'인데, 이것도 수학에서는 매듭으로 간주합니다. 묶여 있지 않은 고리를 매듭이라고 부르는 것이 어색하게 느껴질 수도 있습니다. 묶여 있지 않기 때문에 매듭이라고 부르고 싶지 않은 사람도 있겠지만, 끈을 묶지 않고 양 끝을 그대로 연결한, 일종의 고무줄 같은 것도 수학에서는 하나의 매듭으로 간주하여 '자명 매듭(trivial knot)'이라고 부릅니다. 묶이지 않은 고리도 매듭이라고 부르는 것은, 그렇게 정의하지 않으면 이론 전개에 불편할 수 있기 때문입니다.

다음 매듭을 보고, 어떤 짐작을 해볼 수 있을까요?

**그림 2.4** 어떤 매듭인가?

그림 2.1의 맨 오른쪽 매듭과 같은 매듭이라고 생각할 수도 있지만, 사실은 조금 다릅니다. 이 매듭은 **그림 2.5**와 같이 풀면 단순한 고리가 되는 것을 알 수 있습니다.

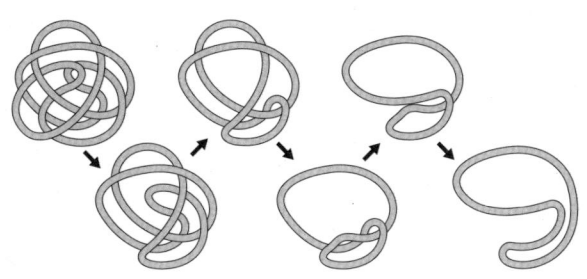

**그림 2.5** 자명 매듭

단순한 고리를 '매듭'이라고 부르지 않는다면, **그림 2.4**의 매듭은 '매듭이 아니다'라고 하는 것이 되어 버립니다. 즉, 끈의 양 끝을 연결한 형태가 주어졌을 때, 그것이 단순한 고리로 변형될 수 없다는 것을 확인할 수 없으면 매듭이라고 할 수 없습니다. 그러나 사실 끈의 양 끝이 연결된 형태가 간단하게 고리가 되는지 아닌지를 판단하는 일은 어렵다는 점을 설명하는 것이 이 책의 목표 중 하나입니다.

이 책에서 다루는 것은 '매듭 이론'이지만, 앞서 언급했듯이 매듭의 동료인 '고리(link)'도 다루기 때문에 여기서 소개해 두겠습니다. 하나의 끈을 묶고 그 양 끝을 연결하여 닫은 것이 수학에서의 매듭이었습니다. 여러 개의 끈으로 같은 것을 생각해 봅시다. 즉, 여러 개의 끈을 준비하여 그것들을 얽고 각 끈의 양 끝을 연결한 형태를 생각해 봅시다. **그림 2.6**은 세 개의 끈을 묶거나 각 끝을 서로 엉켜 넘겨서 각각의 끝점을 연결한 것입니다. 이렇게 얻어진 여러 개의 형태를 '고리(link)'라고 부릅니다. 고리에 포함된 매듭 하나하나를 그 '고리의 성분'이라고 하며, 고리의 성분이 $n$개일 때 '$n$성분 고리'라고 합니다. 그림 2.6의 고리는 3개의 매듭으로 구성되어 있으므로 3성분 고리입니다.

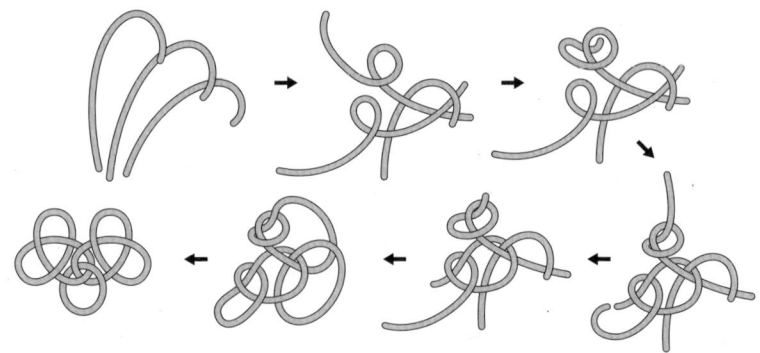

그림 2.6 3성분 고리

**그림 2.7**의 고리는 위쪽이 2성분 고리, 아래쪽이 3성분 고리의 예입니다. 그림과 같이 성분을 구분하여 칠하면 성분 수를 쉽게 알 수 있습니다.

단, 매듭은 1성분 고리로 간주합니다. 매듭 이론에서는 매듭을 포함한 고리 전체가 연구 대상이 됩니다.

그림 2.7 다양한 고리

**연습문제 1** 다음 고리는 몇 개의 성분을 가지나요? 앞에서 이야기한 것처럼, 매듭은 1성분 고리임에 주의하기를 바랍니다.

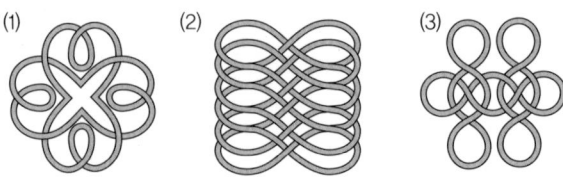

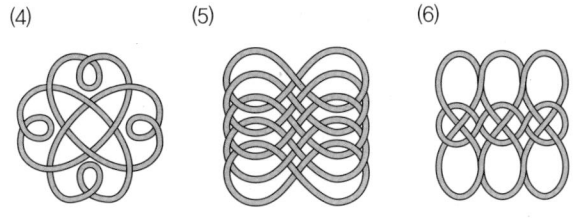

그림 2.8 몇 개 성분의 고리인가?

**해답** 그림 2.9와 같이 예시한 고리의 각 성분을 다른 색으로 칠해서 구분하면, 사용된 색의 수가 성분의 수가 된다는 것을 알 수 있습니다.

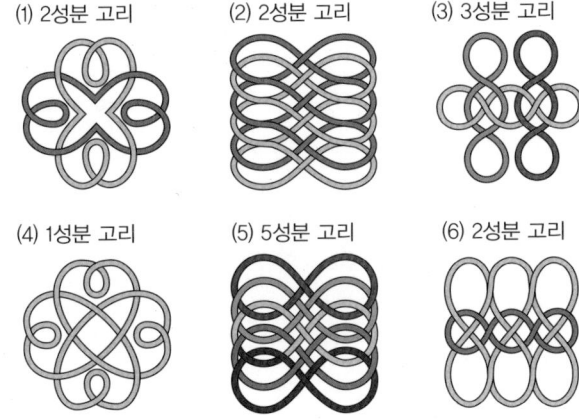

그림 2.9 색으로 구분하여 칠한 성분

사전에 여러 가지 색상의 펜을 준비하는 것은 쉽지 않습니다. 실제로는 **그림 2.10**과 같이 연필 등으로 종이 위에 그려진 고리 위에서 출발 지점을 정하고, 원래의 점으로 돌아올 때까지 반복하면서 성분 수를 세어 나가는 것이 좋습니다.

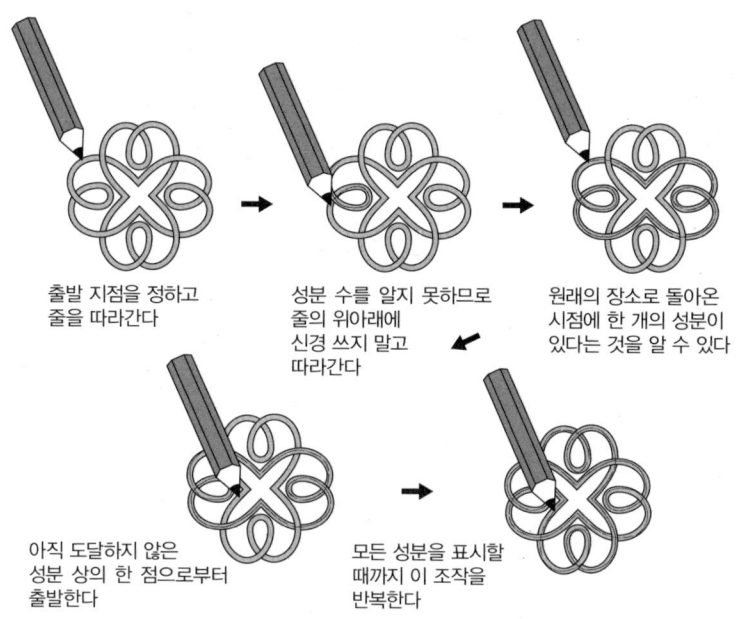

그림 2.10 성분 수를 알아내는 방법

또한 **그림 2.11**과 같은 경우도 '고리'라고 부르는 것에 주의하기를 바랍니다. 가장 왼쪽과 가운데에 있는 고리는 자명 매듭(연회색 성분)과 세잎 매듭(진회색 성분)으로 이루어진 고리입니다. 연결되지 않은 성분을 포함하고 있어도 고리입니다. 가운데 매듭과 가장 오른쪽의 고리는 매듭을 두 개씩 띄어 나열한 것이며, 이렇게 성분끼리 교점이 없는 것도 고리입니다. 특히 맨 왼쪽 고리처럼 모든 성분이 서로 교점이 없고, 모든 성분이 자명 매듭으로 되어 있는 것을 '자명 고리(trivial link)'라고 합니다.

그림 2.11 다양한 2성분 고리

임의의 자연수 $n$에 대해, 자명 $n$성분 고리가 존재합니다. **그림 2.12**는 자명 고리의 예입니다.

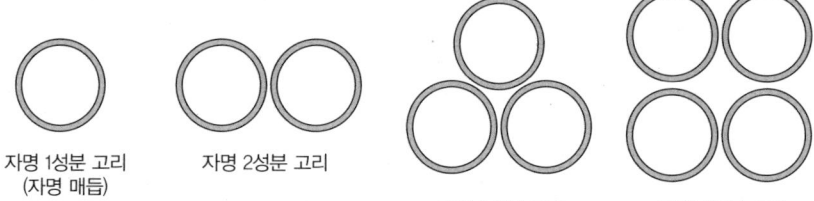

**그림 2.12** 자명 고리

**그림 2.13**의 매듭과 2성분 고리는 언뜻 보기에는 연결되어 있거나 얽혀 있는 것처럼 보일지도 모르지만, 모두 자명 고리입니다.

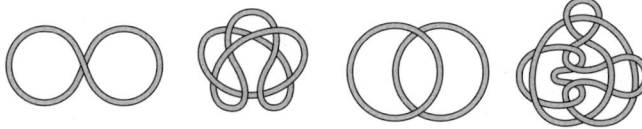

**그림 2.13** 자명 매듭과 고리

**연습문제 2** 그림 2.13의 매듭과 2성분 고리가 '자명 고리'라는 사실을 보이시오.

**해답** 그림 2.13에 나타낸 고리는 **그림 2.14**나 **그림 2.15**와 같이 변형하면 각 성분이 자명 매듭이고, 서로 얽혀있지 않음을 알 수 있습니다. 따라서 2.13의 고리는 자명 고리임을 확인할 수 있습니다.

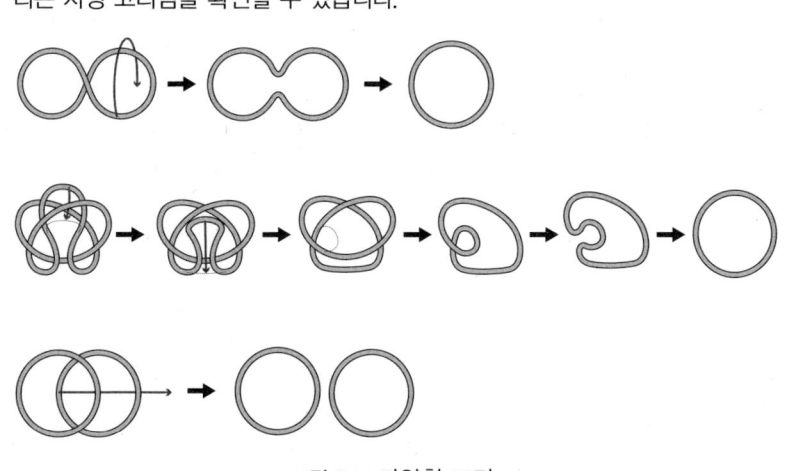

**그림 2.14** 다양한 고리

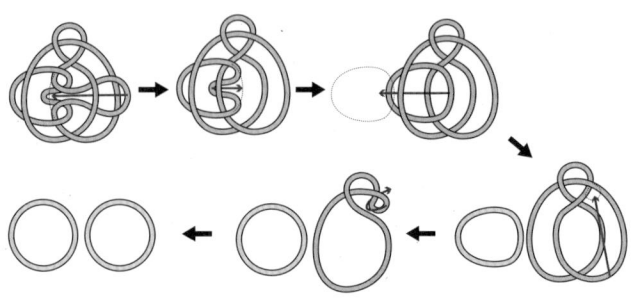

그림 2.15 자명 고리라는 것을 증명

## 2  같은 매듭·다른 매듭

매듭 이론의 주요 목표는 어떤 매듭이 '같은 매듭'이고 어떤 매듭이 '다른 매듭'인지 판단하여 매듭의 목록을 작성하는 것입니다. 고리에 대해서도 마찬가지이지만, 갑자기 고리 전체를 생각하는 것은 힘들기 때문에 매듭에 한정하여 생각하는 경우가 많습니다. 목록을 작성하기 위해서는, 두 고리가 '같다' 또는 '다르다'고 판단하는 기준을 명확히 정해 두어야 합니다. 여기서는 그 기준에 대해 알아보겠습니다. 일상생활에서는 매듭의 형태가 중요한 경우가 많습니다. **그림 2.16**의 왼쪽 매듭은 '슬립 매듭', 오른쪽 매듭은 '이중 8자 매듭'이라고 부르며, 일상에서는 서로 다른 매듭법으로 인식되고 있습니다. 이 두 가지 모두 끈을 묶었을 뿐 끝이 닫혀 있지 않기 때문에 수학에서 말하는 매듭이 아니라는 점에 유의해야 합니다.

그림 2.16 슬립 매듭과 이중 8자 매듭

이 두 매듭의 양쪽 끝을 닫아 수학에서 말하는 매듭으로 만들어 봅시다. 양쪽 끝을 닫는 것은 끝에서 쉽게 풀리지 않도록 하기 위해서입니다. 그러나 이두 매듭은 끝을 닫아도 **그림 2.17**과 같이 쉽게 풀려서, 둘 다 단순한 고리 모양의 끈, 즉 자명 매듭이 되어 버립니다.

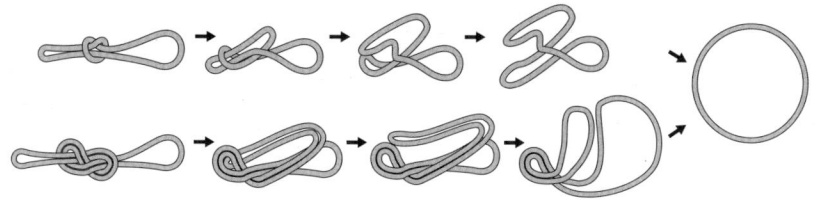

그림 2.17 닫힌 슬립 매듭과 이중 8자 매듭

겉모습은 다르지만, 둘 다 풀려 있기 때문에 수학에서는 이 두 매듭을 같은 매듭으로 간주합니다. 이 '같다'라는 단어는 일상생활에서 무심코 사용하고 있지만, 사실 무엇을 기준으로 같다고 할 수 있는지는 단순한 문제가 아닙니다. 수학에서는 그 기준을 명확히 정해둘 필요가 있습니다. 앞 장에서 구슬 매듭을 만든 후 끈의 끝을 닫으면 겉모습은 바꿀 수 있지만, 이미 만들어진 매듭은 끈을 자르지 않는 한 풀 수 없다고 설명했습니다. 이것은 구슬 매듭을 닫아서 얻은 매듭과 단순한 고리 모양의 매듭, 즉 자명 매듭은 서로 다른 매듭이라 것을 의미합니다.

그림 2.18 수학에서는 증명이 필요한 것

일상생활에서는 당연하게 생각될지도 모르지만, 수학에서는 증명이 필요합니다. 왜 그것을 증명해야 하는지 의문이 들 수도 있지만, 그에 대한 대답은 나중에 다루겠습니다. 매듭 이론에서는 '고리에는 어떤 종류가 있는가'를 조사합니다. 물론 '종류'라는 말이 무엇을 의미하는지 명확히 할 필요가 있지만, 여기서는 대략적인 느낌만 이야기하고 넘어가겠습니다.

일상에서 '나비 매듭'이라고 하면 고리 부분이 큰 것도 있고, 작은 것도 있습니다. 만약 고리의 크기처럼 겉모양의 차이를 모두 '다른 매듭법'으로 간주한다면, 서로 다른 매듭이 무한히 많다는 것을 의미합니다. 이것은 매듭 이론에서도 마찬가지입니다. 그림 2.19의 매듭은 겉모양은 다르지만, 모두 옭 매듭을 닫은 것이므로 같은 매듭이라고 생각할 수 있습니다.

**그림 2.19** 끝을 닫은 옭 매듭

따라서 매듭 이론에서는 실뜨기 요령으로 끈을 움직여 변형하는 것을 생각합니다. 실뜨기처럼 고리를 움직여 나가면서 같은 모양으로 만들어진 고리는 '같은 고리'라고 약속합니다. 이 약속에 따라 그림 2.19의 6개의 매듭은 같은 매듭이라고 할 수 있습니다. 즉, 겉보기에는 전혀 다른 두 고리가 사실은 같은 고리이거나, 매우 복잡해 보이지만 자명 고리일 수도 있다는 것입니다. 수학에서 두 개의 고리가 같은 고리라는 것이 무엇을 의미하는지 조금 더 자세히 설명해 보겠습니다.

두 고리가 동일하다는 것은, 한쪽을 3차원 공간 내에서 연속적으로 변형시켜 또 다른 쪽으로 변형시킬 수 있는 것을 말합니다. 반대로 한쪽을 3차원 공간 내에서 연속적으로 변형시켜 다른 한쪽으로 변형할 수 없다면, 두 고리는 서로 다른 고리입니다. '연속적'이라고 하면 잘 이해가 되지 않을 수도 있지만, 원하는 대로 늘리거나 줄일 수 있는 고무줄로 만든 고리를 실뜨기의 요령으로 움직여가는 듯한 이미지입니다. 예를 들어 설명해 보겠습니다. **그림 2.20**의 두 매듭을 살펴보세요.

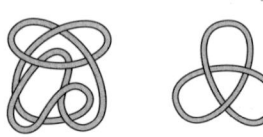

**그림 2.20** 겉모양이 다른 두 개의 매듭

예를 들어 왼쪽 매듭은 **그림 2.21**과 같이 오른쪽 매듭으로 변형될 수 있으므로 이 두 매듭은 같은 매듭이라고 할 수 있습니다. 실제로 끈으로 만들어서 확인해도 좋습니다.

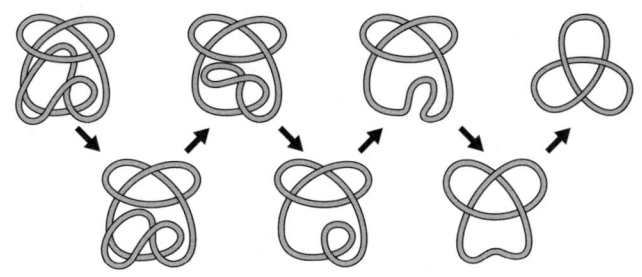

**그림 2.21** 매듭의 변형

두 도형이 합동인 도형일 때 '≡' 기호를 사용한 것처럼, 두 개의 고리가 공간 내에서 움직여 같은 모양이 될 수 있다는 것을 **그림 2.22**와 같이 '∼' 기호를 사용하여 나타냅니다.

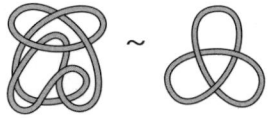

**그림 2.22** 고리가 같다는 것을 나타내는 기호

노트 등에 그려서 생각할 때는 끈 모양의 매듭을 그리는 것은 힘들기 때문에 **그림 2.23**과 같이 단순화한 그림을 그립니다.

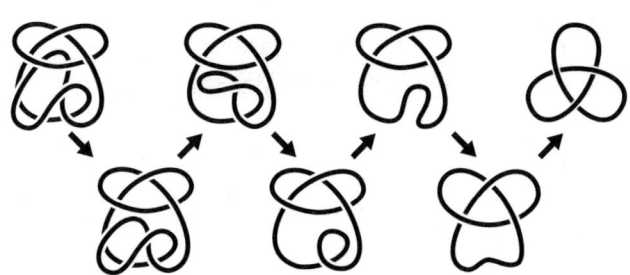

**그림 2.23** 그림 2.21을 단순화한 것

두 고리가 같다는 것은, 한 고리가 다른 고리와 같은 모양으로 변형될 수 있다는 것을 증명할 수 있는 것입니다. 그러나 두 고리가 다르다는 것은, 겉모양을 변형시키는 것만으로는 증명할 수 없습니다. 변형 방법은 무수히 많기 때

문에 어떻게 변형시켜도 같은 모양이 될 수 없다는 것을 확인할 수 없습니다. 그러나 이것은 두 고리가 다르다는 것을 '겉모양을 변형하는 것으로 증명할 수 없다'는 것일 뿐, 증명할 수단이 없는 것은 아닙니다. 두 고리가 다르다는 것을 증명하기 위해서는 '불변량'이라는 것을 사용하게 됩니다. 불변량이나 매듭이 다르다는 증명에 대해서는 제6장에서 자세히 다루기로 하고, 여기에서는 고리가 같다는 것을 나타내는 연습을 해보겠습니다.

**연습문제 3** 다음 두 매듭이 같은 매듭이라는 것을 나타내시오.

그림 2.24 두 개의 매듭

**해답** 왼쪽 매듭을 **그림 2.25**와 같이 오른쪽 매듭으로 변형시킬 수 있기 때문에, 이 두 매듭은 같은 매듭이라는 것을 알 수 있습니다.

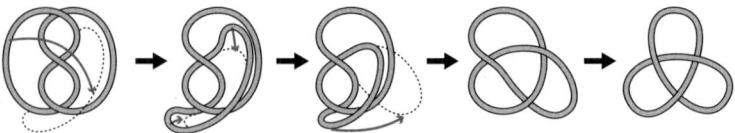

그림 2.25 왼쪽 매듭으로부터 오른쪽 매듭으로의 변형

**연습문제 4** 다음 두 매듭이 같은 매듭이라는 것을 나타내시오.

 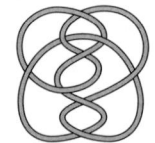

그림 2.26 두 개의 매듭

**해답** 오른쪽 매듭을 **그림 2.27**과 같이 왼쪽 매듭으로 변형시킬 수 있기 때문에, 이 두 매듭은 같은 매듭이라고 할 수 있습니다.

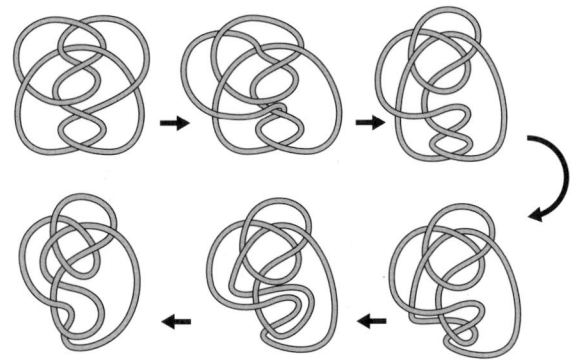

그림 2.27 오른쪽 매듭으로부터 왼쪽 매듭으로의 변형

지금까지의 문제 해답에서는 한쪽 매듭을 다른 쪽 매듭과 같은 형태로 변형시키는 것으로 두 매듭이 같다는 것을 나타냈습니다. 또 하나의 문제를 풀어보기를 바랍니다.

**연습문제 5** 다음 두 매듭이 같은 매듭이라는 것을 나타내시오.

그림 2.28 두 개의 매듭

**해답** 이 두 개의 매듭은 **그림 2.29**와 같이 동일한 형태로 변형시킬 수 있으므로 같은 매듭이라고 할 수 있습니다.

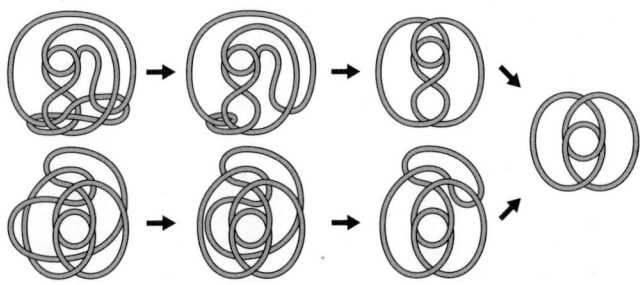

그림 2.29 같은 모양으로 변형되는 오른쪽 매듭과 왼쪽 매듭

이렇게 한쪽 매듭만 변형하는 것보다는 양쪽 매듭을 모두 변형하여 같은 모양으로 만드는 것이 더 효율적으로 증명할 수 있는 경우가 많습니다. 특히 이 두 매듭은 끈의 교점을 쉽게 제거할 수 있기 때문에 그 교점을 제거하는 것을 먼저 생각하게 됩니다. 복잡해지면 한쪽을 다른 쪽과 같은 모양으로 변형하는 것이 어려운 경우가 많습니다. 이 경우 한쪽만 변형하는 것이 아니라 이렇게 두 매듭을 모두 변형해 보는 것이 좋으며, 두 고리가 같다는 것을 나타내는 경우도 방법은 마찬가지입니다.

**연습문제 6** 다음 두 개의 2성분 고리가 같은 고리라는 것을 나타내시오.

그림 2.30 두 개의 2성분 고리

**해답** 여기에서는 왼쪽의 2성분 고리를 오른쪽 고리로 변형함으로써 두 고리가 같다는 것을 보여줍니다. **그림 2.31**에서는 변형을 알기 쉽도록 각 성분에 다른 색을 칠해 놓았습니다. 그림과 같이 왼쪽의 고리는 오른쪽의 고리로 변형될 수 있으므로, 이 두 고리는 같은 고리임을 알 수 있습니다.

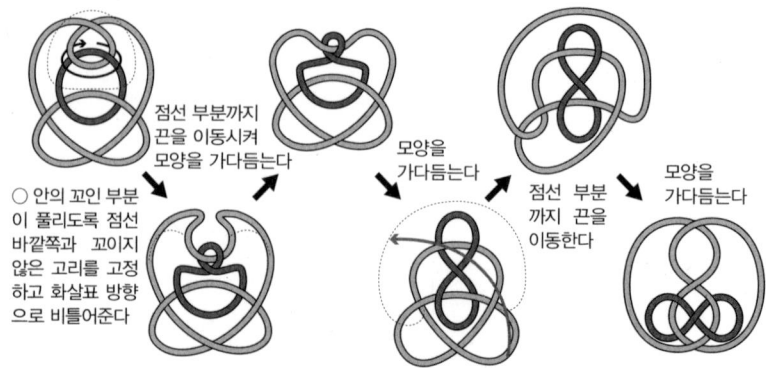

그림 2.31 왼쪽 고리에서 오른쪽 고리로 변형

**【주의】**
이 2성분 고리는 자명 매듭과 세잎 매듭이 얽혀 있는 것이다. 아직 증명되지는 않았지만, 자명 매듭과 세잎 매듭은 서로 다른 매듭이다. 따라서 색상까지 포함하면 **그림 2.32**의 두 가지 2성분 고리는 서로 다른 고리이다.

그림 2.32 색까지 포함하면 다른 고리

**연습문제 7** 다음 두 개의 2성분 고리가 같은 고리라는 것을 나타내시오.

그림 2.33 두 개의 2성분 고리

**해답** 오른쪽 2성분 고리는 **그림 2.34**와 같이 왼쪽 고리로 변형할 수 있기 때문에 이 두 고리는 같은 고리입니다.

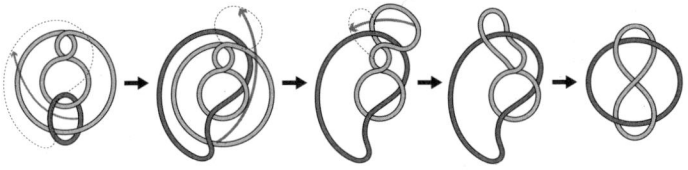

그림 2.34 오른쪽 고리에서 왼쪽 고리로 변형

그림 2.33의 고리는 '화이트헤드 고리'라고 부르는 고리입니다. 각 성분은 자명 매듭이지만, 자명 2성분 고리가 아니라는 특징이 있습니다. 매듭 이론을 배운다면 앞으로도 보게 될 것이므로 기억해 두시기를 바랍니다. 또한 화이트헤드 고리는 **그림 2.35**와 같이 변형할 수 있기 때문에 성분의 교체가 가능하다는 것을 알 수 있습니다.

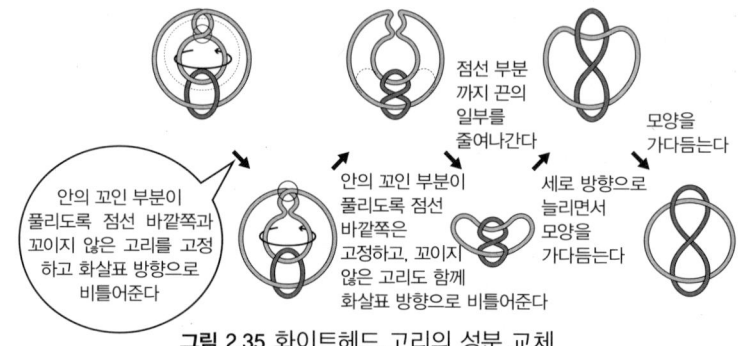

그림 2.35 화이트헤드 고리의 성분 교체

결국 **그림 2.36**의 4개 고리는 성분의 색까지 포함하여 같은 고리라고 할 수 있습니다. 다만, 이 책에서는 성분의 구별은 하지 않는 것으로 합니다.

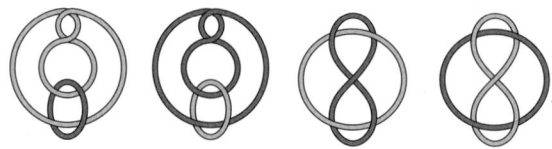

그림 2.36 색까지 고려하면 동일한 고리로 간주하는 4개의 고리

고리(매듭도 포함)의 모양은 얼마든지 바꿀 수 있지만, 끈이 가장 적게 겹치는 형태를 고려하여 고리를 단순한 것부터 나열한 것이 책 뒤에 있는 고리 목록입니다. 앞으로 '고리 목록'이라고 하면, 이 표를 지칭하는 것으로 이해하시면 됩니다. 뒤에 붙은 첨자는 고리의 이름이며, 세잎 매듭은 '$3_1$ 매듭' 또는 '$3_1$'이라고 부르기도 합니다. 어떤 순서로 고리들이 나열되어 있는지는 고리에 대해 조금 더 공부한 후에 설명할 수 있으므로, 지금 단계에서는 단순한 고리부터 나열한 것으로 이해해도 무방합니다.

**연습문제 8** 다음 2성분 고리는 고리 목록의 어느 고리와 동일한 고리인가를 확인하시오.

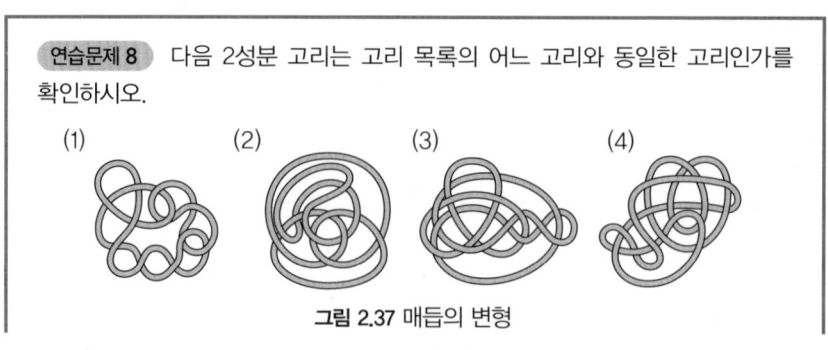

그림 2.37 매듭의 변형

**해답** 각 고리는 **그림 2.38**과 같이 변형할 수 있으므로 '고리 목록'에 나타나는 고리와 같은 형태로 변형할 수 있습니다.

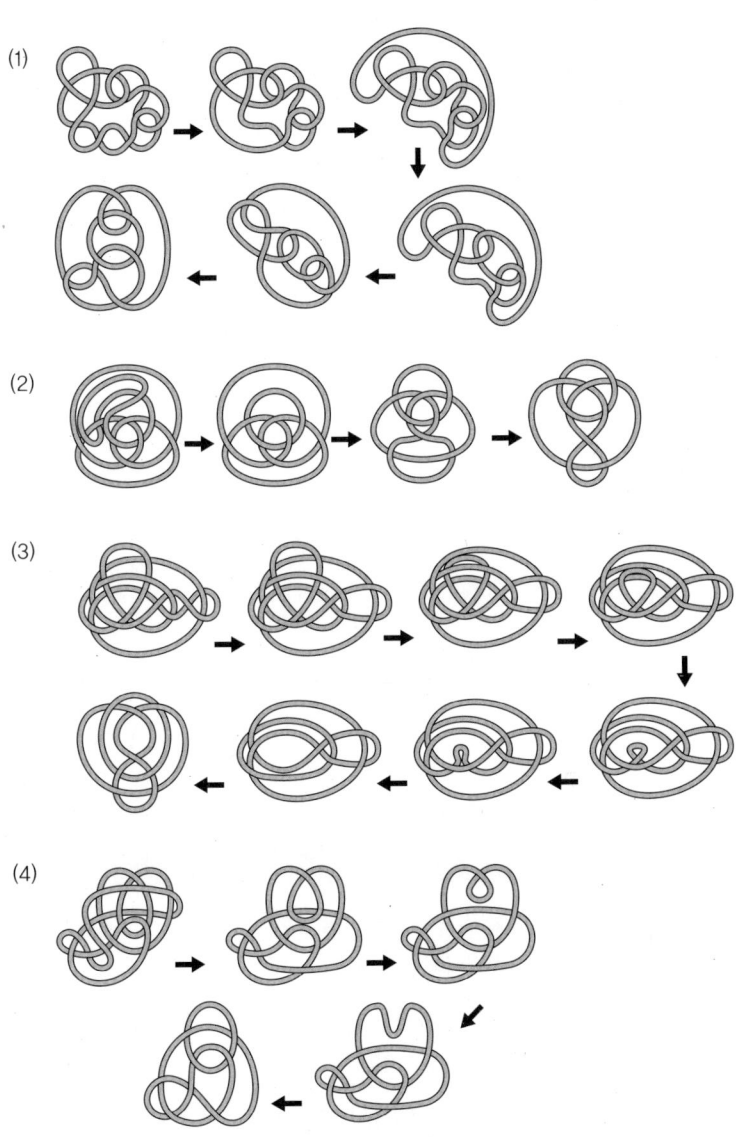

**그림 2.38** 매듭의 변형

따라서 (1)은 $8^2_{12}$ 고리, (2)는 $8^2_{13}$, (3)은 $8^2_{14}$, (4)는 $8^2_{15}$ 고리라는 것을 알 수 있습니다.

### 제2장 요약

1. 하나의 끈이 얽혀 있고 양 끝이 닫혀 있는 것을 '매듭', 여러 개의 끈이 얽혀 있고 각각의 끝이 연결된 것을 '고리'라고 부른다.
2. 고리에 포함된 매듭의 개수를 그 고리의 '성분수'라고 한다. 성분수가 $n$인 고리를 '$n$성분 고리'라고 하며, 매듭은 1성분 고리이다.
3. 두 고리가 같다는 것은, 한쪽을 3차원 공간 내에서 연속적으로 변형하여 다른 쪽으로 변형할 수 있는 것을 말한다. 반대로 변형할 수 없을 때 두 고리를 서로 다른 고리라고 한다. 변형은 지금까지 살펴본 바와 같이 실뜨기를 하듯이 자유롭게 고리를 움직이는 것을 떠올리면 된다.

| 제3장

# 고리를 살펴보기 위해서는

매듭 이론의 목적 중 하나는 어떤 고리가 같은 고리이고, 어떤 고리가 다른 고리인지 판단하고 이를 분류하는 것입니다. 그러나 실제로 끈으로 매듭을 만들어서 조사하는 것은 쉽지 않습니다. 산수나 수학 수업에서는 노트나 태블릿에 필기하거나 계산식을 쓰기도 하는데, 매듭 이론을 배우거나 연구할 때도 마찬가지로 노트나 태블릿을 활용 할 수 있으면 편리합니다.

이 장에서는 고리를 그리는 방법을 배웁니다. 매듭 이론에서는 노트에 매듭을 그리는 것이 필수입니다. 그러나 끈 모양의 고리를 그리는 것은 시간이 오래 걸리므로 1.3절에서 본 것처럼 단순화하여 그린 고리 그림을 사용합니다. 먼저 고리를 단순화하여 그리기 위한 약속에 대해 알아보겠습니다.

## 1. 종이에 고리를 그려보자

고리를 실제로 끈으로 만들어 살펴보는 것은 쉽지 않습니다. 종이와 연필 등을 사용하여 그림으로 연구하기 위해서는 고리를 직접 그려야 합니다. 여기에서는 제1장에서 간단하게 다루었던 고리의 다이어그램에 대해 자세히 알아보겠습니다.

일정한 약속에 따라 고리를 노트 등에 그린 것을 '고리의 다이어그램'이라고 부릅니다. 일상에서는 잘 들어보지 못한 용어일 수도 있지만, 많은 사람들이 다이어그램의 개념을 활용하고 있습니다. 예를 들어 여러분은 그림 3.1을 보고 자연스럽게 '8자 매듭을 묶는 방법'이라고 인식할 수 있을 것입니다.

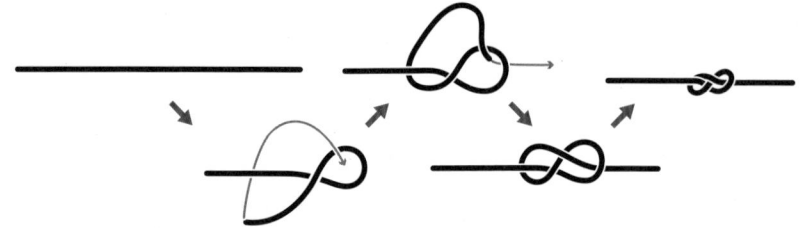

**그림 3.1** 8자 매듭을 묶는 방법

그러나 **그림 3.1**의 네 번째 그림은 끈이 교차하는 부분의 아래쪽을 통과하는 끈이 절단되어 **그림 3.2**의 오른쪽과 같이 다섯 부분으로 나뉘어 있습니다.

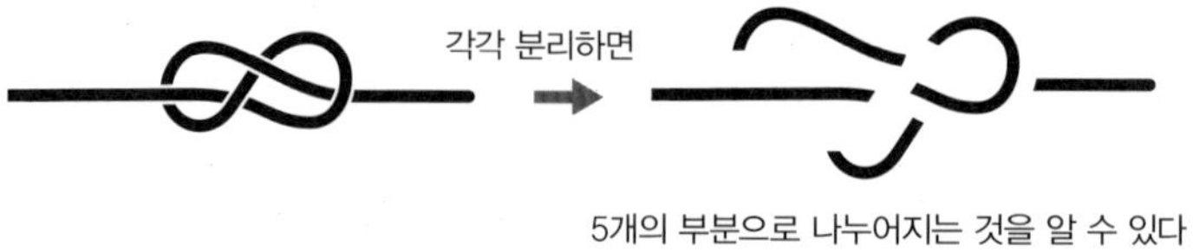

**그림 3.2** 하나의 끈으로 알고 있지만

즉, 그림 3.2의 왼쪽은 하나의 끈을 5개의 선으로 나누어 그린 것입니다. 우리는 무의식적으로 5개의 선분을 보고 하나의 끈으로 인식하는 작업을 하는 것입니다. 많은 사람들이 당연하게 생각할 수도 있지만, 수학에서는 대충이나 감으로가 아니라 명확하게 약속을 해야 합니다. 따라서 다음에서는 그 하나하나의 약속을 명문화해 보겠습니다.

## 2 고리의 다이어그램

고리의 다이어그램을 정의하기 전에, 먼저 고리의 투영도에 대해 설명하겠습니다. '고리의 투영도'란 어떤 조건을 만족하도록 그려진 고리의 그림자를 말합니다. 이 '어떤 조건'에 대해 자명 매듭을 예로 들어 설명하겠습니다. 자명 매듭은 묶이지 않은 하나의 고리를 말합니다. 공간 내에서 변형시킨 후 그림자를 그려보면, 변형하는 방식이나 빛을 비추는 방향에 따라 다양한 그림자를 생각해 볼 수 있습니다. 자명 매듭은 **그림 3.3**과 같이 변형할 수 있기 때문에 다양한 그림자를 얻을 수 있습니다.

끈의 굵기를 고려하지 않는다면, 매듭의 그림자는 한 붓 그리기처럼 평면에 그릴 수 있습니다. 이것은 끈 모양의 매듭을 그리는 것보다 훨씬 간단합니다. 따라서 이 그림자를 이용해 매듭을 나타내는 방식을 생각해 봅시다.

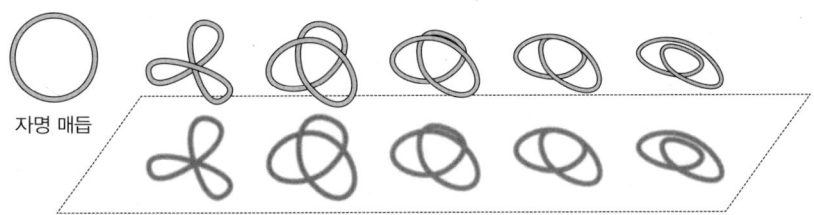

그림 3.3 자명 매듭과 그림자

그림 3.3의 자명 매듭의 5가지 그림자는 모두 다중점을 가지고 있습니다. '다중점'이란, 끈의 그림자가 겹치는 부분을 말합니다. 특히 $n$개의 끈 그림자가 겹치는 점을 '$n$중점'이라고 합니다. 또한 어떤 두 끈이 십자 모양으로 겹쳐져 있을 때 대응하는 다중점을 '횡단적'이라고 합니다. **그림 3.4**의 왼쪽 그림자는 1개의 횡단적 3중점을 가지며, 오른쪽 그림자는 3개의 횡단적 2중점을 가집니다.

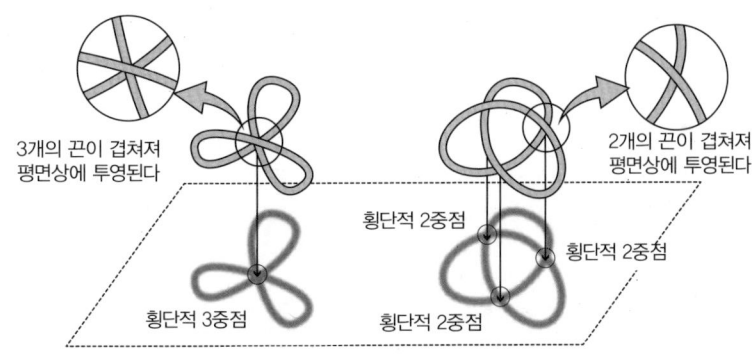

그림 3.4 다중점을 가지는 그림자

> **연습문제 1** 횡단적이지 않은 2중점은 어떤 2중점인가요?
>
> **해답** 예를 들면 그림 3.3의 오른쪽에서 두 번째 그림자는 두 줄의 그림자가 겹쳐진 점, 즉 2중점을 가집니다. 그러나 이 점은 두 줄이 십자로 겹쳐서 생긴 것이 아니므로 횡단적인 2중점은 아닙니다.

2. 고리의 다이어그램

**연습문제 2** 어떤 고리의 투영도를 가지나요?

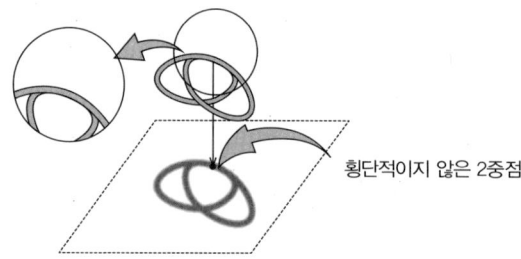
횡단적이지 않은 2중점

**그림 3.5** 횡단적이지 않은 2중점을 가지는 그림자

**해답** 매듭의 그림자가 겹치는 부분이나 횡단적이지 않은 2중점 이외의 다중점이 있는 경우는 끈을 조금 비틀거나 투영하는 방향을 바꾸면 그러한 교점을 제거할 수 있습니다. 또한 모든 교점은 횡단적으로 교차하는 2중점이 되도록 할 수 있습니다. 따라서 모든 매듭이나 고리는 다중점이 횡단적인 2중점만의 그림자를 가지므로, 모든 고리는 투영도를 가지게 됩니다.

예를 들어 3중점을 가진 그림자와 횡단적이지 않은 2중점을 가진 그림자는 그림자 위 매듭의 일부를 **그림 3.6**과 같이 끈을 조금만 움직이면 3중점이나 2중점을 없앨 수 있습니다.

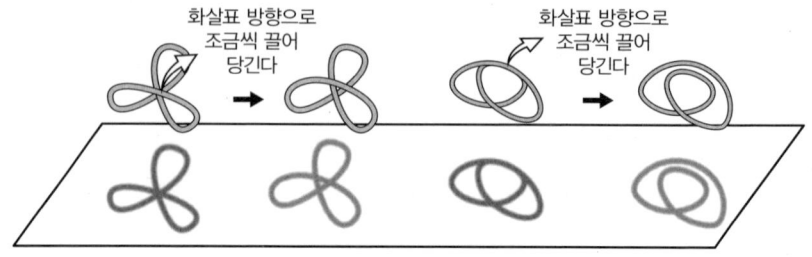

**그림 3.6** 다중점의 해소

이렇게 해서 횡단적인 2중점이 아닌 다중점은 고리를 조금 움직이면 그림자를 다시 만들어 간단하게 제거할 수 있습니다. 따라서 **그림 3.7**과 같이 앞으로는 다중점이 횡단적인 2중점만 있는 고리의 그림자를 염두에 두고, 이를 '고리의 투영도'라고 부르기로 합니다.

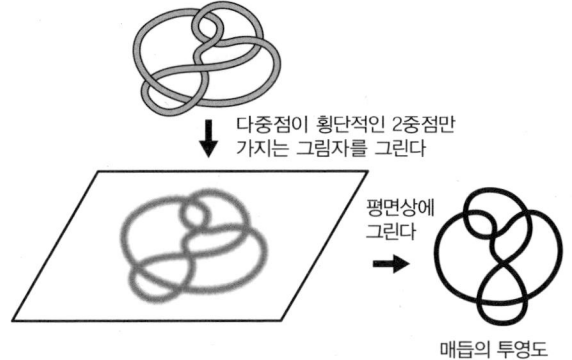

**그림 3.7** 매듭의 투영도

그러나 고리의 투영도만 보고 원래의 고리가 어떤 고리인지 알 수 있는 것은 특별한 경우를 제외하고는 불가능합니다. 왜냐하면 **그림 3.8**을 보면 알 수 있듯이 그림자를 그리면 교점에 대응하는 부분의 높이 정보를 알 수 없기 때문입니다. 즉, 투영도만으로는 교점에서 어느 쪽의 끈이 위를 지나고 어느 쪽의 끈이 아래를 지나는지 판단할 수 없습니다.

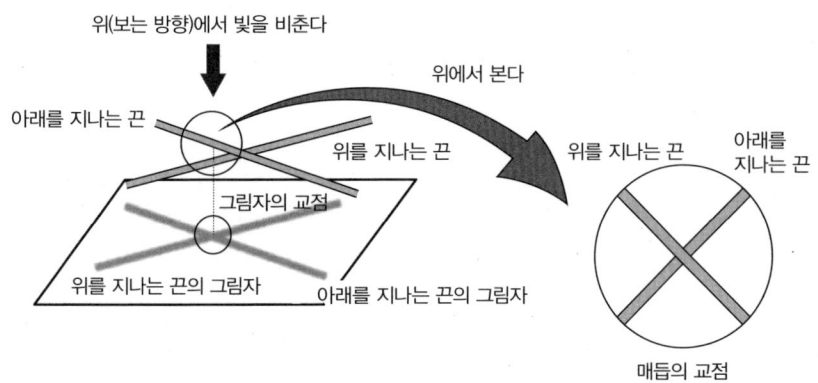

**그림 3.8** 끈이 겹치는 부분과 대응하는 부분의 그림자

---

**연습문제 3** 교점이 정확히 3개인 매듭의 투영도에서 원래의 매듭을 정의할 수 있는 매듭의 투영도를 그리시오.

**해답** **그림 3.9**와 같은 투영도를 가진 모든 매듭은 자명 매듭이 된다는 것을 금방 알 수 있습니다.

2. 고리의 다이어그램

  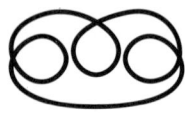

**그림 3.9** 자명 매듭만 구할 수 있는 투영도

지금까지의 지식만으로는 이를 증명할 수 없지만, **그림 3.10**의 3개 매듭은 서로 다른 매듭입니다. 이 3개의 매듭은 똑같은 투영도를 가지고 있기 때문에 투영도만으로는 원래 매듭을 완전히 구별할 수 없습니다.

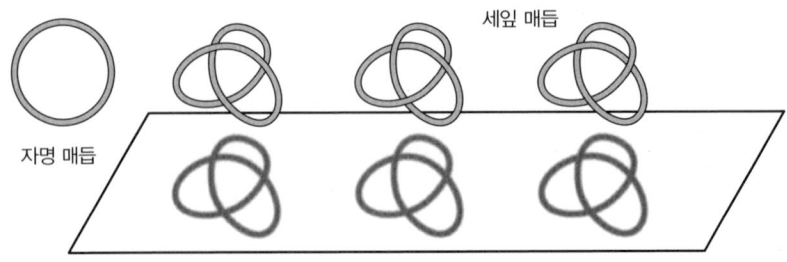

**그림 3.10** 동일한 투영도를 가지는 매듭

그림 3.11의 두 매듭은 모두 '세잎 매듭'이라고 부르지만 서로 다른 매듭입니다. 이들을 구분할 때 오른쪽에 있는 매듭을 '오른손계 세잎 매듭', 왼쪽에 있는 매듭을 '왼손계 세잎 매듭'이라고 부릅니다. 아쉽게도 이 책에서는 이들이 서로 다른 매듭이라는 것을 증명할 수는 없지만, 사실로 알아두시기 바랍니다.

 ~

왼손계 세잎 매듭   오른손계 세잎 매듭

**그림 3.11** 서로 다른 세잎 매듭

그림 3.11의 두 매듭에 대해 지면에 수직인 방향에서 빛을 비추고 그림자를 취하면 똑같은 투영도를 얻을 수 있습니다. 이 투영도를 그리는 것은 어렵지 않지만, 오른손계 세잎 매듭인지 왼손계 세잎 매듭인지 구분할 수 없습니다. 그래서 **그림 3.12**와 같이 각 교점에서 '아래를 지나는 끈'에 대응하는 그림자 일부를 지워 어느 끈이 위를 지나가는지를 나타냄으로써 교점의 상하 정보를 제공합니다. 이와 같이 해서 고리 투영도의 교점에 상하 정보를 제공한 것을 고리의 '다이어그램'이라고 부릅니다.

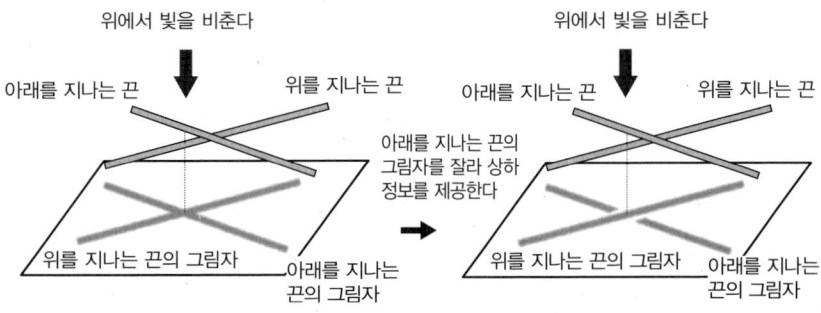

그림 3.12 상하 정보를 제공하는 방식

단, 그림자를 따로 떼어내는 것은 아니라는 점에 주의하기를 바랍니다. 따로 떨어져 있는 것처럼 보일 수 있지만, 실제로는 분리되어 있지 않습니다. 이는 조각조각 떨어져 보이게 함으로써 끈이 아래를 지나가는 부분을 표현한 것일 뿐, 단순히 일부가 가려져 보이지 않게 된 것입니다.

그 외에도 상하 정보를 제공하는 방법을 생각할 수 있지만, **그림 3.13**에서 제시한 상하 정보 중 어떤 것이 가장 다루기 쉬울까요?

상하 정보를 부여하는 방법으로 그림자 일부를 지워 표현하는 방법이 널리 알려진 것은, 아래를 지나는 끈 일부를 지워 표현하는 이 방법이 가장 다루기 쉽기 때문이 아닐까 생각합니다.

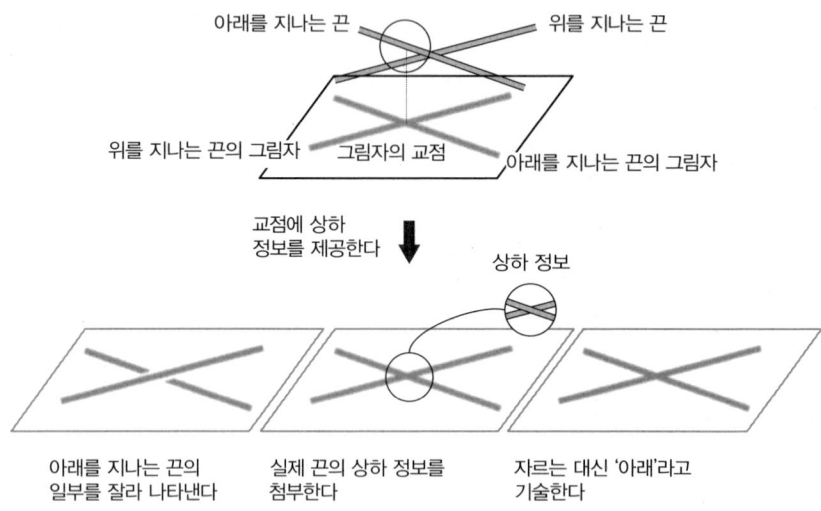

**그림 3.13** 어느 쪽이 가장 이해하기 쉬울까?

아래를 지나는 끈의 일부를 제거하여 나타내는 방법으로 교점의 위아래를 나타낸 것이 **그림 3.14**입니다.

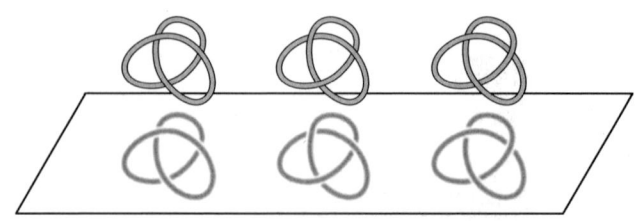

**그림 3.14** 교점의 상하 정보를 제공하는 그림자

**그림 3.15**와 같이 고리에 대한 교점이 횡단적인 2중점만이 되도록 그림자를 취해 투영도를 그린 후 각 교점에 대해 상하 정보를 부여한 것을 그 '고리의 다이어그램'이라고 합니다. 다이어그램에서 투영도의 교점에 해당하는 부분을 '다이어그램의 교점'이라고 합니다.

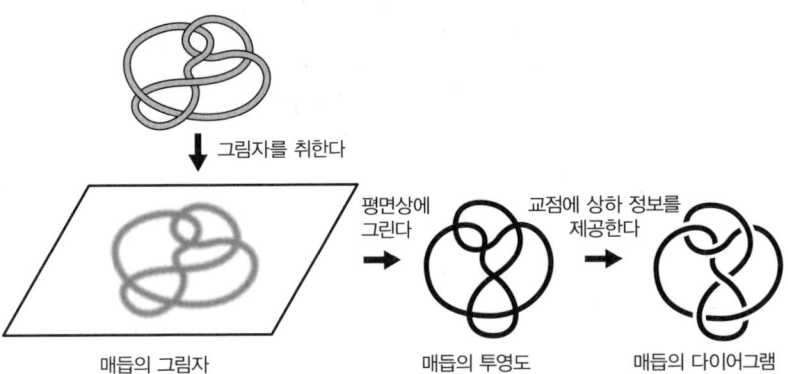

**그림 3.15** 매듭의 투영도와 다이어그램

> **연습문제 4** 다음 매듭의 투영도와 그 투영도로부터 얻어지는 다이어그램을 그리시오.
>
>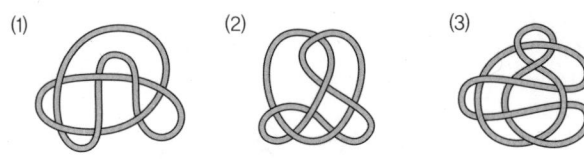
>
> **그림 3.16** 문제의 매듭
>
> **해답** 각 매듭으로부터 자연스럽게 얻어지는 투영도를 그리고, 각 교점에 끈의 상하 정보를 제공함으로써 **그림 3.17**과 같은 다이어그램을 얻을 수 있습니다.
>
>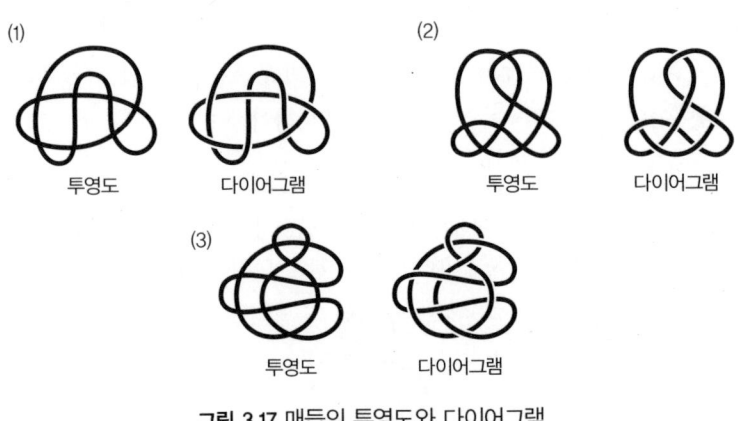
>
> **그림 3.17** 매듭의 투영도와 다이어그램

**연습문제 5** 다음 2성분 고리의 투영도와 그 투영도로부터 얻어지는 고리의 다이어그램을 그리시오.

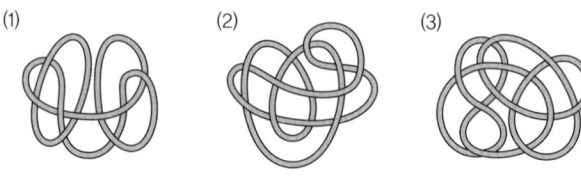

그림 3.18 문제의 고리

**해답** 연습문제 4와 마찬가지로 각 고리로부터 자연스럽게 얻어지는 투영도를 그리고, 각 교점에 상하 정보를 제공함으로써 **그림 3.19**와 같은 다이어그램을 얻을 수 있습니다.

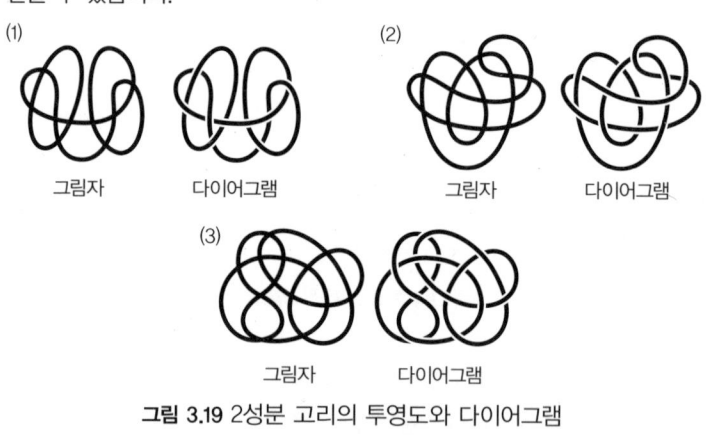

그림 3.19 2성분 고리의 투영도와 다이어그램

연습문제 4와 연습문제 5 모두 겉모양을 바꾼 후 투영도를 얻음으로써 다양한 다이어그램을 그릴 수 있다는 점에 주의하기를 바랍니다.

**연습문제 6** 다음 투영도의 교점에 적당히 상하 정보를 제공함으로써 얻어지는 매듭의 다이어그램은 자명 매듭과 세잎 매듭 다이어그램 중 하나임을 나타내시오.

그림 3.20 문제의 투영도

**해답** 이 투영도에는 3개의 교점이 있습니다. 각 교차점에 대해 두 가지의 상하 정보 제공 방법이 있으므로 2×2×2=8가지 다이어그램을 얻을 수 있습니다. 그 8개의 다이어그램 자명 매듭 또는 세잎 매듭의 다이어그램임을 확인할 수 있으면 됩니다. 빠뜨리지 않도록 **그림 3.21**과 같이 수형도를 그려서 확인합니다.

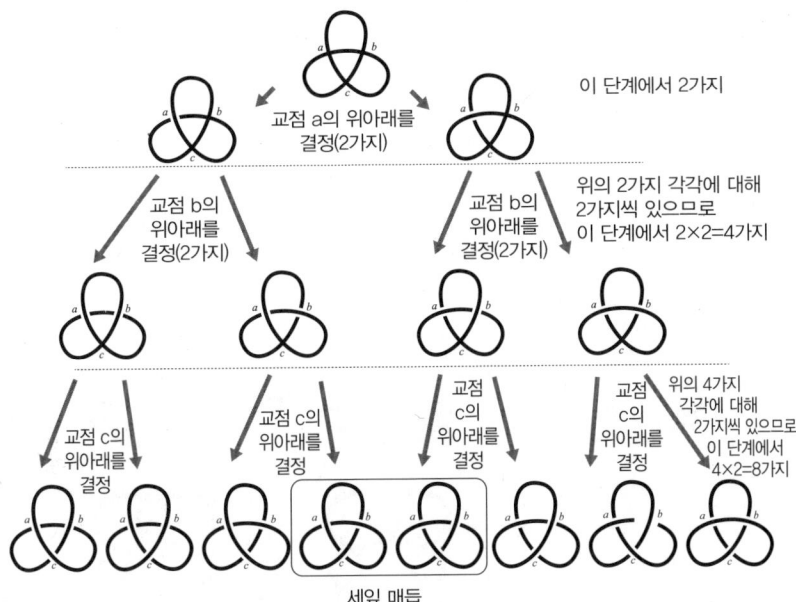

**그림 3.21** 교점 위아래의 정보를 제공하는 방법

먼저 주어진 투영도의 세 교차점에 $a$, $b$, $c$라는 이름을 붙이고, $a$, $b$, $c$ 순으로 상하 정보를 부여한다.

(i) 교점 $a$의 위아래를 결정한다

　교점 $a$의 상하 정보를 제공하는 방법은 두 가지가 있으므로, 교점 $a$에 상하 정보가 제공된 투영도는 두 가지를 생각할 수 있습니다.

(ii) 교점 $b$의 위아래를 결정한다

　(i)에서 얻은 투영도 각각에 대해 교점 $b$의 상하 정보를 제공하는 방법은 두 가지이므로, 교점 $a$와 $b$에 상하 정보가 주어진 투영도는 2×2=4가지로 생각할 수 있습니다.

(iii) 교점 $c$의 위아래를 결정한다

　(iii)에서 얻은 투영도 각각에 대해 교점 $c$의 상하 정보를 제공하는 방법은 두 가지가 있습니다.

따라서 이 투영도의 교점 $a$, $b$, $c$에 상하 정보를 제공하여 얻어지는 매듭 다이어그램은 맨 아래 단계에 나타나는 8개의 다이어그램이 됩니다. 이 8개의 다이어그램 중 2개가 세잎 매듭, 나머지가 자명 매듭인지 확인하는 것은 어렵지 않을 것입니다.

**연습문제 7** 다음(8자 매듭이 아닌) 매듭 투영도의 교점에 상하 정보를 제공하여 얻어지는 8자 매듭의 다이어그램을 그리시오.

 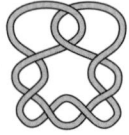

그림 3.22 문제의 매듭

**해답** 주어진 매듭의 투영도를 그리면, **그림 3.23**과 같이 상하 정보를 제공함으로써 8자 매듭의 투영도를 구할 수 있습니다.

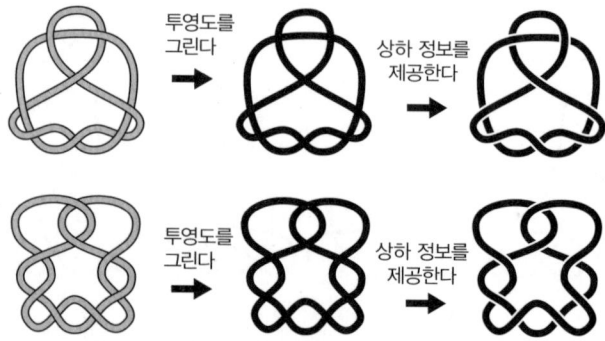

**그림 3.23** 8자 매듭의 다이어그램을 구하기 위해 상하 정보를 제공하는 방법

이와 같이 상하 정보를 제공하여 얻어지는 다이어그램이 8자 매듭의 다이어그램이라는 것을 **그림 3.24**와 같이 확인할 수 있습니다.

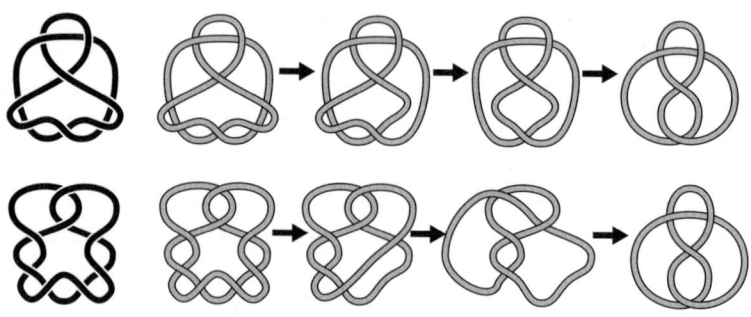

그림 3.24 매듭의 변형

**연습문제 8** 다음(8자 매듭이 아닌) 매듭 투영도의 교점에 상하 정보를 제공하여 얻어지는 8자 매듭의 다이어그램을 그리시오.

그림 3.25 문제의 매듭

**해답** 연습문제 7의 해답과 같이 이 모양 그대로 투영도를 그린다고 하더라도 8자 매듭의 다이어그램을 그릴 수 있는 투영도를 구할 수 없습니다. 교점에 상하 정보를 어떻게 주더라도 8자 매듭의 다이어그램이 되지 않는 것은 각자 확인해 보기 바랍니다. 따라서 매듭을 변형하고 나서 투영도를 그리는 것을 생각해 봅시다. 예를 들어 **그림 3.26**과 같이 변형한 후 투영도를 그리고 교점에 상하 정보를 주면 8자 매듭의 다이어그램을 그릴 수 있습니다.

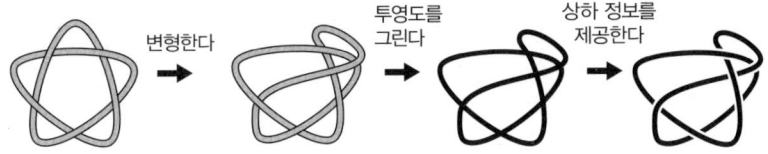

그림 3.26 8자 매듭의 다이어그램을 구하기 위한 변형

실제로 이렇게 구한 다이어그램이 나타내는 매듭은 **그림 3.27**과 같이 변형하면 8자 매듭이 되는 것을 확인할 수 있습니다.

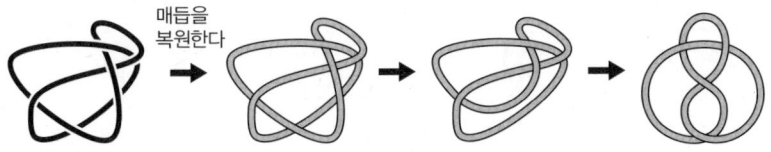

그림 3.27 8자 매듭의 다이어그램인 것을 확인

**연습문제 9** 교점에 상하 정보를 잘 제공하여, 다음 두 매듭의 다이어그램을 얻을 수 있는 투영도를 그리시오.

그림 3.28 문제의 매듭

**해답** 그림 3.29에 제시한 그림 3.28의 오른쪽 매듭에서 자연스럽게 구할 수 있는 **그림 3.30**과 같은 투영도를 고려합니다.

그림 3.29 오른쪽 매듭의 투영도

이 투영도로부터 오른쪽 매듭의 다이어그램을 구할 수 있다는 것을 쉽게 알 수 있습니다. 또한 이 투영도의 교점에 그림 3.30과 같이 상하 정보를 제공하면 왼쪽 매듭의 다이어그램이 되는 것을 확인할 수 있습니다. 따라서 이 다이어그램이 우리가 원하는 다이어그램이 됩니다.

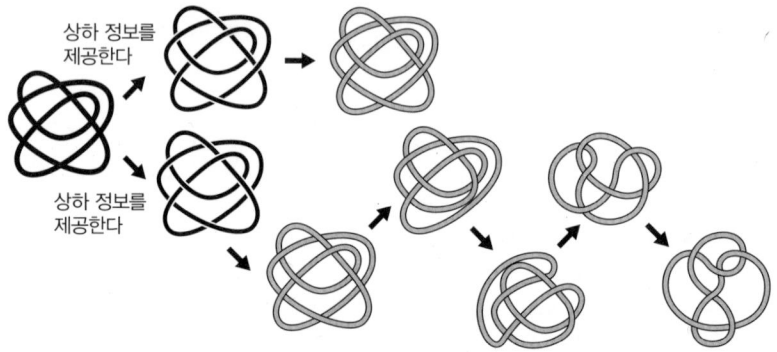

그림 3.30 그림의 투영도로부터 얻은 다이어그램과 다이어그램이 나타내는 매듭

## ◇ 기약 다이어그램

주어진 고리의 다이어그램을 생각할 때는 가능한 한 교점이 적은 다이어그램을 생각하는 경우가 많습니다. 매듭의 다이어그램이 주어졌을 때, 교점의 수가 그보다 적은 다이어그램이 존재하는지 바로 알 수 없는 경우도 있지만, 때로는 그런 다이어그램을 쉽게 찾을 수 있는 경우도 있습니다.

> **연습문제 10** 다음과 같이 교점의 수가 9인 다이어그램을 가진 매듭이 교점의 수가 8인 다이어그램도 가질수 있음을 확인하시오.

(1)  (2)  (3)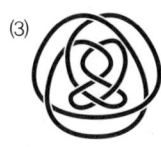

그림 3.31 교점의 수가 9인 다이어그램

> **해답** 각 다이어그램이 나타내는 매듭을 고려하면, **그림 3.32**와 같이 각 다이어그램 내의 ○으로 표시한 교점에 해당하는 끈이 겹치는 부분은 공간 내에서 화살표 방향으로 돌리면 제거할 수 있습니다. 끈이 겹치는 부분을 제거하도록 돌리고 나서 다이어그램을 다시 정리하면 각각 교점의 수가 8인 다이어그램을 얻을 수 있음을 알 수 있습니다.

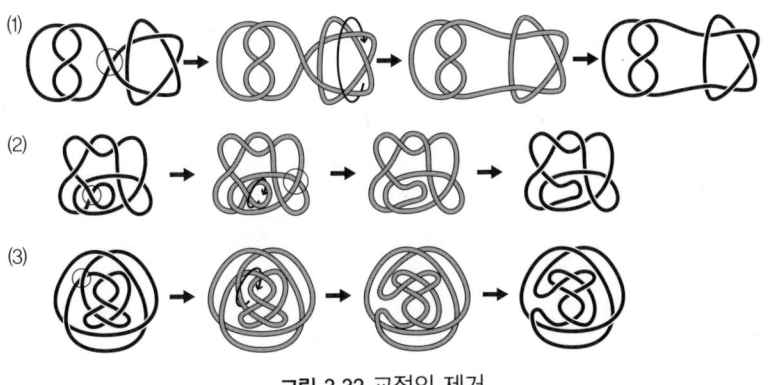

그림 3.32 교점의 제거

(1)~(3)의 다이어그램이 가지는, **그림 3.33**과 같이 쉽게 제거할 수 있는 교점을 '무의미한 교점(nugatory crossing)'이라고 합니다. 이 무의미한 교점을 갖지 않는 고리의 다이어그램을 '기약 다이어그램(reduced diagram)'이라고 부릅니다.

그림 3.33 무의미한 교점

그림 3.33의 ○으로 둘러싼 부분은 매듭 다이어그램의 일부를 의미하며, 점선 부분은 '이어지는 방향'을 나타내고 있습니다. 예를 들어 그림 3.33의 오른쪽 이어지는 방향으로 **그림 3.34**의 화살표 오른쪽과 같은 예를 들 수 있습니다.

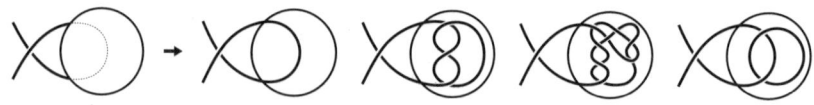

그림 3.34 끈이 이어지는 방향

이러한 교점은 앞의 연습문제 해답에서 볼 수 있듯이 **그림 3.35**와 같이 공간 내에서 고리의 꼬인 부분을 풀면 쉽게 제거할 수 있다는 점에 주의하기를 바랍니다.

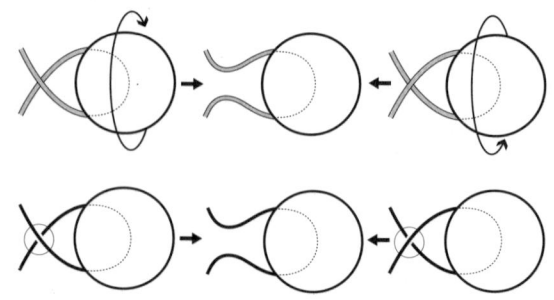

그림 3.35 끈이 겹치는 부분의 제거와 다이어그램의 교점 제거

**그림 3.36**의 다이어그램은 같은 매듭을 나타내는 기약 다이어그램과 기약이 아닌 다이어그램입니다. 다이어그램 내 ○으로 표시된 교점은 '무의미한 교점'입니다. 이 교점에 대응하는 끈의 겹친 부분을 공간 내에서 반대로 꼬아 제거한 후, 다이어그램을 다시 정리하면 무의미한 교점이 없는 다이어그램을 얻을 수 있습니다.

기약이 아닌 다이어그램      기약 다이어그램

**그림 3.36** 동일한 매듭을 나타내는 기약 다이어그램과 기약이 아닌 다이어그램

---

**연습문제 11**   다음 매듭의 기약 다이어그램을 그리시오.

**그림 3.37** 문제의 매듭

**해답**   **그림 3.38**과 같이 변형하여 다이어그램을 그리면 기약 다이어그램을 얻을 수 있습니다.

**그림 3.38** 끈이 겹치는 부분을 제거하여 얻은 기약 다이어그램

---

그러나 연습문제 11의 해답은 이것만이 아닙니다. 기약 다이어그램을 구하기 위해 교점을 제거한다고 생각하는 것은 당연하지만, **그림 3.39**와 같이 교점을 늘려서 기약 다이어그램을 구성할 수도 있습니다.

**그림 3.39** 끈이 겹치는 부분을 늘려 얻어지는 기약 다이어그램

기약이 아닌 다이어그램에서 기약 다이어그램을 얻기 위해 무의미한 교점을 없애는 것은 자연스러운 방법이지만, 이러한 변형이 틀린 것은 아님을 인식하는 것이 중요합니다.

> **연습문제 12** 다음 매듭의 다이어그램 중 기약 다이어그램은 어느 것인가요? 또한 기약이 아닌 다이어그램에 대해서는 그 다이어그램이 나타내는 매듭의 기약 다이어그램을 그리시오.
>
>
>
> 그림 3.40 문제의 매듭
>
> **해답** 왼쪽에서 두 번째와 네 번째가 기약 다이어그램이고, 나머지는 기약이 아닌 다이어그램입니다. **그림 3.41**의 도식 중 ○으로 표시된 교점은 '무의미한 교점'이므로, 이것들이 기약이 아닌 다이어그램임을 알 수 있습니다. 이 세 가지 다이어그램에서 얻은 매듭은 그림과 같이 변형한 후 다이어그램을 그리면 기약 다이어그램을 얻을 수 있습니다.
>
>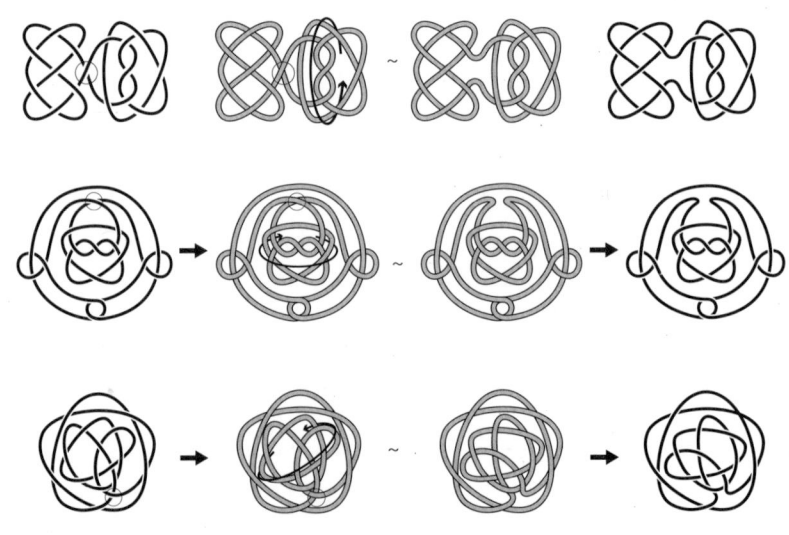
>
> 그림 3.41 무의미한 교점의 제거

고리를 연구할 때는 다이어그램을 사용합니다. 여기에서는 앞으로 사용하게 될 다이어그램에 관한 용어를 소개하겠습니다. 고리 다이어그램의 교점 정보를 실제로 다이어그램을 그 지점에서 자르면 주어진다고 가정한다면, 고리의 다이어그램은 여러 부분으로 나뉩니다. 이 각각의 부분을 '다이어그램의 호'라고 부릅니다.

다이어그램이 교점 부분에서 끊어지지 않았다고 가정하면, 투영도와 마찬가지로 다이어그램은 그려져 있는 평면을 몇 개의 부분으로 분할합니다. 그 각각의 분할된 부분을 '다이어그램의 면'이라고 부릅니다. 매듭의 그림자를 따라 칼로 잘라내어 평면을 조각으로 나누는 것과 같은 이미지입니다. **그림 3.42**는 매듭 다이어그램의 교점, 호, 면의 예입니다.

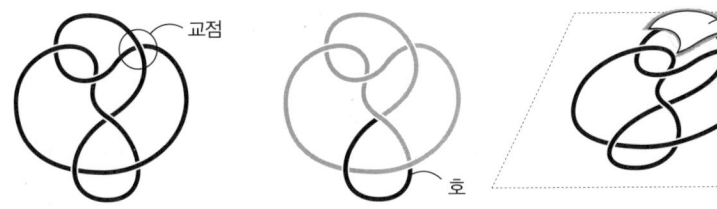

**그림 3.42** 매듭 다이어그램의 호와 면

또한 **그림 4.43**의 다이어그램과 같은 원형 부분도 호의 일종으로 간주하여 '원주 성분'이라고 부르기로 합니다.

**그림 3.43** 원주 성분

---

**연습문제 13** 그림 3.42 다이어그램의 교점, 호, 면의 수는 각각 몇 개인가요?

**해답** 이 다이어그램의 교점은 **그림 3.44**의 왼쪽에서 두 번째 그림의 검은 부분이므로, 6개임을 알 수 있습니다. 또한 왼쪽에서 두 번째 그림의 검은 부분이 다이어그램의 호의 한 가지 예가 됩니다. 교점 부분에서 다이어그램이 분할된

2. 고리의 다이어그램

다고 생각하면, 이 다이어그램은 오른쪽에서 두 번째 그림과 같이 6개 부분으로 나누어지므로, 호의 수는 6개라는 것을 알 수 있습니다. 면은 투영도의 면과 일치하므로 8개가 됩니다.

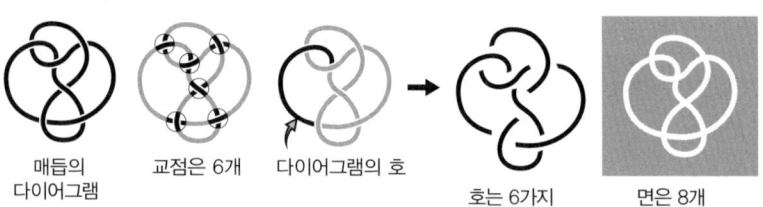

그림 3.44 다이어그램의 교점, 호, 면의 개수

실제로 다이어그램이 원주 성분을 가지지 않는다면 교점의 수와 호의 수는 항상 일치합니다. 또한 교점을 하나 이상 가진 매듭 다이어그램의 경우, 면의 수는 '다이어그램의 교점(혹은 호)의 수 +2'가 되는 것으로 알려져 있습니다. 후자의 사실에 대해서는 5.3절에서 그 이유를 설명하겠습니다. 여기에서는 전자, 즉 교점의 수와 호의 수의 일치에 관해 연습문제로 제시하여 여러분이 생각할 시간을 갖도록 하겠습니다.

---

**연습문제 14** 교점을 가진 매듭 다이어그램에서 호의 수가 교점의 수와 같아지는 이유는 무엇인가요?

**해답** 각 교점 근처를 살펴보면, 교점 1개에 대해 호의 끝점 2개가 대응합니다. 즉, 교점의 수가 $n$개인 다이어그램은 호의 끝점을 $2n$개 가지게 됩니다. 각 호는 2개의 끝점을 가지므로, 호의 개수도 $2n \div 2 = n$에 의해 $n$개임을 알 수 있습니다. 이와 같이 다이어그램의 호 개수는 다이어그램의 교점 개수와 일치합니다.

---

해답의 설명이 잘 이해되지 않는다면 다음과 같이 생각해 볼 수 있습니다. 그림 3.45와 같이 다이어그램의 호의 끝점을 회색 원으로 표시해 봅시다. 앞서 말했듯이 호는 두 개의 끝점을 가지므로 호의 개수는 '회색 원의 개수÷2' 가 됩니다. 또한 교점 1개에 대해 회색 원 2개가 대응하므로 교점의 개수도 '회색 원 개수÷2'가 됩니다. 즉, 다이어그램의 호의 개수와 교점의 개수가 같다는 것을 알 수 있습니다.

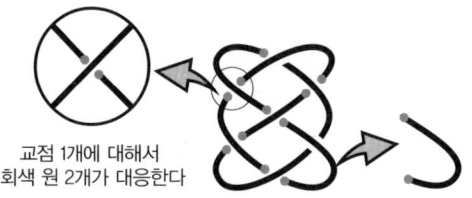

교점 1개에 대해서
회색 원 2개가 대응한다

호 하나에 대해 끝점은
2개, 즉 회색 원 2개가 대응한다.

**그림 3.45** 다이어그램의 호와 끝점

## 3 매듭 이론의 목표

매듭 이론에서는 다음과 같은 문제를 생각하기도 합니다.

 **문제 1** 그림의 두 고리는 같은 고리인가요, 아니면 다른 고리인가요?

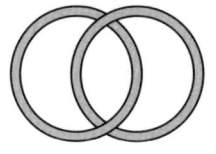 ~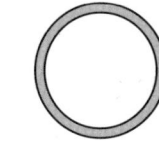

**그림 3.46** 같은 고리인가 다른 고리인가?

문제 1은 '왼쪽을 오른쪽처럼 각 성분을 분리할 수 있는가'에 대한 질문입니다. 여러분은 어떻게 생각하시나요? 안 될 것이라고 생각하시나요? 이 두 개의 고리가 서로 다르다면, 어떻게 증명해야 할까요? 공간 내에서 연속적으로 변형되어 서로 일치하지 않는 고리는 다른 고리이지만, 고리가 다른 것을 나타내는 것은 사실 어려운 일입니다. 문제 1의 왼쪽 2성분 고리는 '호프 고리'라고 부르며, 분해할 수 없는 가장 단순한 고리로 알려져 있습니다. 이 점은 이 책의 제10장에서 증명합니다.

일상생활에서 "이 두 고리는 다르다"라고 말하는 것은 아무런 문제가 되지 않습니다. 오히려 "똑같다"라고 하면, '이상한 사람!'이라고 생각할지도 모릅니다. 당연하다고 생각되는 이 사실에 대해 '왜?'라고 근거를 묻는다면 어떻게 대답하시겠습니까? 많은 사람들은 '(왼쪽처럼 얽힌 두 개의 고리는) 어떻게 해도 분

3. 매듭 이론의 목표 59

리할 수 없기 때문'이라고 생각할 것입니다. 만약 이 두 고리가 같다면, 차이니즈 링(고리를 연결하거나 분리하는 고리 마술)을 보고 재미있다고 생각하는 사람은 없을 것입니다. 누구나 당연하게 생각하듯이 이 두 개의 고리는 서로 다른 고리입니다. 하지만 수학에서는 이 두 개의 고리가 다르다는 것을 제대로 증명해야만 합니다. 그것만으로는 납득이 가지 않는 사람도 있을 것입니다. 그런 분들은 다음 문제를 생각해 보시기 바랍니다.

**문제 2** 끈을 다시 묶거나 자르지 않고 왼쪽 상태에서 오른쪽 상태가 되는 것이 가능할까요?

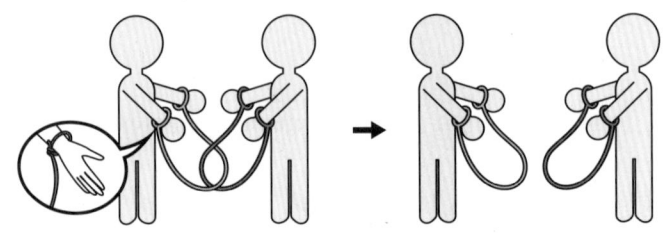

그림 3.47 오른쪽 상태가 되는 것이 가능?

가능합니다. 이것은 '수갑 탈출 마술'로 알려진 것으로, 아시는 분들은 금방 풀 수 있으리라 생각합니다. 비밀을 모르시는 분은 해설을 보기 전에 포장용 끈 등을 이용해서 해보시기 바랍니다.

오른쪽 상태에서 왼쪽 상태로 할 수 없는 사람도 있을 것입니다. 줄을 빼려고 시도하고 아무리 노력해도 오른쪽 상태로 만들 수 없었다고 말하는 사람이 있을지라도, 우리는 반드시 왼쪽 상태에서 오른쪽 상태로 변형할 수 있다는 것을 알고 있습니다. 실제로 **그림 3.48**에 따라 줄을 움직이면 약간의 손 조작만으로 오른쪽 상태로 만들 수 있습니다.

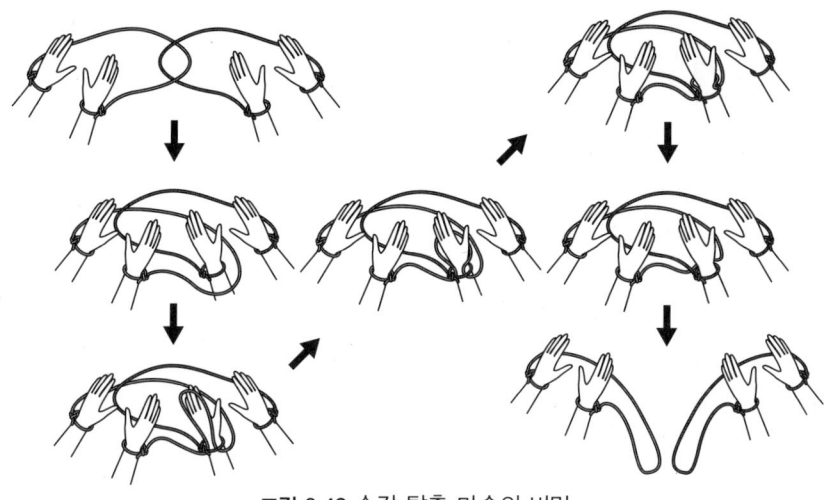

그림 3.48 수갑 탈출 마술의 비밀

여러 가지 방법을 시도하여 해법을 찾은 분들도 계시겠지만, 사실 위상수학의 개념을 사용하면, 어떤 방법으로 찾으면 좋을지 대책을 세울 수 있습니다. 하지만 본론에서 벗어나는 것이므로 이 책에서는 수갑 탈출 해법에 대한 설명은 여기까지만 하겠습니다.

이 마술을 소개한 이유는 '노력해도 안 되니까 불가능하다'는 결론을 내릴 수 없다는 것을 인식했으면 하는 바람에서입니다. 예를 들어 호프 고리의 두 고리는 아무리 노력해도 분리할 수 없다는 결론을 내린다고 가정해 봅시다. 그러면 수갑 탈출 마술도(비밀을 모르는 사람이) 풀리지 않으니 풀리지 않는다고 결론을 내릴 수 있게 되는 것입니다. 따라서 문제 1의 해답을 제시하려면 어떤 근거를 제시해야 합니다. 이 책에서는 이 문제에 대한 해답을 제시하는 것을 하나의 목표로 매듭 이론에 대해 알아보겠습니다.

> **제3장 요약**
>
> 1. 다중점 중 횡단적인 2중점만을 가지는 매듭의 그림자를 '매듭의 투영도'라고 부른다.
> 2. 매듭 투영도의 교점에 상하 정보를 부여한 것을 '매듭의 다이어그램'이라고 부른다.
> 3. '닫힌 매듭은 끈을 자르지 않고는 풀 수 없다'와 같이 일상에서는 당연하게 생각하는 것들도 수학에서는 증명이 필요한 경우가 있다.

# 제4장

# 다양한 고리

3장까지 '세잎 매듭, 8자 매듭, 화이트헤드 고리' 등의 이름이 붙은 다양한 매듭을 살펴봤습니다. 여기에서는 일상에서 볼 수 있는 고리에서 얻어지는 수학에서의 고리와 수학에서 잘 알려진 고리를 소개하겠습니다. 끈이나 밧줄 등의 매듭법에서 얻어지는 매듭은 그 매듭법의 이름으로부터 이름이 붙여진 것도 있고, 그 매듭법과 다른 이름이 붙여진 것도 있습니다. 먼저 수학에서 유명한 고리를 소개하겠습니다.

## 1  일상에서의 매듭으로부터 얻어진 매듭

여기에서는 일상에서의 매듭으로부터 얻어지는 매듭과 고리를 소개합니다.

### ◇ 옭 매듭

이미 여러 번 등장한 매듭입니다. 어떤 의미에서 가장 간단한 매듭이기 때문에 자주 볼 수 있는 매듭입니다. 로프 작업에서는 '옭 매듭', 바느질에서는 '구슬 매듭'이라고 부르며, 일상에서도 흔히 볼 수 있는 **그림 4.1**과 같은 매듭입니다.

옭 매듭의 양 끝을 닫아서 얻어지는 매듭은 표준적인 형태로 세잎 모양이 되기 때문에 매듭 이론에서 '세잎 매듭'이라고 부릅니다. 끈의 겹침이 반대인 것도 세잎 매듭이라고 하는데, 이들은 서로 다른 매듭으로 알려져 있습니다. 이들을 구분하고자 할 때는 각각 그림 4.1의 맨 오른쪽 매듭을 '오른손계 세잎 매듭', 오른쪽에서 두 번째 매듭을 '왼손계 세잎 매듭'이라고 부릅니다.

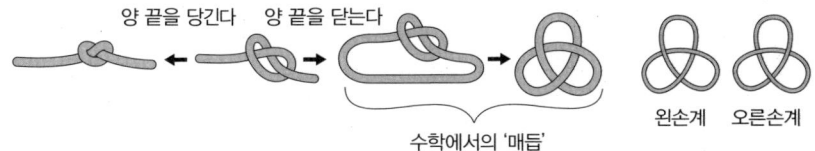

그림 4.1 옭 매듭과 세잎 매듭

## ◇ 마디 매듭

로프에 연속적으로 마디를 만드는 매듭법입니다. 등산 등에서 로프를 사용할 때 손잡이를 만들거나 간이 밧줄 사다리를 만드는 데 사용됩니다. **그림 4.2**는 5개의 마디를 만들 때의 매듭법입니다. 처음 만드는 루프의 수를 바꿔 매듭의 개수를 늘리거나 줄일 수 있습니다.

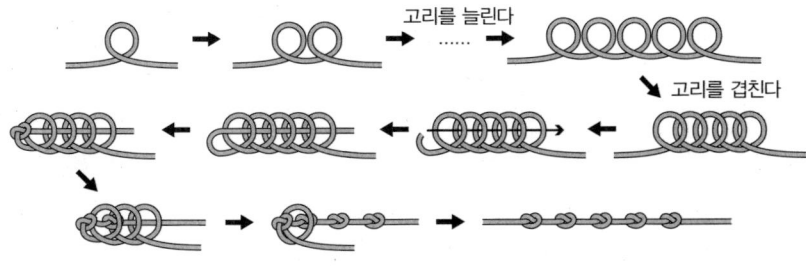

그림 4.2 마디 매듭

마디 매듭은 **그림 4.3**과 같이 옭 매듭을 연속적으로 만든 것으로 볼 수 있습니다. 마디 매듭을 닫아서 얻어지는 매듭은, 세잎 매듭을 합성하여 얻을 수 있다는 것을 4.2절에서 설명합니다.

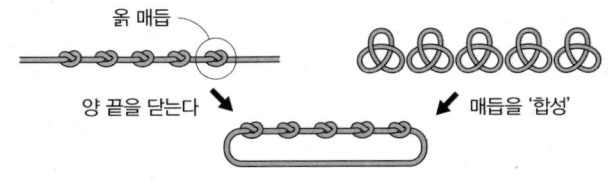

그림 4.3 연속된 옭 매듭

## ◇ 8자 매듭

옭 매듭보다 더 큰 고리를 만들 수 있는 이 매듭은 강도가 높고 게다가 풀기도 쉬워 활용도가 높습니다. **그림 4.4**와 같은 방법으로 매듭을 만듭니다.

매듭이 숫자 '8'과 같은 모양이 되기 때문에 이런 이름이 붙었다고 합니다. 일상에서는 끝을 닫지 않은 것을 '8자 매듭'이라고 부르지만, 수학에서는 양 끝을 연결하여 닫은 것을 '8자 매듭'이라고 부릅니다.

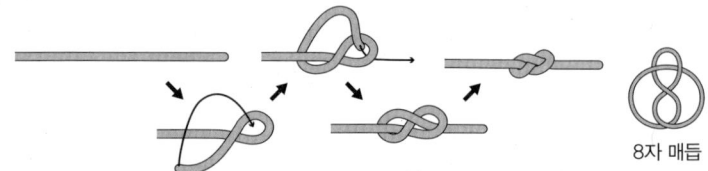

그림 4.4 8자 모양을 만드는 매듭, 8자 매듭

◇ 부둣가 매듭

8자 매듭보다 더 큰 고리를 만들 수 있는 매듭법입니다. 로프 끝에 만들어 스토퍼로 사용하기도 합니다. **그림 4.5**와 같이 중간까지 8자 매듭을 묶는 것과 같은 순서로 진행하지만, 8자 매듭보다 고리에 여유를 두어 매듭을 만듭니다.

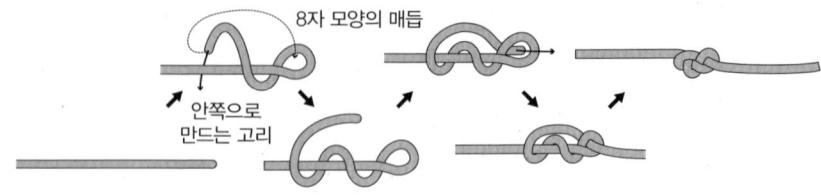

그림 4.5 부둣가 매듭

**그림 4.6**은 부둣가 매듭의 끝을 닫은 것으로, '스티브도어(Stevedore) 매듭'이라고 부릅니다.

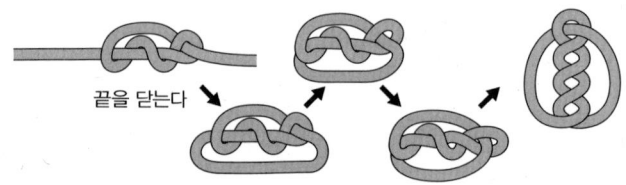

그림 4.6 스티브도어 매듭

**연습문제 1** 다음은 모두 스티브도어 매듭입니다. 이 두 매듭이 같은 매듭이라는 것을 확인하시오.

그림 4.7 스티브도어 매듭

**해답** 그림 4.8과 같이 오른쪽 매듭은 왼쪽 매듭과 동일한 모양에서 변형할 수 있으므로 이 두 매듭은 같은 매듭입니다.

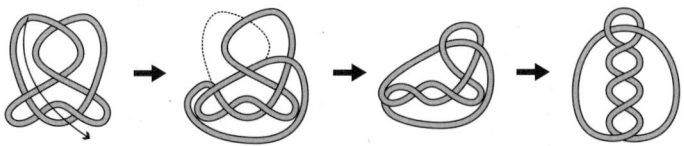

그림 4.8 스티브도어 매듭의 변형 1

다음과 같은 방법도 있습니다. 부듯가 매듭을 만든 후 끈의 양 끝을 **그림 4.9**와 같이 두 가지 방식으로 연결합니다. 이렇게 얻어진 두 개의 매듭을 변형시키면 각각 문제에 있는 두 가지 매듭과 같은 모양으로 변형시킬 수 있습니다.

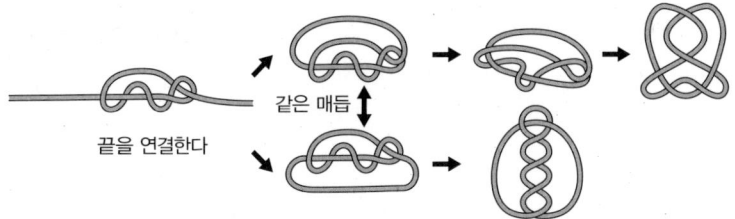

그림 4.9 스티브도어 매듭의 변형 2

## ◇ 날개 매듭

그림 4.10은 '날개 매듭'이라고 부릅니다. 한 번 단단히 묶으면 풀기 어렵기 때문에, 보통 결혼식 축의금 봉투를 정리할 때처럼, 한 번뿐인 중요한 행사에 사용되는 장식 매듭입니다. 또한 양쪽 끝을 잡아당기면 더욱 단단히 묶여 '오래오래 함께 한다'는 의미도 있다고 합니다. '전복 매듭'이라고도 합니다.

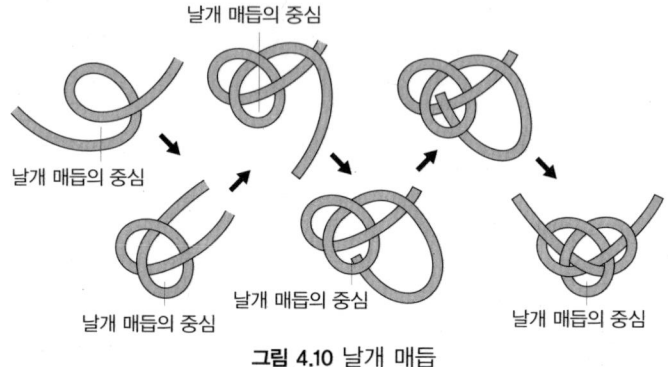

**그림 4.10 날개 매듭**

수학에서는 **그림 4.11**과 같이 매듭의 끝을 닫은 것을 '날개 매듭'이라고 부릅니다.

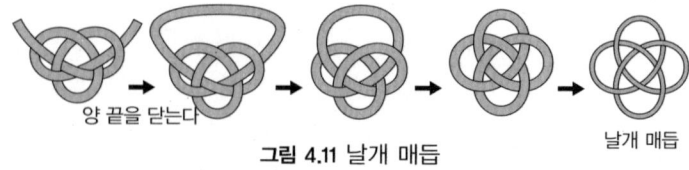

**그림 4.11 날개 매듭**

## ◇ 맞매듭(스퀘어 매듭)

**그림 4.12**는 끈이나 실의 양 끝을 연결하거나 두 개의 로프 등을 연결하는 기본적인 매듭입니다. '맞매듭'이라고 부르며, 단단히 조이면 풀기 어려운 매듭입니다. 영어로는 닫기 전이나 닫은 후에도 '스퀘어 매듭(square knot)'이라고 부릅니다.* 네 끝점을 그림과 같이 닫아 만든 매듭은 '스퀘어 매듭'이라고 부르는 경우가 많습니다.

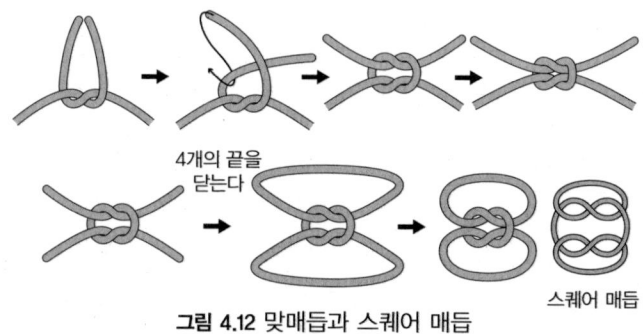

**그림 4.12 맞매듭과 스퀘어 매듭**

---

* 'reef knot'이라고도 부르는 매듭입니다.

## ◇ 외과의사 매듭

맞매듭을 묶는 방법으로 처음 부분을 묶을 때 **그림 4.13**과 같이 한 번 더 꼬면 마찰이 증가하기 때문에 본매듭보다 강도가 높은 매듭을 얻을 수 있습니다.

이 매듭법은 수술 시 결찰*에 사용되기 때문에 '외과의사 매듭'이라고 부릅니다. 외과의사 매듭은 4개의 끝점을 그림과 같이 닫아서 얻어지는 매듭입니다.

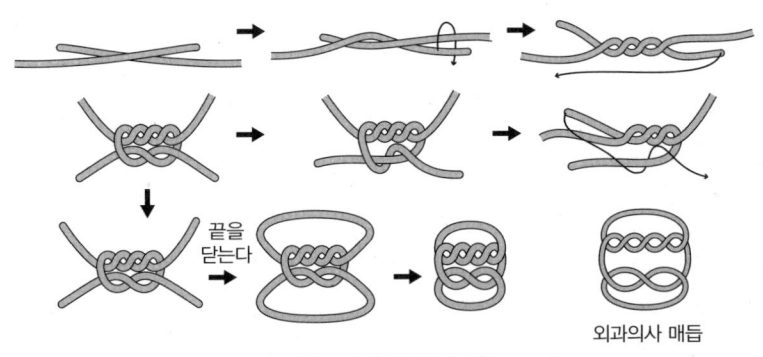

그림 4.13 외과의사 매듭

## ◇ 세로 매듭(그래니 매듭)

**그림 4.14**의 두 번째 단계는 그림 4.12와 ○으로 표시한 끈이 겹친 부분 위아래가 반대로 되어 있습니다. 맞매듭을 묶을 때 두 번째 단계에서 끈의 위아래를 반대로 하면 '세로 매듭'이라고 부르는 매듭이 됩니다. 영어로는 끝을 닫기 전과 후에도 '그래니 매듭(grany knot)'이라고 합니다.

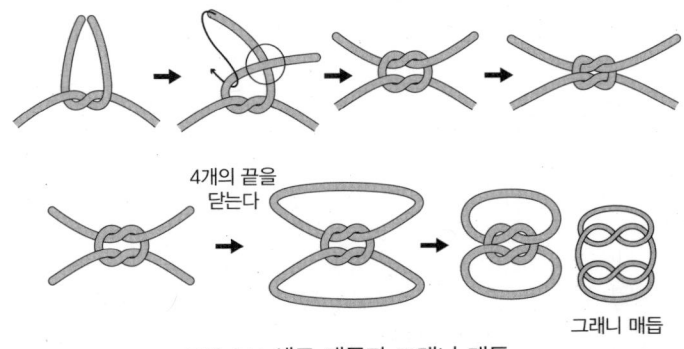

그림 4.14 세로 매듭과 그래니 매듭

---

* 역자 주: 수술이나 의료 시술에서 혈관이나 요도 등의 주위에 봉합사를 묶어 막는 ligation을 의미합니다.

◇ 솔로몬의 매듭

그림 4.15는 '솔로몬의 매듭'이라고 부르는 아주 오래전부터 사용되어 온 전통적인 장식 표현입니다. '매듭'이라는 이름이 붙었지만, 수학적으로는 '2성분 고리'로 분류됩니다.

 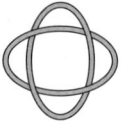

그림 4.15 솔로몬의 매듭

◇ 보로메오 고리

그림 4.16 왼쪽에 있는, 세 개의 고리가 서로 얽힌 형태의 고리를 '보로메오 고리'라고 부릅니다. 르네상스 시대 이탈리아 귀족 보로메오 가(家)의 가문(家紋)에 그려진 세 개의 고리가 얽혀 있는 도형과 같은 고리라고 하여 '보로메오 고리'라고 부릅니다.

오른쪽 그림은 '세 개의 고리'라고 부르는 가문인데, 보로메오 고리의 다이어그램을 굵게 표현한 것으로 볼 수 있습니다.

그림 4.16 보로메오 고리와 세 개의 고리

## 2. 수학적인 의미를 가진 고리

수학적인 의미를 가진, 이름이 부여된 고리에 관해서 살펴보겠습니다.

◇ 고리 계열

이름이 붙여진 고리 중에는 계열로 구성된 것이 있습니다. 여기에서는 잘 알려진 고리의 계열과 구성 방법을 살펴보겠습니다. 먼저 '트위스트 매듭'이라는 매듭의 계열을 소개합니다. 이름 그대로 꼬인 부분이 포함된 매듭으로, 꼬임의 수를 늘려 무한대의 매듭을 만들 수 있습니다.

### 1. 트위스트 매듭

그림 4.17과 같이 두 개의 끈을 한 번 꼬은 것을 하나의 단위로 하여 두 개의 끈이 꼬인 형태를 말합니다. 단, 두 개의 끈을 한 번 교차시킨 것을 '절반 꼬임' 또는 '0.5 꼬임'이라고 부르며, 꼬인 방향에 따라 +꼬임, -꼬임으로 구분합니다. 그림 4.17의 오른쪽 두 꼬인 숫자와 점들로 표시된 부분은, 꼬임이 1, 2, 3, 4, 5, …, $n$으로 계속 증가한다고 생각하시면 됩니다. 각각 $2n$개의 −0.5꼬임, $2n$개의 0.5꼬임으로 구성되어 있다고 생각할 수도 있습니다. 단, $n$은 자연수라고 가정합니다.

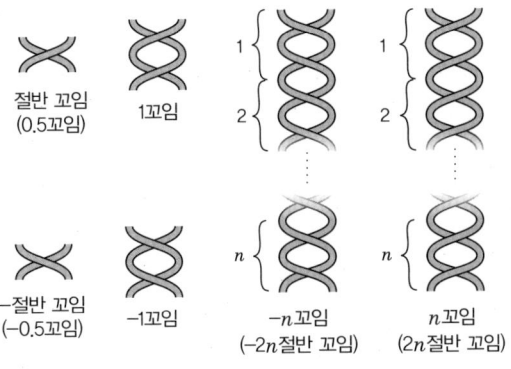

그림 4.17 $n$꼬임과 −$n$꼬임

그림 4.18과 같이 닫힌 고리로 $n$개의 +0.5꼬임 또는 $n$개의 −0.5꼬임을 만들고 끝을 걸어서 만든 매듭을 '트위스트 매듭'이라고 합니다. 실제로 끈 등으로 트위스트 매듭을 만들기 위해서는 양 끝을 서로 엇갈리게 걸 때 끈을 끊었다가 다시 연결하는 조작이 필요합니다. 꼬임이 0인 경우 자명 매듭이 되지만, 그것은 트위스트 매듭으로 부르지는 않습니다.

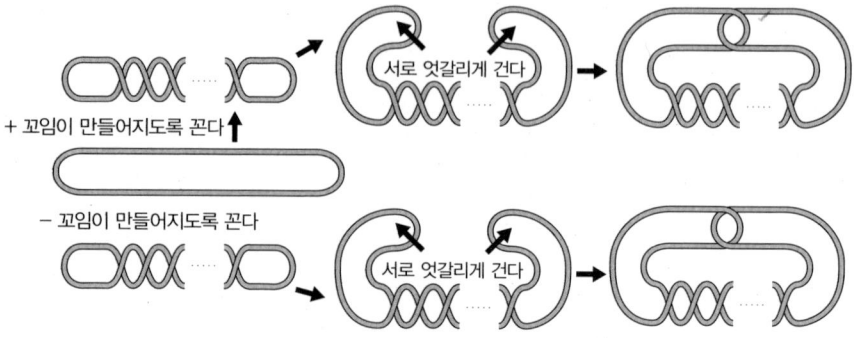

그림 4.18 트위스트 매듭 구성법

 꼬임수가 다른 트위스트 매듭이 서로 다른 매듭이라는 것은 6.4절에서 소개하는 '교대 다이어그램(alternating diagram)'에 관한 결과를 이용하는 것으로 증명할 수 있습니다. 즉, 무한 개수의 서로 다른 트위스트 매듭이 존재하는 것을 알 수 있습니다.

> **연습문제 2** 세잎 매듭, 8자 매듭, 스티브도어 매듭은 트위스트 매듭입니다. 다음 그림의 세잎 매듭, 8자 매듭, 스티브도어 매듭은 각각 몇 개의 절반꼬임을 트위스트 부분으로 가지는가 답하시오.
>
>
>
> 그림 4.19 세잎 매듭, 8자 매듭, 스티브도어 매듭
>
> **해답** 그림 4.20과 같이 변형하면, 그림의 세잎 매듭은 1개의 절반 꼬임, 8자 매듭은 2개의 절반 꼬임, 스티브도어 매듭은 4개의 절반 꼬임으로 이루어진 트위스트 매듭임을 알 수 있습니다. 세잎 매듭이 트위스트 매듭임을 파악할 수 있는 형태(괄호 안의 것은 형태를 더 다듬은 것)도 자주 사용되므로 기억해 두면 좋습니다.

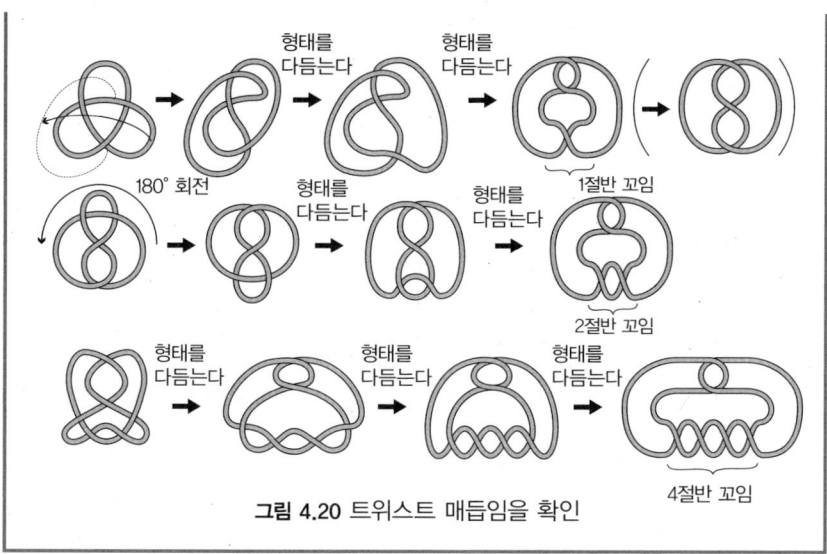

**그림 4.20** 트위스트 매듭임을 확인

익숙해지면 변형 없이도 이 매듭이 트위스트 매듭임을 알 수 있습니다.

## 2. 브루니안 고리

임의의 1성분을 제거하면 자명 고리(trivial link)가 되는 비자명 고리 (nontrivial link)를 '브루니안 고리'라고 합니다.

**연습문제 3** 보로메오 고리가 브루니안 고리라는 것을 보이시오. 단, 보로메오 고리가 비자명 고리임을 확인해도 무방합니다.

**해답** 세 가지 성분을 각각 제거하여 얻은 세 가지 2성분 고리가 분리 가능한 지 확인하면 됩니다. 세 가지 성분 중 한 성분을 제거하여 얻은 2성분 고리는 **그림 4.21**에서 볼 수 있듯이 자명 2성분 고리가 되므로, 보로메오 고리가 브루니안 고리임을 알 수 있습니다.

여기에서는 각 성분에 대해 그 성분을 제거하여 얻을 수 있는 고리를 확인했지만, 보로메오 고리는 대칭성을 가지므로 실제로는 원하는 한 성분을 제거한 고리가 자명 2성분 고리가 된다는 것을 보여 주면 충분합니다.

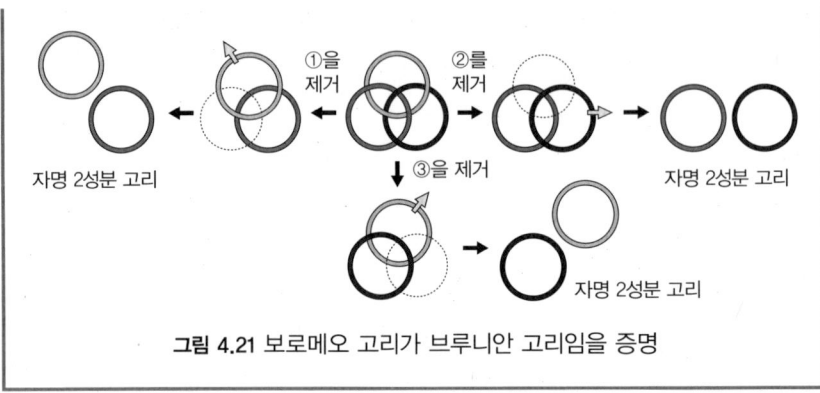

**그림 4.21** 보로메오 고리가 브루니안 고리임을 증명

다음으로, 성분수를 늘려가면서 브루니안 고리 계열을 구성하는 것을 생각해 봅시다. 수학에서는 '밀러 고리'라는 유명한 브루메오 고리의 계열이 있습니다만, 여기에서는 고무줄을 연결하는 방법을 응용하여 브루니안 고리의 계열을 구성해 보겠습니다.

고무줄은 자명 매듭으로 간주할 수 있으므로, **그림 4.22**와 같이 고무줄을 연결하듯이 두 개의 자명 매듭을 꼬아주면 자명 2성분 고리를 얻을 수 있습니다. 이 그림에서는 4개의 고무줄을 연결했지만, 같은 과정을 반복하면 얼마든지 고무줄을 연결할 수 있습니다. 또한 역순으로 진행하면 연결한 고무줄을 모두 분리할 수 있습니다.

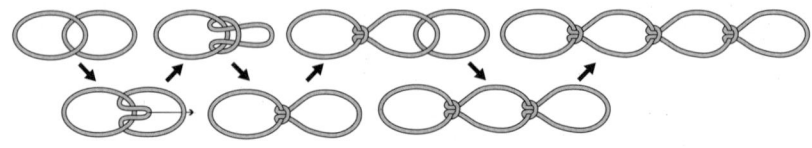

**그림 4.22** 고무줄을 연결하는 방법

그림 4.22의 마지막 상태는 4성분의 자명 매듭입니다. 브루니안 고리는 비자명 매듭이므로, **그림 4.23**과 같이 첫 번째 고무줄과 네 번째 고무줄을 연결하는 것을 생각해 봅시다. 실제로는 고무줄을 자른 후 꼬아서 고무줄을 다시 연결하지 않으면 이런 변형이 불가능합니다. 즉, 그림 4.23의 회색 화살표에 해당하는 변형은 실제로는 구현할 수 없습니다. 검은색 화살표는 이음매 부분을 느슨하게 하여 고리로 보기 쉽게 만든 것입니다. 지금까지의 지식만으

로는 증명할 수 없지만, 이렇게 구성된 4성분 고리는 비자명 고리가 되고, 어느 한 성분을 제거하더라도 3성분의 자명 고리를 얻을 수 있기 때문에 브루니안 고리임을 알 수 있습니다.

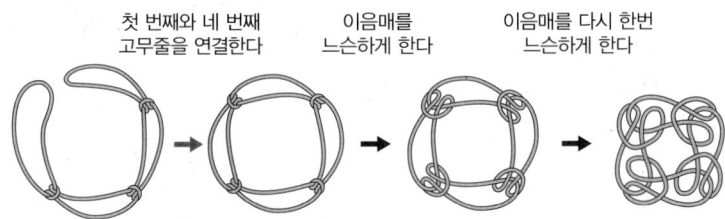

**그림 4.23** 4성분 브루니안 고리의 구성 방법

---

**연습문제 4** 그림 4.23의 구성 방법을 이용하여 3성분 브루니안 고리를 구성하시오. 구성한 고리가 비자명하다는 것을 확인해도 됩니다.

**해답** 그림 4.22에서 세 개의 고무줄이 연결된 상태에서 첫 번째 고무줄과 세 번째 고무줄을 연결하면 **그림 4.24**와 같은 3성분 브루니안 고리를 얻을 수 있습니다.

**그림 4.24** 3성분 브루니안 고리

---

$n$개($n \geq 2$)의 고무줄을 그림 4.22와 같이 연결하고, 첫 번째 고무줄과 $n$번째 고무줄을 연결하여 구성한 링크를 $B_n$으로 나타내기로 합니다. 이 고리 $B_n$이 브루니안 고리임을 다음과 같이 확인할 수 있습니다. 다만, $B_n$이 비자명인 것은 인정하기로 합니다. $B_n$은 $\frac{360°}{n}$ 회전시켜도 모양이 변하지 않는 대칭성을 가지고 있기 때문에, 한 성분을 제거하면 자명 $n$ 성분의 고리가 된다는 것을 보여주면 충분합니다. 실제로 **그림 4.25**와 같이 어느 한 성분을 제거한 경우에도 똑같이 풀리는 것을 알 수 있습니다.

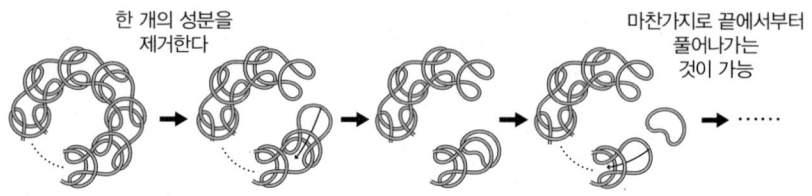

그림 4.25 브루니안 고리임을 증명

이렇게 **그림 4.26**과 같은 무한 브루니안 고리의 계열을 얻을 수 있었습니다.

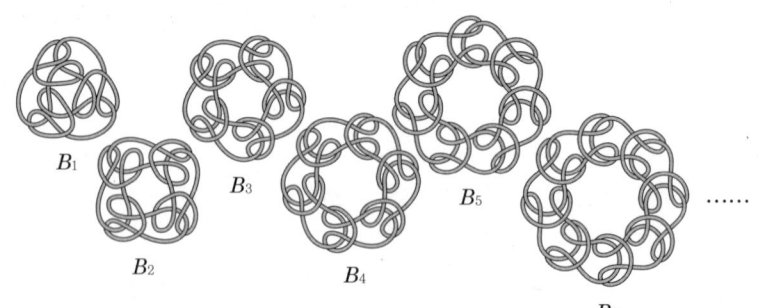

그림 4.26 브루니안 고리의 계열

## ◇ 분리 가능한 고리

몇 개의 매듭이 얽혀 있는 것을 '고리'라고 불렀습니다. 앞에서 언급했듯이 전체적으로 얽혀있지 않아도 상관없습니다. 예를 들어 **그림 4.27**이나 **그림 4.28**과 같이 몇 개의 고리를 띄어서 늘어놓은 것 역시 고리입니다.

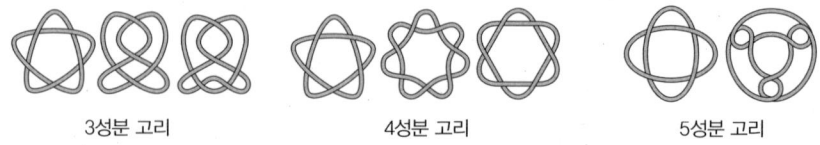

3성분 고리      4성분 고리      5성분 고리

그림 4.27 매듭을 늘어놓아 얻어진 고리

그러나 이러한 고리를 예로 들 수 있는 경우는 드뭅니다.

그림 4.28 2성분 고리와 매듭으로 이루어진 3성분 고리

이러한 고리는 특수한 것으로 인식되기 때문에, 예로 다루는 것은 일반적인 것이 바람직합니다. 그림 4.27과 그림 4.28의 고리와 같이 포함된 고리끼리 서로 얽히지 않는 두 그룹으로 나눌 수 있는 고리를 '분리 가능한 고리'라고 부릅니다. 분리할 수 없는 고리는 '분리 불가능한 고리'라고 합니다. 언뜻 보기에는 분리 가능한지 불가능한지 판단할 수 없는 고리가 존재한다는 점에 주의하기를 바랍니다. 예를 들어 **그림 4.29**의 3성분 고리는 분리 가능한 고리입니다. 즉, 이 고리는 각 성분이 서로 얽혀있는 것처럼 보이지만, 변형을 통해 포함된 고리끼리 서로 얽히지 않는 두 그룹으로 분리할 수 있다는 것입니다.

그림 4.29 분리 가능한 고리

---

**연습문제 5**  그림 4.29의 3성분 고리가 분리 가능한 고리임을 보이시오.

**해답**  이 고리는 **그림 4.30**과 같이 변형함으로써 서로 얽히지 않는 2성분 고리와 매듭으로 나눌 수 있습니다. 여기에서는 이해를 돕기 위해 각 성분에 다른 색을 부여했습니다.

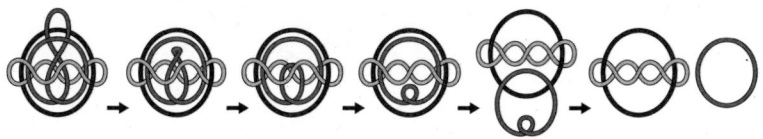

그림 4.30 분리 가능함을 증명

---

분리 가능함은 연습문제 5와 같이 실제로 분리하여 증명할 수 있습니다.

**연습문제 6** 다음 그림의 (1) ~ (7)의 고리 중에서 분리 가능한 고리가 3개 있습니다. 다음 중 어느 것인가요?

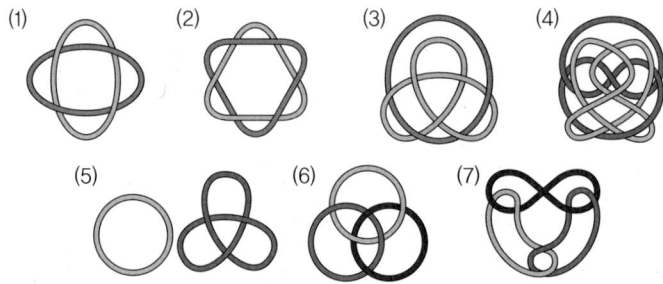

그림 4.31 분리 가능한 고리는 어느 것인가?

**해답** (2), (4), (5)의 고리가 분리 가능한 고리입니다. (5)의 고리는 두 개의 매듭을 나란히 하여 얻은 것이 분명하므로 분리 가능한 고리임을 금방 알 수 있습니다. (2)와 (4)의 고리는 **그림 4.32**와 같이 변형되어 분리 가능함을 알 수 있습니다.

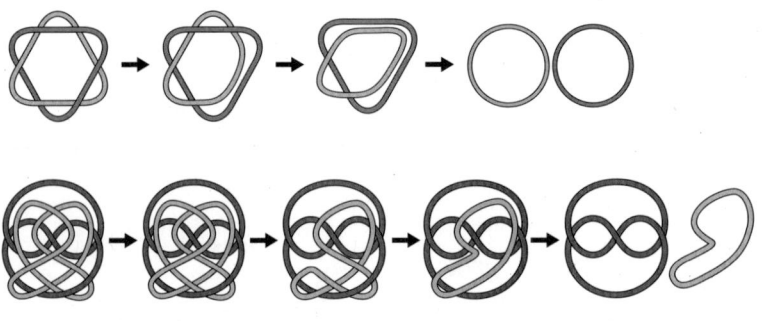

그림 4.32 분리 가능함을 증명

분리 가능한 고리를 좀 더 수학적으로 정의해 봅시다. 고리를 '서로 얽히지 않는 두 그룹으로 나눈다'는 것은 다음과 같이 표현할 수 있습니다. 주어진 고리를 변형시킴으로써 **그림 4.33**과 같이 '공간 내의 어떤 평면이 그 고리를 두 개의 고리로 나누게 할 수 있다'고 할 때, 그 고리는 분리 가능하다고 하며, 그 평면을 '분리 평면'이라고 부릅니다.

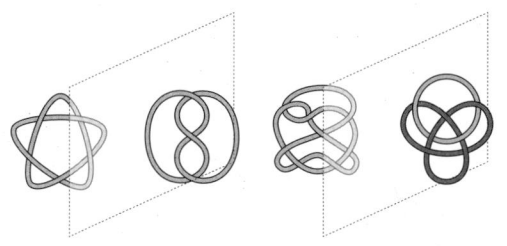

평면을 가위로 자르면 오른쪽과 왼쪽으로 성분이 분리된다.

**그림 4.33** 분리 가능한 고리와 분리 평면

그림 4.33의 두 고리는 모두 분리 가능한 고리입니다. **그림 4.34**의 두 고리는 이대로는 성분을 나누는 평면을 찾을 수 없지만, 실제로는 분리 가능합니다.

**그림 4.34** 분리 가능한 고리

이 고리는 **그림 4.35**와 같이 변형함으로써 공간 내에 성분을 구분하는 평면을 얻을 수 있음을 알 수 있습니다. 사실 중간 단계에서도 진회색 성분 위에 연회색 성분이 떠 있는 것을 생각하면 두 성분을 나누는 평면에 평행한 평행면을 얻을 수 있으므로 분리 가능한 고리임을 알 수 있습니다. 마지막 상태까지 변형이 되면 분리 평면을 그리지 않는 경우도 많습니다.

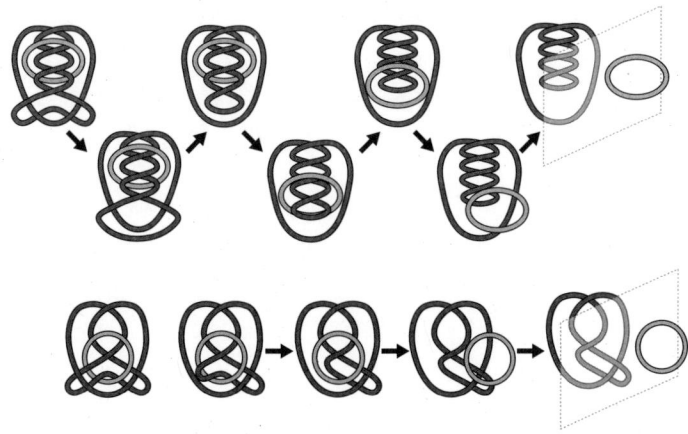

**그림 4.35** 분리 가능한 고리와 분리 평면

2. 수학적인 의미를 가진 고리

> **연습문제 7** 다음 고리가 분리 가능함을 확인하시오.

그림 4.36 분리 가능한 고리

**해답** 그림 4.37과 같이 변형함으로써 분리 가능함을 알 수 있습니다.

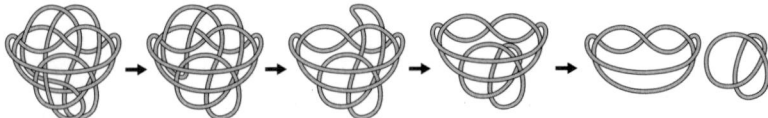

그림 4.37 분리 가능한 고리

그림 4.37의 마지막에서 두 번째 상태를 자세히 보면 한 성분이 다른 성분 위에 겹쳐 있는 것을 볼 수 있으므로, 이 상태에서도 분리 평면을 얻을 수 있음을 알 수 있습니다. 또한 이 문제에서는 요구하지 않았지만, **그림 4.38**과 같이 변형하면 이 고리는 자명 2성분 고리임을 알 수 있습니다.

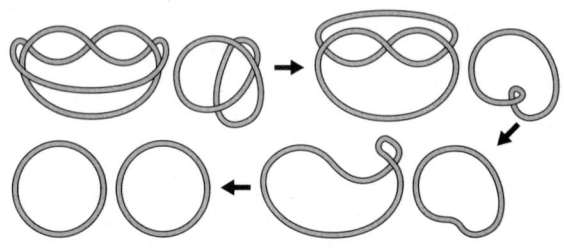

그림 4.38 자명 2성분 고리

**연습문제 8** 다음 두 고리 중 하나는 분리 가능한 고리이고, 다른 하나는 분리 불가능한 고리입니다. 다음 중 어느 것이 분리 불가능한 고리인가요?

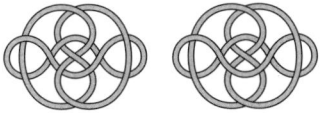

그림 4.39 두 개의 고리

**해답** 왼쪽의 고리부터 변형해 봅시다. 그림 4.40과 같이 변형할 수 있기 때문에 분리 가능하지 않아 보이는 고리가 됩니다.

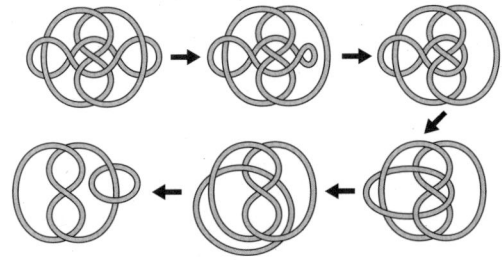

그림 4.40 분리 불가능한 고리인가?

여기에서 분리 가능하지 '않아 보이는'이라는 표현을 쓴 것은, '열심히 변형해도 분리하지 못했다'라는 것만으로는 분리 불가능하다는 것을 증명한 것이 아니기 때문입니다. 다시 말하지만, 수학에서는 '열심히 변형해도 분리할 수 없기 때문에'는 증명한 것이 아니므로, 분리할 수 없는 근거를 제시할 필요가 있습니다. 그러나 이 문제에서는 둘 중 하나만 분리 가능하다고 보장되어 있기 때문에 한쪽 고리가 분리 가능한 고리라면 다른 한쪽 고리는 분리 불가능하다는 결론을 내릴 수 있습니다. 문제의 오른쪽 고리를 변형해 보면 그림 4.41과 같이 변형이 가능하므로 분리 가능한 고리임을 알 수 있습니다. 따라서 그림 4.39의 왼쪽 고리가 분리 불가능하다는 것을 알 수 있습니다.

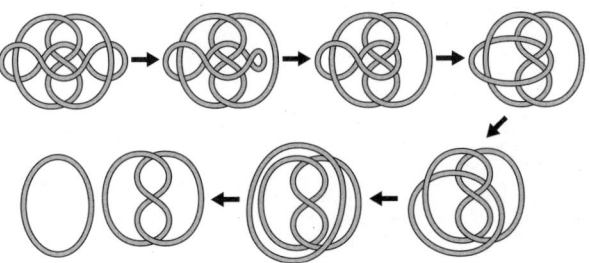

그림 4.41 오른쪽 고리의 변형

이 문제에서는 '어느 한쪽이 분리 가능한 고리'라고 기술되어 있기 때문에 분리 가능한 고리가 아닌 쪽, 즉 왼쪽 고리가 분리 불가능한 고리라고 결론을 내릴 수 있습니다. 해답에서는 왼쪽 고리를 먼저 변형해 봤지만, 처음에 오른쪽 고리부터 변형을 한 경우, 분리 가능하다는 것을 확인한 시점에 왼쪽 고리가 분리 불가능한 고리라는 결론을 내릴 수 있습니다.

## ◇ 거울에 비친 고리

거울에 자신을 비춰보면 거울 속에서는 좌우가 반대로 되어 있고, 거울 속의 자신은 평면상에 존재하지만 마치 3차원 공간에 있는 것처럼 보입니다.

여기에서는 거울에 비친 눈동자를 생각해 봅시다. 고리도 사람과 마찬가지로 거울에 비춰보면 좌우가 반대로 보일 것입니다. 거울에 비친 매듭도 평면상에 존재하지만, 공간 내에 있는 것처럼 보입니다. 거울에 비친 고리를 실제 공간 내에 있는 고리로 간주한 것을 원래 고리의 '거울상'이라고 부릅니다. 거울의 위치와 관계없이 주어진 고리의 거울상은 고유하게 정해져 있는 것으로 알려져 있습니다.

고리가 주어지면, 그 그림자를 생각해 교점에 상하 정보를 줌으로써 고리의 다이어그램을 얻을 수 있었습니다. 고리의 거울상을 얻는다면, 이 절차에 따라 다이어그램을 그릴 수 있지만, 가능한 한 간단하게 거울상의 다이어그램을 그릴 수 있는 방법을 생각해 봅시다.

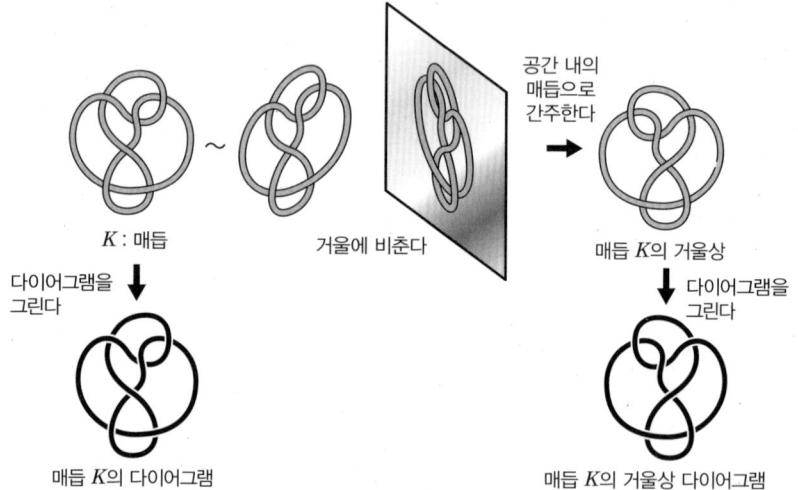

그림 4.42 거울상과 다이어그램

**연습문제 9** **그림 4.42** 매듭 $K$의 다이어그램과 그 거울상의 다이어그램에는 어떤 관계가 있는지 생각해 봅시다. (그림 4.42 매듭 $K$의 다이어그램으로부터 $K$의 거울상 다이어그램을 얻기 위해서 어떻게 하면 좋을까요?)

**해답** 매듭 $K$와 $K$의 거울상, 그리고 해당 다이어그램에는 **그림 4.43**과 같은 관계가 있음을 알 수 있습니다.

이를 통해 매듭 $K$의 다이어그램 오른쪽에 대칭축을 두고 그 축에 대해 선대칭 이동시킴으로써, 즉 좌우로 반전시킴으로써 매듭 $K$의 거울상 다이어그램을 얻을 수 있음을 알 수 있습니다.

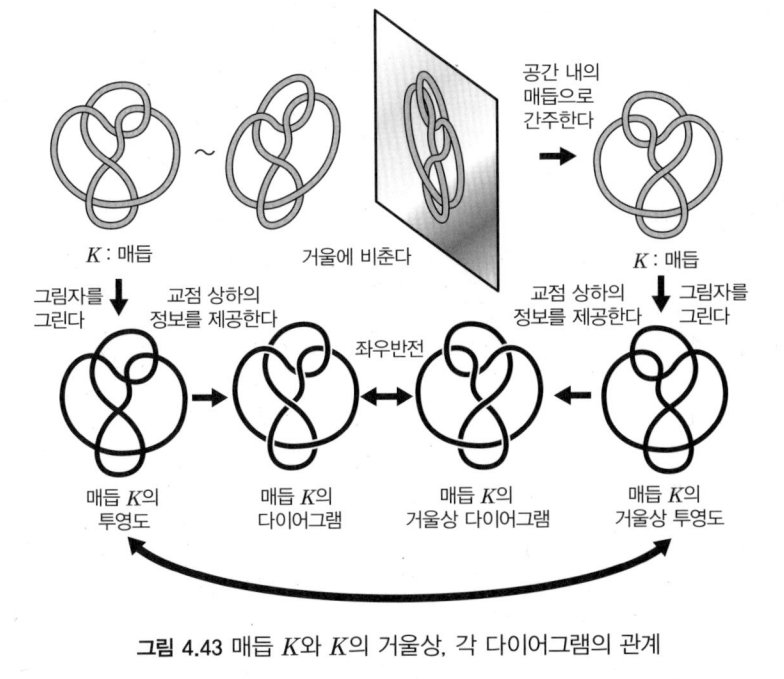

**그림 4.43** 매듭 $K$와 $K$의 거울상, 각 다이어그램의 관계

이것은 일반적인 고리에 대해 성립합니다. 모든 고리는 다이어그램을 그리고 대칭축을 취하여 그 대칭축에 대해 선대칭 이동시킨 다이어그램을 그리면 거울상의 다이어그램을 얻을 수 있습니다. 축을 취하는 방법은 여러 가지가 있지만, 이 책에서는 **그림 4.44**와 같이 오른쪽에 대칭축을 잡기로 합니다.

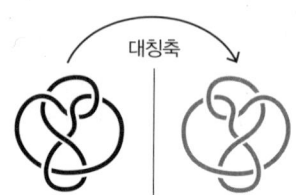

그림 4.44 거울상을 얻기 위한 대칭축

**연습문제 10** 다음 매듭의 거울상 다이어그램을 그리시오.

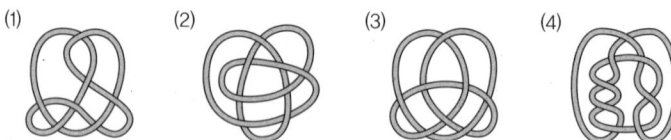

그림 4.45 거울상의 다이어그램을 그리는 매듭

**해답** 각 매듭의 다이어그램을 그리고 그림 4.44와 같이 대칭축에 대해 선대칭 이동시킨 다이어그램을 그리면 거울상 다이어그램을 얻을 수 있습니다. 예를 들어 (1)의 매듭은 다음과 같이 거울상 다이어그램을 얻을 수 있습니다.

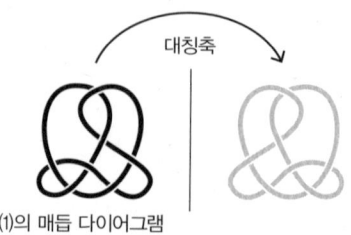

그림 4.46 (1)의 매듭과 거울상

각 매듭의 다이어그램을 그리고 선대칭 이동시킴으로써 **그림 4.47**과 같이 각 매듭의 다이어그램을 구할 수 있습니다.

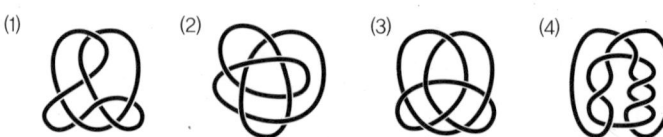

그림 4.47 매듭의 거울상 다이어그램

**연습문제 11** 그림 4.48 (1)~(4)의 다이어그램은 그림과 같이 평행한 평면 A와 B 사이에 있는 매듭을 생각하여 평면 B 쪽에서 A 쪽으로 빛을 비춰 생긴 그림자로부터 얻은 평면 A상의 다이어그램입니다. 이때 (1)~(4)의 다이어그램에 대응하는 매듭에 평면 A 쪽에서 빛을 비춰 평면 B 위에 생긴 그림자로부터 그려지는 다이어그램을 그리시오.

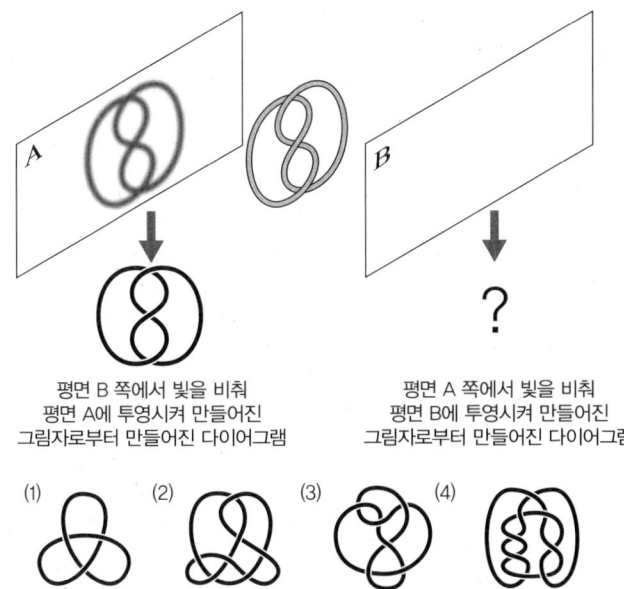

평면 B 쪽에서 빛을 비춰 평면 A에 투영시켜 만들어진 그림자로부터 만들어진 다이어그램

평면 A 쪽에서 빛을 비춰 평면 B에 투영시켜 만들어진 그림자로부터 만들어진 다이어그램

(1) (2) (3) (4)

그림 4.48 평면 A 위에 그려진 다이어그램

**해답** 각 교점을 평면 A 쪽에서 봤을 때와 평면 B 쪽에서 봤을 때, 각각 어떻게 보이는지 생각해 봅시다. 이해하기 쉽도록 교차하는 끈에 다른 색을 입혀 둡니다. 평면 A 쪽에서 본다는 것은 평면 B 쪽에서 볼 때 위쪽에 있는 끈이 아래쪽으로 오게 됩니다. 즉, 진회색의 끈이 아래를 지나게 되므로 **그림 4.49**의 가운데 그림과 같습니다. 이 교점의 경우 모두 왼쪽 아래에서 오른쪽 위로 지나는 끈이 위를 통과하게 됩니다.

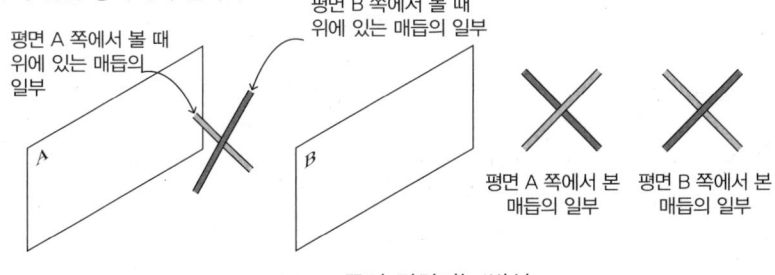

그림 4.49 끈이 겹쳐지는 방식

따라서 평면 B 위에는 **그림 4.50**과 같은 다이어그램이 그려지게 됩니다.

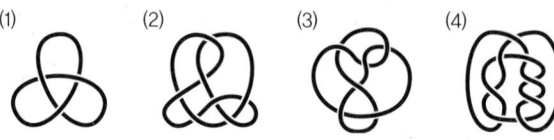

**그림 4.50** 평면 B 위의 다이어그램

**연습문제 12**  다음 그림의 (1) ~ (4)는 매듭과, 그 매듭에 지면을 향해 빛을 비춰 생긴 그림자로부터 얻어진 다이어그램입니다.

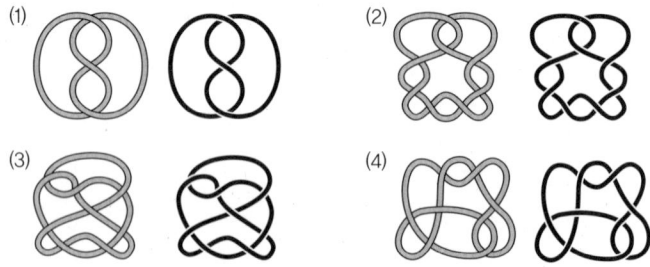

**그림 4.51** 그림자로부터 얻어진 다이어그램

**그림 4.52**와 같이 매듭의 오른쪽에 축을 잡고 그 축을 중심으로 180° 회전시킨 후, 이전과 같은 방향에서 빛을 비춰서 생긴 그림자로부터 얻어지는 다이어그램을 그리시오.

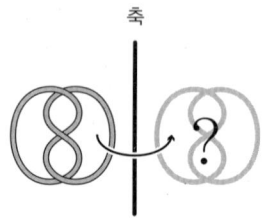

**그림 4.52** 180° 회전시킨다

**해답**  **그림 4.53**과 같이 매듭의 끈을 겹치는 방법에서 상하 관계는 180° 회전시키기 전과 후가 다르지 않음을 알 수 있습니다. 그림은 회전시키기 전 매듭이 왼쪽 아래에서 오른쪽 위로 지나는 끈이 위를 통과하는 경우이지만, 왼쪽 아래에서 오른쪽 위로 지나는 끈이 아래를 통과하는 경우도 마찬가지로 생각하면 됩니다.

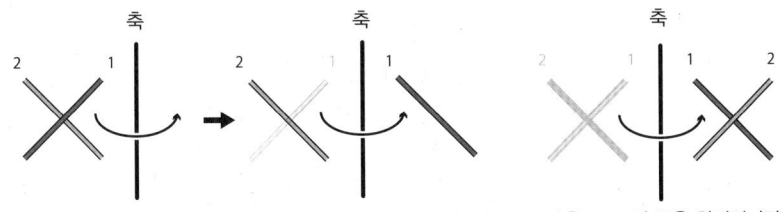

1의 끈이 위쪽에 있기 때문에 회전시키면 아래쪽으로 오게 되어 먼저 1을 회전시킨다.

다음으로 2의 끈을 회전시키면 1보다 2가 더 위로 올라온다. 원래의 끈과 색이 바뀌었지만, 교차 방식(왼쪽 아래에서 오른쪽 위로 지나는 끈이 위에 오는 상황)은 변하지 않는다.

**그림 4.53** 180° 회전시키기 전후 끈이 겹치는 방식

이와 같이 주의해서 얻어지는 다이어그램은 **그림 4.54**와 같은 것을 알 수 있습니다.

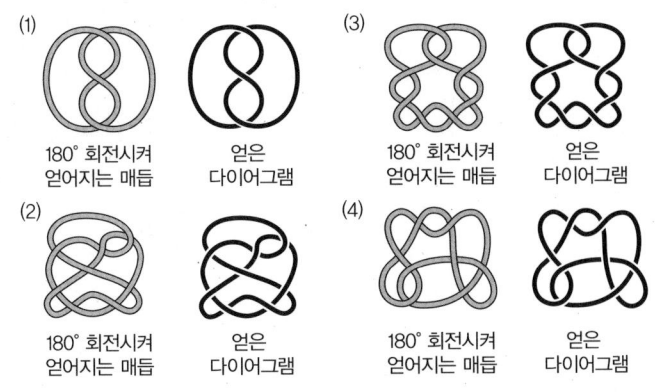

(1) 180° 회전시켜 얻어지는 매듭 / 얻은 다이어그램
(2) 180° 회전시켜 얻어지는 매듭 / 얻은 다이어그램
(3) 180° 회전시켜 얻어지는 매듭 / 얻은 다이어그램
(4) 180° 회전시켜 얻어지는 매듭 / 얻은 다이어그램

**그림 4.54** 180° 회전시킨 매듭과 다이어그램

앞서 설명한 바와 같이, 고리의 거울상 다이어그램은 고리 다이어그램을 반전시켜 얻을 수 있습니다. 그러나 다이어그램이 복잡해질수록 좌우 반전된 그림을 그리는 것이 번거로워집니다. 그래서 좀 더 간단하게 거울상 다이어그램을 그리는 방법을 소개하겠습니다.

고리 다이어그램의 교점 위아래를 모두 바꿔서 얻어진 다이어그램이 나타내는 고리는 그 고리의 거울상 다이어그램이 됩니다. 다이어그램을 반전시켜 그리는 것보다 따라 그리는 것이 더 쉬워서 매우 편리한 방법입니다. 즉, 매듭 $K$에서 직접 그 거울상의 다이어그램을 얻고 싶을 때는 $K$의 투영도를 그려서

매듭 $K$와 교점의 위아래가 반대로 되도록 교점에 상하 정보를 주면 됩니다. 이를 구체적인 예를 바탕으로 확인해 봅시다.

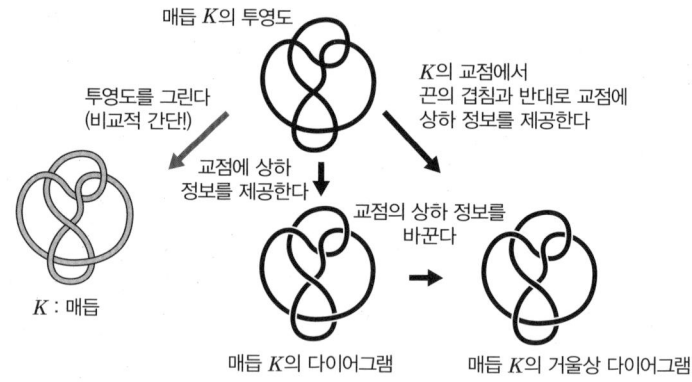

**그림 4.55** 매듭 $K$의 거울상 다이어그램을 그리는 방법

그림 4.56과 같이 평행하게 놓인 두 개의 거울 A와 거울 B, 그리고 그 사이에 있는 매듭을 생각해 봅시다. 그림 4.42에서 생각한 거울은 거울 A에 해당합니다. 거울 A에 비친 것을 매듭의 '앞면'이라고 하면, 거울 B에 비친 것은 매듭의 '뒷면'이라고 할 수 있습니다. 이때 거울 A와 거울 B에 비친 매듭을 공간 내 매듭으로 간주하면, 둘 다 매듭 $K$의 거울상이므로 같은 매듭입니다.

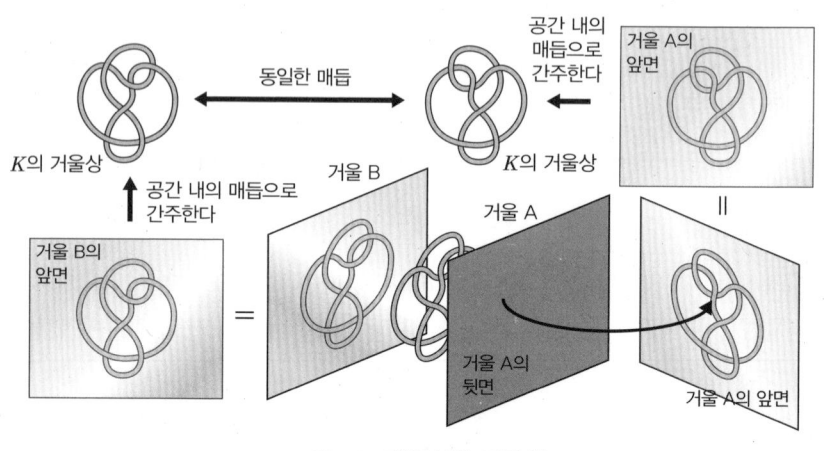

**그림 4.56** 매듭 K와 거울상

이 두 거울상으로부터 자연스럽게 얻을 수 있는 다이어그램을 각각 생각해 보겠습니다. 그림 4.43에서 얻은 $K$의 거울상 다이어그램은 거울 A에 비친 매

듭에서 얻을 수 있습니다. 한편, 거울 B에 비친 매듭 $K$의 뒷면을 비추고 있으므로, 그 다이어그램은 매듭 $K$에서 자연스럽게 얻을 수 있는 투영도의 각 교점에 원래의 다이어그램과 반대가 되는 상하 정보를 주면 얻을 수 있습니다. 다이어그램 $D$의 교점 상하 정보를 바꿔 얻은 다이어그램 $D'$는 $K$의 거울상 다이어그램임을 알 수 있습니다. 따라서 얻어진 다이어그램 $D'$를 '$D$의 거울상'이라고 부르기로 합니다.

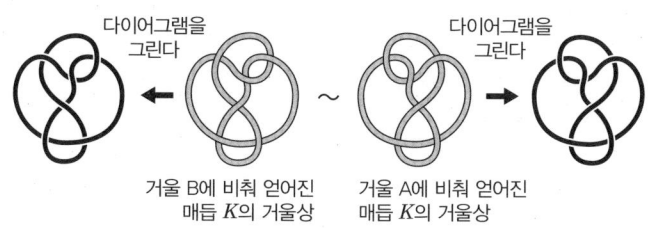

**그림 4.57** 거울상과 원래 매듭 다이어그램의 교점 상하 관계

어느 매듭이 자신의 거울상과 동일할 때, 그 매듭은 '양손형'이라고 합니다. 매듭이 양손형임을 나타내는 것은 이론상으로는 간단합니다. 매듭을 그 거울상과 동일한 모양으로 변형시키면 됩니다.

**연습문제 13** 8자 매듭이 양손형임을 보이시오.

**해답** 그림 4.58과 같이 변형함으로써 끈의 상하 관계를 모두 바꿀 수 있기 때문에 8자 매듭은 양손형임을 알 수 있습니다.

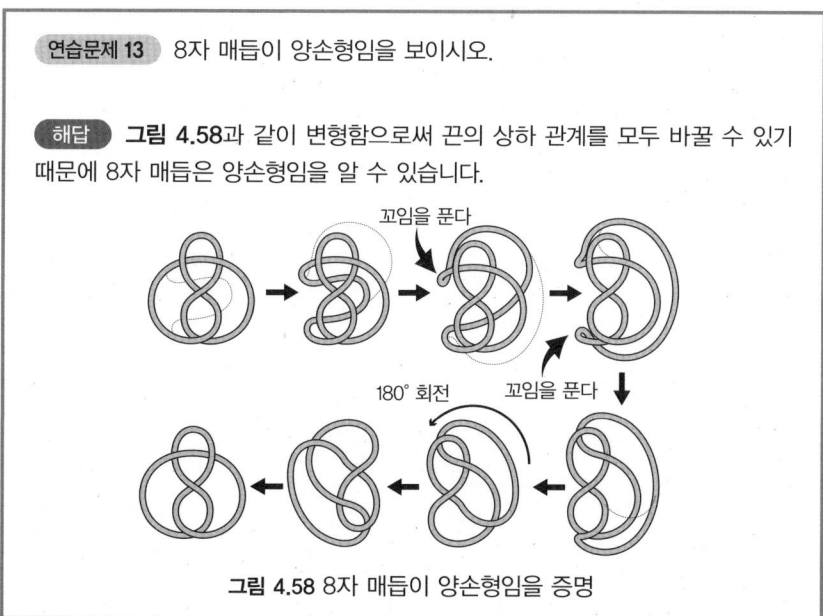

**그림 4.58** 8자 매듭이 양손형임을 증명

**연습문제 14** 다음 매듭이 양손형임을 보이시오.

그림 4.59 양손형 매듭

**해답** 그림 4.60과 같이 변형하면, 끈의 상하 관계를 모두 바꿀 수 있습니다. 따라서 이 매듭이 양손형임을 알 수 있습니다.

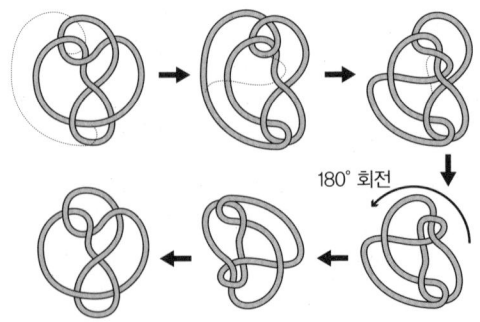

그림 4.60 양손형임을 증명

일반적으로 매듭이 양손형인지 여부를 결정하는 것은 어려운 문제입니다. 이를 증명하기 위해서는 아무리 노력해도 거울상과 같은 모양을 만들 수 없다는 것을 증명해야 하기 때문입니다. 그림 4.61은 세잎 매듭입니다. 3.2절(연습문제 3 바로 다음)에서 언급했듯이, 이 두 매듭은 서로 다른 매듭입니다. 즉, 거울상을 구분할 때 오른쪽 매듭은 '오른손계 세잎 매듭', 왼쪽 매듭은 '왼손계 세잎 매듭'이라고 부르는 것입니다.

왼손계 세잎 매듭　　오른손계 세잎 매듭

그림 4.61 오른손계 세잎 매듭과 왼손계 세잎 매듭

세잎 매듭이 양손형이라면 오른손계와 왼손계 세잎 매듭은 같은 매듭인 셈이지만, 두 매듭 서로 다른 매듭으로 알려져 있습니다. 따라서 세잎 매듭은 양손형 매듭이 아니며, 이 책에서는 이들이 서로 다른 매듭임을 증명할 수 없습니다.

## ◇ 합성 매듭

지금까지 살펴본 것처럼 끈을 묶는 방법에는 여러 가지가 있습니다. 4.1절(마디 매듭)에서는 만들고 싶은 마디의 개수만큼 꼬임을 만들어 한 번에 묶는 방법을 소개합니다. 이것은 하나씩 마디 매듭을 만드는 것보다 효율적인 제작 방법입니다. 하지만 효율성에 연연하지 않는다면, 마디 매듭은 옭 매듭을 만드는 방법만 알고 있으면 만드는 것이 가능합니다.

그림 4.62 마디 매듭은 연속된 옭 매듭

닫힌 매듭에 대해서도 생각해 봅시다. 옭 매듭을 닫으면 세잎 매듭을 만들 수 있습니다. 그래서 5개의 마디를 엮어 매듭을 만들면 마디가 5개인 매듭이 되는데, 이때 5개의 세잎 매듭을 이용하여 어떻게 이 매듭을 구성할 수 있을지 생각해 보는 것입니다.

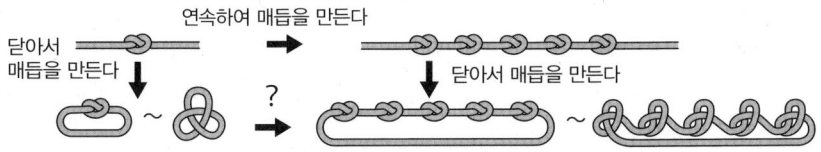

그림 4.63 마디를 엮어 만들어지는 마디 매듭

우선 2개의 매듭 $K_1$과 $K_2$를 준비하고 **그림 4.64**와 같이 일부를 잘라 열고 나서, 각각의 끝점을 $a, b, c, d$ 이름을 붙입니다.

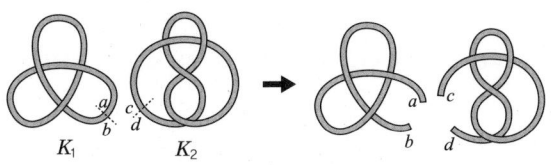

그림 4.64 마디를 잘라 연다

그림 4.65와 같이 각각의 끝점을 연결하여 하나의 매듭을 만듭니다. 여기에서 주의해야 할 점은 서로 연결해야 할 끝점의 쌍은 고유하게 정해져 있지 않다는 것입니다. 끝점을 연결하는 방법은 두 가지가 있는데, $a$와 $c$, $b$와 $d$를 연결하는 경우와 $a$와 $d$, $b$와 $c$를 연결하는 경우가 있습니다. $a$와 $c$, $b$와 $d$를 연결하는 경우 그림 4.65와 같이 그림자가 드리우는 새로운 교점이 생기지 않도록 연결할 수 있습니다.

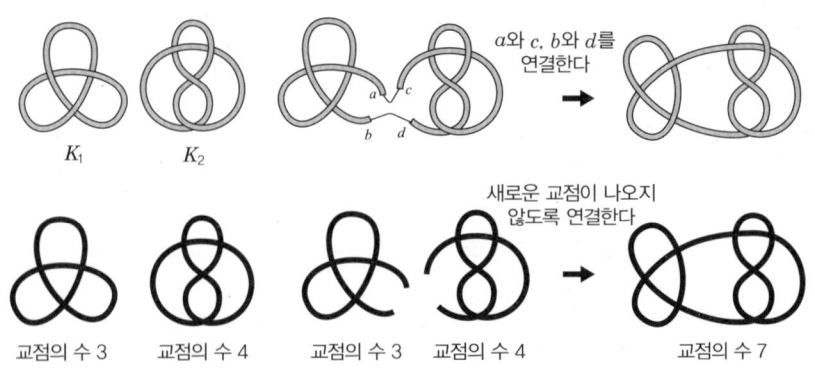

그림 4.65 두 개의 매듭을 서로 연결한다

$a$와 $d$, $b$와 $c$를 연결하는 경우에도 그림 4.66과 같이 뒤집어서 연결하면 그림자가 드리워졌을 때 새로운 교점이 생기지 않도록 연결할 수 있습니다.

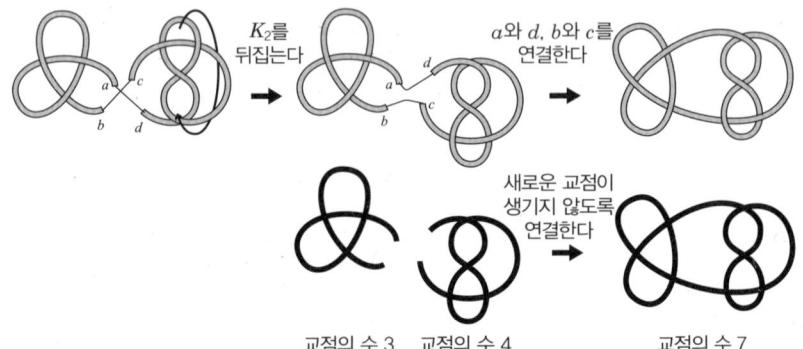

그림 4.66 한쪽을 뒤집어서 두 개의 매듭을 서로 연결한다

익숙해지기 전까지는 꼬인 후의 교점의 상하 정보를 파악하기 어려울 수 있습니다. 이 경우 그림 4.67과 같이 한 번의 꼬임만 나타나는 연결 방법을 사

용해도 문제가 없습니다. 왜냐하면, ○ 표시를 한 끈의 꼬임을 제거하면 그림 4.65의 매듭과 같은 모양으로 만들 수 있기 때문입니다. 두 매듭을 연결했을 때 생기는 꼬임의 방향이 반대일지라도 마찬가지로 제거할 수 있기 때문에, 간단하게 그림 4.65의 매듭과 같은 모양으로 만들 수 있다는 것을 알 수 있습니다.

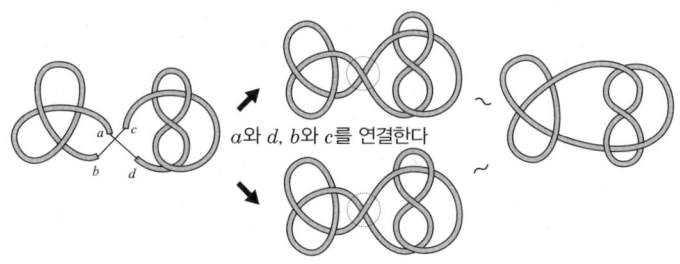

**그림 4.67** 간단히 제거할 수 있는 교점이 생기는 연결 방법

이렇게 두 개의 매듭 $K_1$과 $K_2$를 서로 연결하여 얻은 매듭을 $K_1$과 $K_2$의 '합성 매듭(composite knot)'이라고 하며, 또한 이 합성 매듭은 $K_1$과 $K_2$를 '합성하여 얻는다'라고 합니다.

**연습문제 15** 다음의 두 매듭을 그림과 같이 $a$와 $d$, $b$와 $c$를 연결하여 얻은 합성 매듭의 다이어그램에서 교점의 수가 '11'이라는 것을 나타내시오.

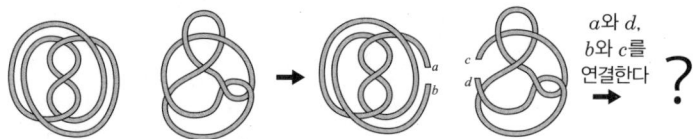

**그림 4.68** 두 개의 매듭

**해답** 이 모습 그대로의 투영도를 가지고 다이어그램을 그리면 왼쪽 매듭에서는 교점수가 5, 오른쪽 매듭에서는 교점수가 6인 다이어그램을 얻을 수 있습니다. 교점수가 11인 다이어그램을 얻기 위해 그림 4.65와 같이 두 개의 매듭을 합성하는 것을 생각해 봅시다. 예를 들어 **그림 4.69**와 같이 오른쪽 매듭을 뒤집어서 합성한 후 다이어그램을 그리면 교점수가 11인 다이어그램을 얻을 수 있습니다.

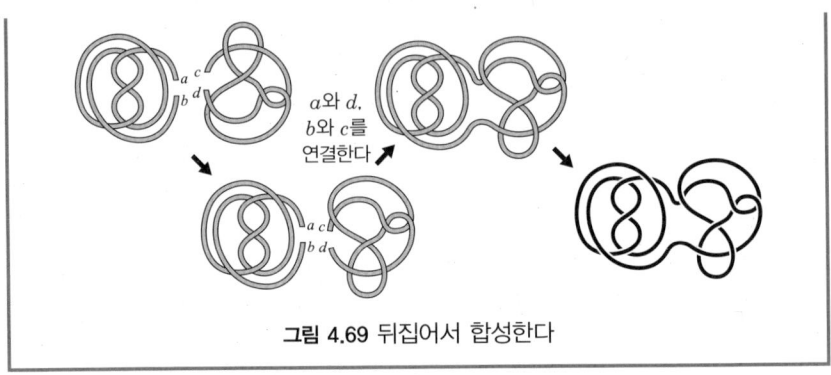

**그림 4.69** 뒤집어서 합성한다

언뜻 다르게 보이지만, 그림 4.65의 합성 매듭과 한쪽을 뒤집어 연결한 그림 4.66의 합성 매듭은 사실 같은 매듭입니다. 그 사실을 확인해 봅시다.

> **연습문제 16** 그림 4.65와 그림 4.66의 합성 매듭은 같은 매듭이라는 것을 보이시오.
>
> **해답** 그림 4.66의 합성 매듭은 **그림 4.70**과 같이 $K_1$에 대응하는 부분을 작게 하고, $K_2$에 대응하는 부분을 돌려서 이동하여 변형함으로써 그림 4.65의 합성 매듭과 같은 모양으로 변형할 수 있습니다. 따라서 이 두 매듭은 같은 매듭임을 알 수 있습니다.
>
>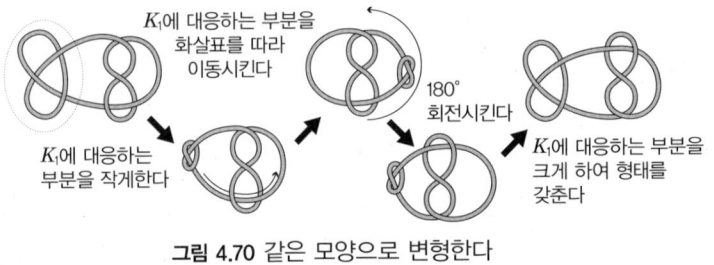
>
> **그림 4.70** 같은 모양으로 변형한다

이처럼 겉보기에는 다르게 보이지만, 사실은 같은 매듭인 경우가 종종 있습니다. 이를 몇 가지 문제를 통해 확인해 봅시다.

> **연습문제 17** 2개의 왼손계 세잎 매듭을, 다음 그림의 $a$와 $c$, $b$와 $d$를 연결하여 얻은 합성 매듭과 $a$와 $d$, $b$와 $c$를 연결하여 얻은 합성 매듭이 같은 매듭임을 보이시오.

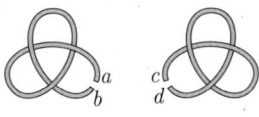

그림 4.72 두 개의 왼손계 세잎 매듭

**해답** 두 가지 연결 방법으로 얻은 합성 매듭은 **그림 4.73**에서 같은 모양으로 변형할 수 있음을 알 수 있습니다.

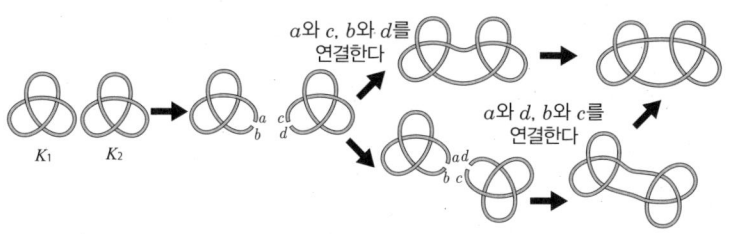

그림 4.73 두 개의 왼손계 세잎 매듭에서 얻어진 합성 매듭

**연습문제 18** 다음 그림에 제시된 두 개의 8자 매듭을 점선 부분에서 잘라 두 가지 방법으로 연결하시오. 이렇게 하여 얻은 두 합성 매듭이 같은 매듭임을 보이시오.

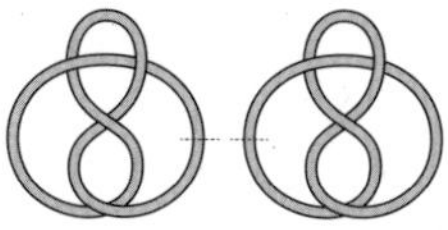

그림 4.74 두 개의 8자 매듭

**해답** 점선 부분을 잘라내어 두 가지 방법으로 연결하여 합성 매듭을 구성합니다. 예를 들어 한쪽을 뒤집어서 연결하여 얻은 합성 매듭을 **그림 4.75**와 같이 변형시켜 나가면, 이들 매듭이 같은 매듭임을 알 수 있습니다.

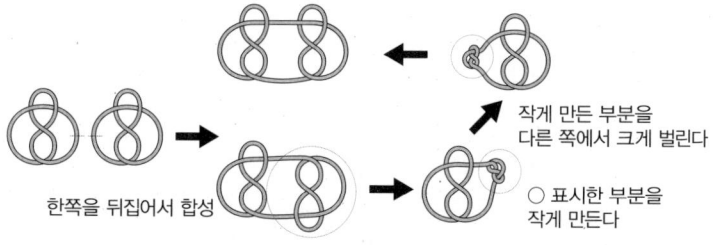

그림 4.75 두 개의 8자 매듭을 두 가지 방식으로 연결하여 얻은 합성 매듭

그러나 일반적으로 합성 매듭은 고유하게 정해지지 않을 수 있다는 점에 유의해야 합니다. 예를 들어 두 매듭을 모두 **그림 4.71**의 $8_{17}$ 매듭으로 만들면

다른 합성 매듭을 얻을 수 있다는 것이 알려져 있습니다.

**그림 4.71** $8_{17}$매듭과 두 개의 $8_{17}$ 매듭으로부터 얻어지는 다른 합성 매듭

이 책에서는 다루지 않지만, $8_{17}$ 매듭은 '비가역성'이라고 부르는 성질을 가지고 있습니다. 일반적으로 두 개의 매듭이 모두 비가역적일 때, 두 종류의 합성 매듭을 얻을 수 있는 것으로 알려져 있습니다.

**연습문제 19** 그림 4.64의 $K_2$를 자르는 위치를 다음 그림과 같이 바꿔 합성 매듭을 구성해 봅시다. 이때, 두 가지 연결 방법으로 얻을 수 있는 합성 매듭은 모두 그림 4.65의 합성 매듭과 같은 매듭인지 확인하시오.

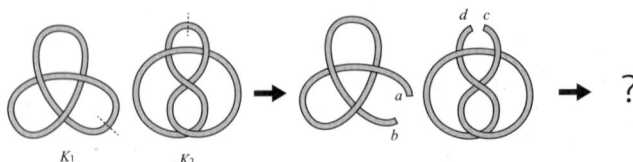

**그림 4.76** 합성 매듭의 구성

**해답** 그림 4.65와 그림 4.66의 매듭은 같은 매듭이므로, 얻어지는 합성 매듭이 어느 한쪽과 같은 모양으로 변형될 수 있으면 됩니다.

$K_1$과 $K_2$의 끝점 $a$와 $c$, 끝점 $b$와 $d$를 연결한 경우, **그림 4.77**과 같이 매듭 $K_1$을 작게 만들고 다른 매듭 $K_2$와 함께 회전함으로써 $K_2$를 원하는 위치로 이동시킬 수 있습니다. 따라서 $K_1$을 그림 4.77과 같이 $K_2$와 함께 회전시킨 후 $K_1$의 모양을 잡아줌으로써 $K_1$의 모양을 다듬으면 그림 4.65의 합성 매듭과 같은 매듭임을 알 수 있습니다.

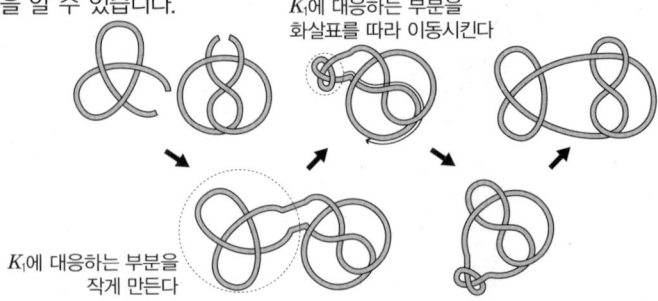

**그림 4.77** 그림 4.65의 합성 매듭과 동일한 모양으로 변형한다

마찬가지로 끝점 $a$와 $d$, 끝점 $b$와 $c$를 연결한 경우에도 **그림 4.78**과 같이 매듭 $K_1$을 작게 만들고 다른 쪽 매듭 $K_2$와 함께 회전시킨 후 $K_1$의 모양을 다듬으면 그림 4.66의 합성 매듭과 같은 매듭임을 알 수 있습니다.

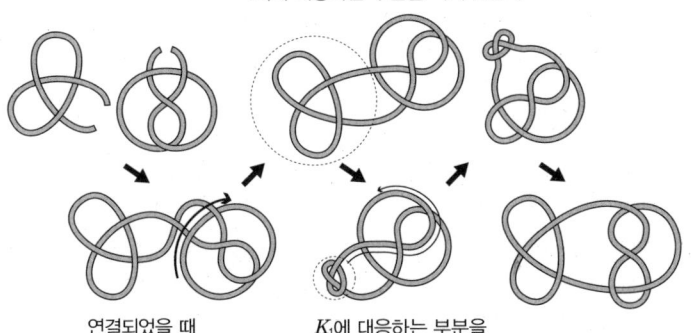

**그림 4.78** 그림 4.65의 합성 매듭과 동일한 모양으로 변형한다

매듭의 합성을 이용하면 연습문제 9의 별해를 제시할 수 있습니다. 이 해답에 있는 것처럼, 언제라도 한쪽 매듭의 투영도 교점에 상하 정보를 제공한다고 해서 다른 한쪽 매듭의 다이어그램을 구할 수 있는 것은 아닙니다. 이런 특수한 상황이 아니더라도 대응 가능한 구성법, 즉 어떤 두 매듭이든지 교점에 상하 정보를 잘 제공하면 두 매듭의 다이어그램을 모두 구할 수 있는 투영도 구성법이 있는지를 생각하는 것도 중요합니다. 여기에서는 연습문제 3.9의 다른 해법을 제시합니다. 이 별해의 구성법을 이용하면, 어떠한 두 매듭이든 교점에 상하 정보를 잘 제공하면 두 매듭의 다이어그램을 모두 구할 수 있는 투영도를 구성할 수 있습니다.

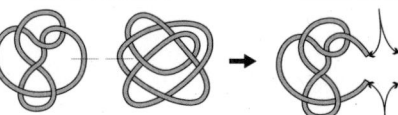 두 개의 매듭을 합성하여 얻은 매듭의 투영도를 다음과 같이 생각해 봅시다.

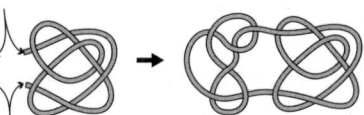

**그림 4.79** 두 개의 매듭을 합성한다

한쪽 매듭에 대응하는 부분을 원래 매듭이 되도록 상하 정보를 제공하고, 다른 한쪽 매듭에 대응하는 부분을 자명 매듭이 되도록 상하 정보를 제공합니다.

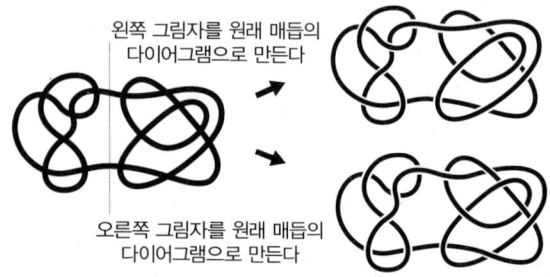

**그림 4.80** 한쪽이 자명 매듭의 투영도가 되도록 상하 정보를 제공한다

어떤 고리의 투영도라도 교점에 상하 정보를 잘 부여하면 자명 고리의 투영도를 얻을 수 있습니다. 이것은 제13장에서 증명합니다. 각각의 다이어그램에서 매듭을 복원한 것이 **그림 4.81**입니다. 이들을 통해 문제에 있는 두 매듭을 얻을 수 있음을 알 수 있습니다. 참고로 이 개념은 임의의 두 매듭에 대해서 응용할 수 있습니다.

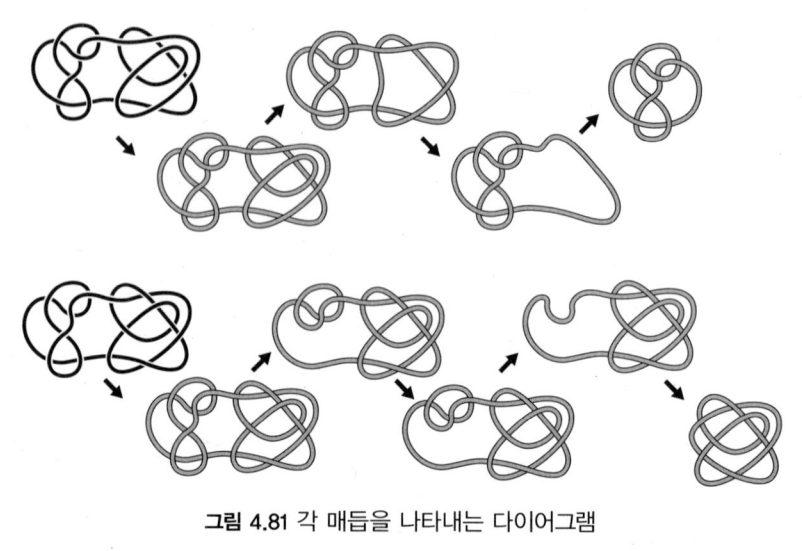

**그림 4.81** 각 매듭을 나타내는 다이어그램

합성 매듭은 두 개의 매듭을 연결하여 얻은 매듭이지만, 다음에는 그 반대로 생각해 봅시다. 즉, 주어진 매듭이 '합성 매듭'이라는 것을 어떻게 판단하면 좋을지 생각해 봅시다. 합성 매듭은 다음과 같은 매듭이라고 할 수도 있습

니다. **그림 4.82**의 왼쪽 매듭은 매듭과 정확히 두 점이 교차하는 구면*으로, 구면 안쪽 부분의 끝점을 구면상에서 연결하여 얻어지는 매듭 $K_1$과 구면의 바깥쪽 부분의 끝점을 구면상에서 연결하여 얻어지는 매듭 $K_2$가 모두 비자명 매듭을 가지고 있습니다. 이러한 매듭은 $K_1$과 $K_2$를 합성하여 얻은 합성 매듭임을 알 수 있습니다. $K_1$과 $K_2$를 합성하여 얻은 매듭을 '$K_1$과 $K_2$의 곱'이라고 부르기도 합니다. 또한 두 개의 매듭으로부터 합성 매듭을 얻는 작업을 매듭의 '합성'이라고 하고, 합성의 반대 작업을 '분해'라고 합니다. 합성 매듭을 두 개의 비자명 매듭으로 나누는 구면을 '분해 구면'이라고 합니다.

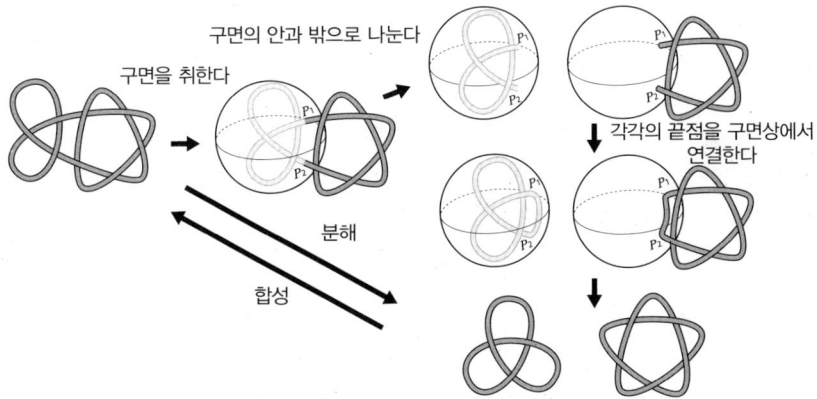

**그림 4.82** 합성 매듭과 분해 구면

그러나 합성 매듭에 대해 분해 구면을 쉽게 찾을 수 있는 것은 아닙니다. **그림 4.83**의 매듭은 세잎 매듭과 8자 매듭으로 이루어진 합성 매듭이므로 분해 구면이 존재합니다. 이대로는 찾기가 어려울 수 있지만, 매듭을 잘 변형하면 찾을 수 있습니다.

**그림 4.83** 실제로 합성 매듭인 매듭

---

* 예쁜 구면이 아니어도 상관없습니다. 삐뚤삐뚤한 구면이라도 좋습니다.

**연습문제 20**  그림 4.83의 매듭이 합성 매듭임을 분해 구면을 구하여 보이시오.

**해답**  **그림 4.84**와 같이 변형하면 그림과 같은 분해 구면을 얻을 수 있습니다.

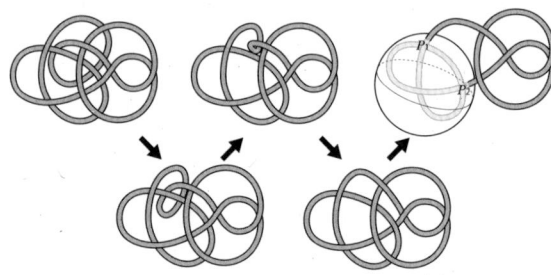

그림 4.84 분해 구면을 구하는 것이 가능하도록 변형한다

매듭과 구면이 교차하는 두 점을 $P_1$, $P_2$라고 합니다. 매듭을 점 $P_1$, $P_2$에서 두 개로 분해하고 각각의 끝점 $P_1$, $P_2$를 **그림 4.85**와 같이 구면 위에서 연결하면 안쪽에서는 세잎 매듭, 바깥쪽에서는 8자 매듭을 얻을 수 있습니다. 따라서 이 매듭은 세잎 매듭과 8자 매듭으로 이루어진 합성 매듭입니다.

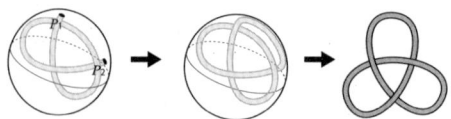

구면의 안쪽에 있는 부분의 끝점
$P_1$, $P_2$를 구면상에서 연결한다

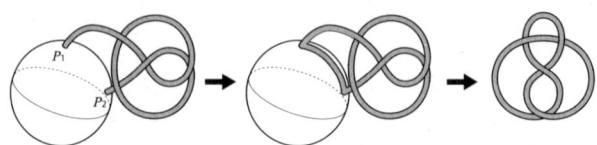

구면의 바깥쪽에 있는 부분의 끝점
$P_1$, $P_2$를 구면상에서 연결한다

그림 4.85 구면의 안쪽과 바깥쪽에서 얻은 매듭

**연습문제 21** 다음 합성 매듭은 책 뒤의 표에 있는 어떤 두 매듭을 합성하여 얻어진 것인가요?

그림 4.86 합성 매듭

**해답** 그림 4.87과 같이 변형함으로써 매듭과 두 점에서 교차하는 구면을 구할 수 있습니다.

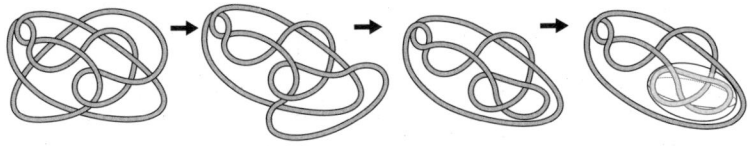

그림 4.87 분해 구면을 구하는 것이 가능하도록 변형한다

구면의 안쪽 부분, 바깥쪽 부분의 끝점을 구면상에서 연결하면, $3_1$ 매듭(세잎 매듭)과 $5_2$ 매듭을 구할 수 있습니다.

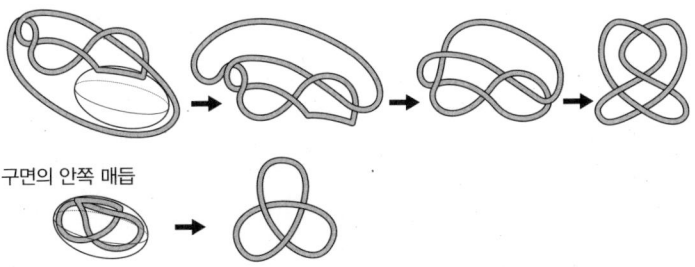

그림 4.88 분해하여 얻어진 매듭

## ◇ 프라임 매듭

매듭이 합성 매듭도 아니고 자명 매듭도 아닌 경우, 그 매듭을 '프라임 매듭(prime knot)'이라고 합니다. 즉, '프라임 매듭'이란 매듭과 정확히 두 점이 교차하는 구면을 생각했을 때, 구면의 안쪽 부분의 끝점을 구면에서 연결하여 얻은 매듭 $K_1$과 구면의 바깥쪽 부분의 끝점을 구면에서 연결하여 얻은 매듭 $K_2$ 중 어느 한쪽이 자명 매듭이 되는 매듭을 말합니다. **그림 4.89**에서는 세잎 매듭에 대해, **그림 4.90**에서는 8자 매듭에 대해 정확히 두 점이 교차하는 구면

2. 수학적인 의미를 가진 고리

을 생각했지만, 두 매듭 모두 얻어지는 매듭 중 하나는 자명 매듭이 됩니다. 두 매듭 모두 정확히 두 점에서 매듭과 교차하는 구면을 생각해도, 세잎 매듭과 자명 매듭, 8자 매듭과 자명 매듭으로 나눌 수 있을 뿐입니다. 물론 이것은 증명이 필요한 것이지만, 간단하지 않으므로 여기서는 생략합니다. 이 책에서는 세잎 매듭과 8자 매듭을 포함하여 책 마지막 표에 있는 매듭이 자명 매듭이라는 것을 인정하기로 합니다.

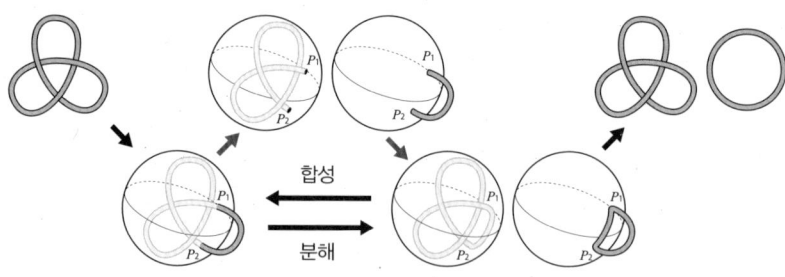

그림 4.89 세잎 매듭과 2점에서 교차하는 구면

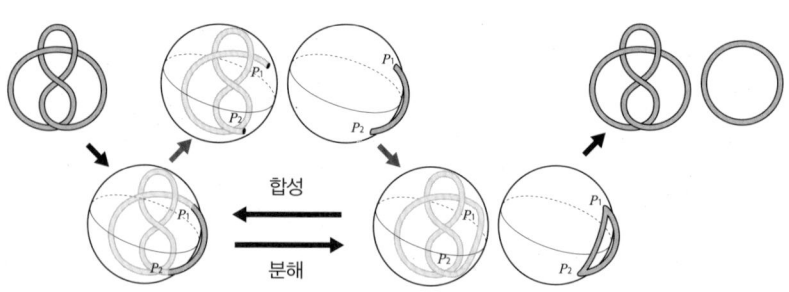

그림 4.90 8자 매듭과 2점에서 교차하는 구면

**연습문제 22** 다음 매듭 중 단 하나만 프라임 매듭입니다. 어느 것일까요? 분해하여 얻어진 매듭이 자명하지 않다는 것을 증명할 때, 책 뒤의 표를 사용해도 무방합니다.

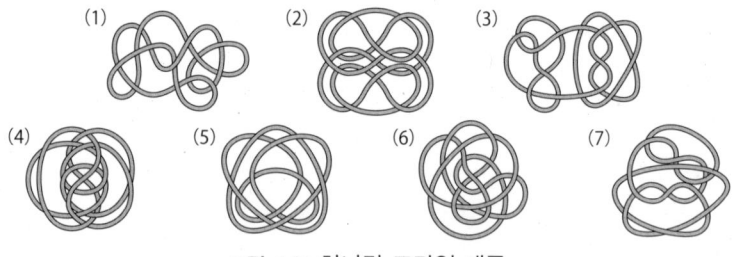

그림 4.91 하나만 프라임 매듭

**해답** 이 책의 내용만으로는 프라임 매듭임을 직접 증명할 수는 없습니다. 그러나 이 7개의 매듭 중 프라임 매듭은 단 하나뿐이라는 것은 문제의 문장을 통해 보장됩니다. 따라서 하나의 매듭 이외의 매듭이 합성 매듭이라는 것을 알면, 그 매듭이 프라임 매듭이라는 결론을 내릴 수 있습니다. **그림 4.92**부터 **그림 4.98**까지는 (1)~(7)의 매듭을 변형한 것입니다. (3)은 자명 매듭이므로 프라임 매듭이 아닙니다. (6)은 세잎 매듭, 책 뒤 표의 $3_1$ 매듭이므로 프라임 매듭입니다. 나머지 매듭은 책 마지막 표에 나오는 두 개의 매듭으로 분해할 수 있기 때문에 합성 매듭입니다. 따라서 프라임 매듭은 (6)의 매듭임을 알 수 있습니다.

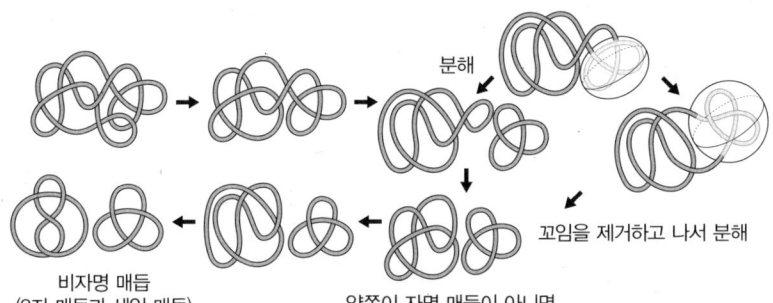

그림 4.92 (1) 매듭의 변형

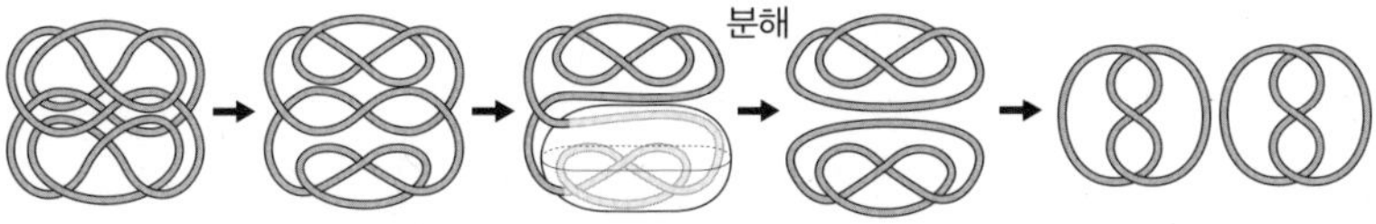

그림 4.93 (2) 매듭의 변형

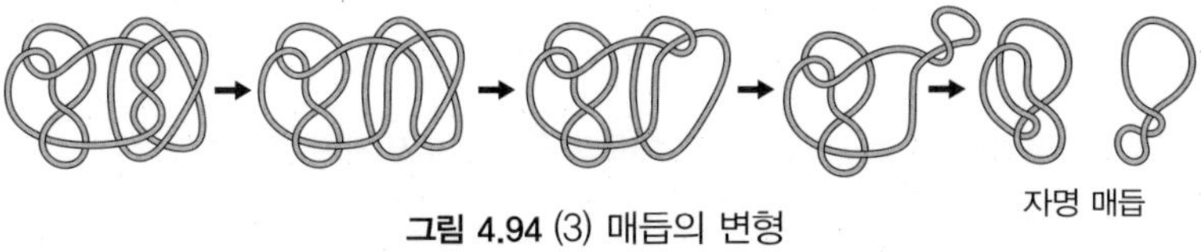

그림 4.94 (3) 매듭의 변형

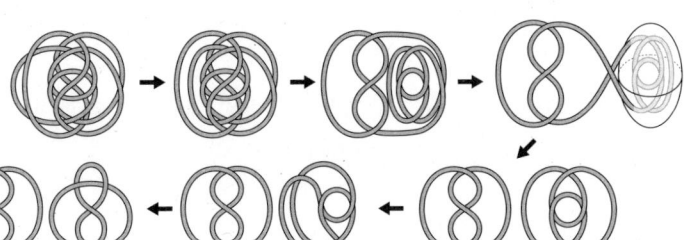

그림 4.95 (4) 매듭의 변형

2. 수학적인 의미를 가진 고리 **101**

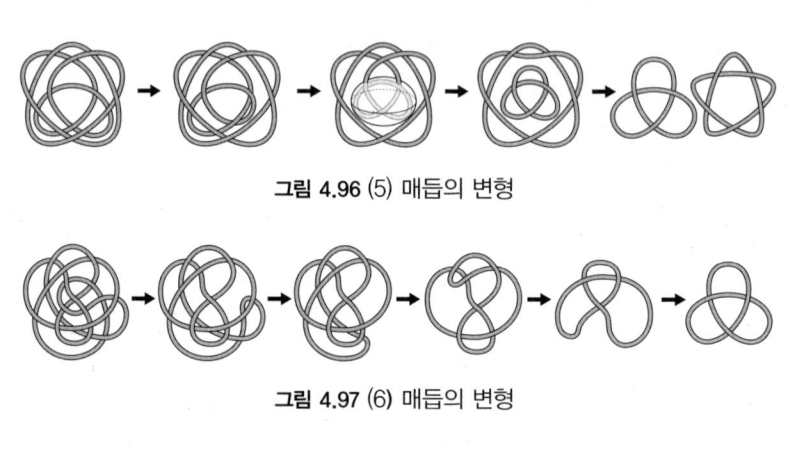

그림 4.96 (5) 매듭의 변형

그림 4.97 (6) 매듭의 변형

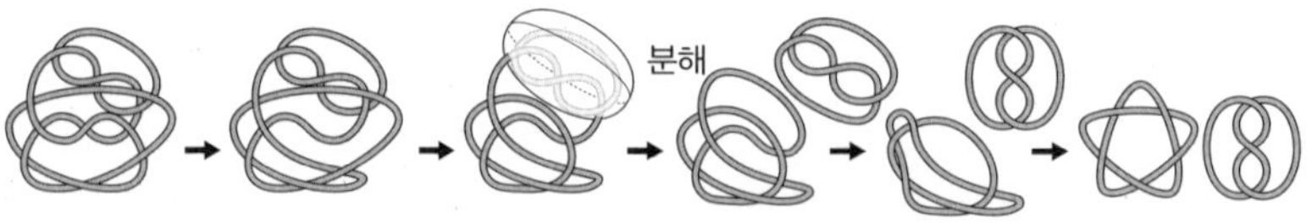

그림 4.98 (7) 매듭의 변형

 연습문제 22의 해답에서는 5개의 합성 매듭을 2개의 프라임 매듭으로 분해하고 있습니다. 여기에서 주어진 합성 매듭은 어떻게 분해해도 같은 두 개의 매듭으로 분해되는가 하는 의문이 생기는데, 자연수의 소인수 분해 정리처럼 매듭에도 분해정리가 있어 합성 매듭의 프라임 매듭으로의 분해는 유일하다는 것이 보장되어 있습니다.

> 【매듭의 분해 정리】
> 임의의 비자명 매듭은 몇 개의 프라임 매듭의 곱으로 유일하게 분해된다.
>
> H.Schubert, Die eindeutige Zerlebarkeit eines Knoten in Primknoten, Sitzungsber. Akad. Heidelberg.

 이 정리에 의해, 비자명 매듭을 어떻게 프라임 매듭으로 분해하더라도 나오는 매듭은 동일하다는 것을 알 수 있습니다.

**연습문제 23** 다음 매듭을 프라임 매듭으로 분해하시오.

그림 4.99 프라임 매듭으로 분해

**해답** 그림 4.100과 같이 변형하고 나서 분해하면 두 개의 $3_1$ 매듭(세잎 매듭), $4_1$ 매듭, $5_1$ 매듭인 4개의 프라임 매듭으로 분해 가능하다는 것을 알 수 있습니다.

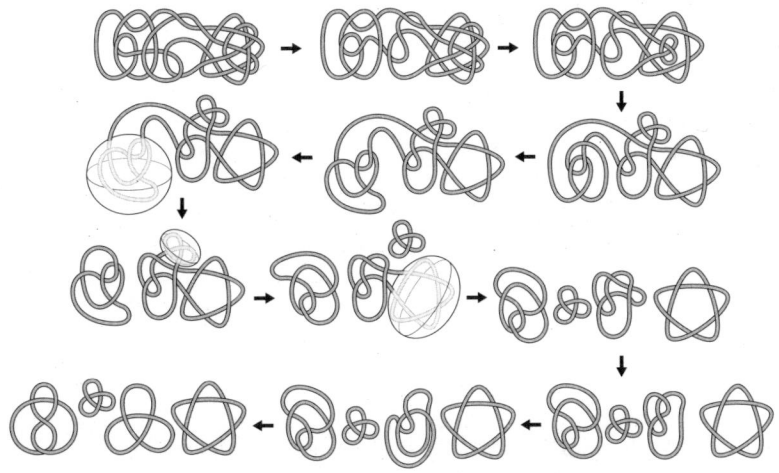

그림 4.100 4개의 프라임 매듭으로 분해

매듭의 분해 정리에 의해, 어떻게 분해해도 해답에 있는 4개의 매듭으로 분해되는 것이 보장되어 있으니, 자신만의 방법으로 분해해 보기 바랍니다.

### 제4장 요약

1. 공간 내의 고리는 공간 내의 어떤 평면이 고리를 몇 개의 성분으로 나누도록 변형할 수 있을 때, 그 고리를 분리 가능하다고 한다.
2. 거울에 비친 고리를 실제로 공간 내에 있는 매듭으로 간주한 것을 '원래 매듭의 거울상'이라고 한다.
3. 고리의 거울상 다이어그램은 원래 고리 다이어그램 교점의 상하 정보를 바꾸면 얻을 수 있다.
4. 매듭과 정확히 두 점이 교차하는 구면에서 구면의 안쪽 부분의 끝점을 구면상에서 연결하여 얻어지는 매듭 $K_1$과 구면의 바깥쪽 부분의 끝점을 구면상에서 연결하여 얻은 매듭 $K_2$가 모두 자명 매듭이 아닌 것이 존재할 때, 그 매듭은 $K_1$과 $K_2$를 합성하여 얻어지는 '합성 매듭'이라고 하며, $K_1 \# K_2$로 나타낸다.
5. 합성 매듭도 자명 매듭도 아닌 매듭을 '프라임 매듭'이라고 한다.

# 제5장 그래프와 매듭

고리의 투영도는 '평면 그래프'라는 수학적 대상의 하나로 간주할 수 있습니다. 평면 그래프는 그래프라는 수학적 개념의 특수한 형태입니다. 수학에서 그래프는 원래 집합을 이용하여 정의되는 것이지만, 평면 그래프는 평면 위에 그려진 도형으로 정의할 수 있으며, 어떤 조건을 만족하도록 평면에 그려진 그래프라고 할 수 있습니다. 여기에서는 평면 그래프에 대해 간단히 소개하고, 고리의 투영도와의 관계를 살펴보겠습니다.

## 1. 평면 그래프

평면 그래프는 **그림 5.1**과 같이 평면 위에 몇 개의 점을 그리고 그 점들 사이를 연결하는 선을 끝점 이외에는 교차하지 않도록 그려서 얻을 수 있는 도형을 말합니다. 아랫줄의 가장 오른쪽 그림과 같이 양 끝이 같은 점으로 되어 있는 선이나, 연결되지 않은 점이 있어도 상관없습니다.

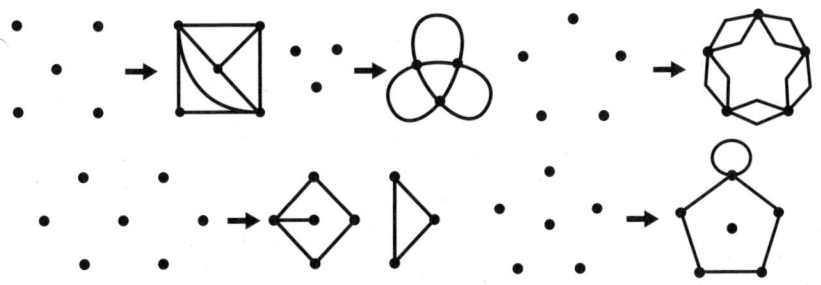

**그림 5.1** 점을 연결하여 평면 그래프를 그린다

**그림** 5.2의 도형은 모두 평면 그래프입니다.

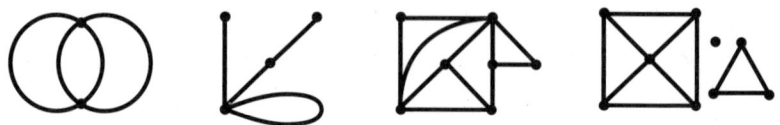

그림 5.2 평면 그래프

그림 5.3의 도형은 평면 그래프가 아닙니다. 왼쪽의 도형은 끝점이 점이 아닌 선이 있고, 오른쪽의 도형은 ○ 표시를 한 부분에서 선이 교차하고 있기 때문에 선이 '끝점 이외에는 교차하지 않는다'는 조건을 만족하지 못하기 때문입니다.* 이 책에서는 앞으로 '그래프'라고 하면 모두 '평면 그래프'를 가리키는 것으로 하겠습니다.

그림 5.3 평면 그래프

그래프를 구성하는 점을 '정점'이라고 하고, 양 끝점을 포함한 선을 '변'이라고 합니다. 그림 5.4의 그래프 $G$를 예로 들어 보겠습니다. 중앙에 있는 그림의 검은색 점이 그래프 $G$의 정점입니다. 가장 오른쪽 그래프의 두 정점 $v_1$, $v_2$와 이를 잇는 검은색 선을 합한 것이 이 그래프의 변 중 하나입니다. 또한 정점 $v$만을 끝점으로 하는 검은색 선도 이 그래프의 변으로 간주하여 '루프'라고 부릅니다. 이 그래프는 7개의 정점과 11개의 변으로 이루어져 있는 것을 확인할 수 있습니다.

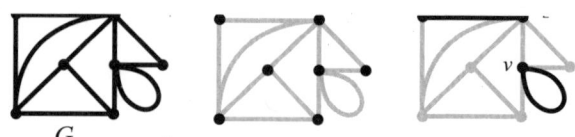

그림 5.4 그래프의 정점, 변

정점에만 초점을 두고 봤을 때, 그 정점에서 나오는 변의 개수를 그 정점의 '차수'라고 합니다. 정점 $v$의 차수는 degree의 첫 세 글자를 따서 $\deg(v)$로

---

* 이 책에서는 다루지 않지만, 오른쪽 도형은 '그래프'라고 부르는 수학적 대상이며, 평면 그래프는 그래프의 한 가지입니다.

나타냅니다. **그림 5.5**의 그래프에서 정점 $v_1$의 차수는 2, 정점 $v$의 차수는 5입니다. $v_1$의 차수는 $v_1$을 끝점으로 가지는 변의 수와 일치합니다. 그러나 $v$의 차수는 $v$를 끝점으로 하는 변의 수와 일치하지 않습니다. 이는 차수를 계산할 때 루프를 두 번 계산하게 되기 때문입니다. 정점의 차수는 그 정점을 끝점으로 하는 변의 수와 반드시 일치하지 않는다는 점에 주의하기를 바랍니다.

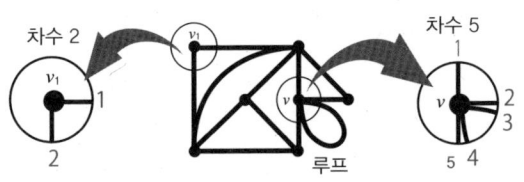

**그림 5.5** 정점의 차수

---

**연습문제 1** 다음 그래프 정점 $v_1$, $v_2$의 차수를 구하시오.

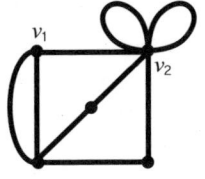

**그림 5.6** 정점의 차수

**해답** **그림 5.6**에서 $\deg(v_1) = 3$, $\deg(v_2) = 7$이라는 것을 알 수 있습니다.

---

그래프의 변은 평면을 여러 영역으로 분할합니다. 그 분할된 영역 하나하나를 이 그래프의 '면'이라고 부릅니다. **그림 5.7**은 그림 5.4 그래프 $G$의 면 부분만 발췌한 것입니다. 끝없이 퍼져나가는 무한한(unbounded) 면은 짙은 회색으로 채색되어 있습니다. 이런 면은 단 하나뿐이며, '무한면'이라고 부릅니다. 이 그래프는 1개의 무한면을 포함하여 총 7개의 면을 가지고 있습니다.

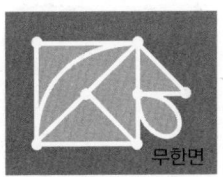

**그림 5.7** 그래프의 면

그래프 $G$의 정점, 변, 면의 개수를 vertex(정점), edge(변), face(면)의 첫글자를 따서 각각 $v(G)$, $e(G)$, $f(G)$라고 나타냅니다.

**연습문제 2** 다음 그래프 $G_1 \sim G_6$의 정점, 변, 면의 수를 각각 계산하시오.

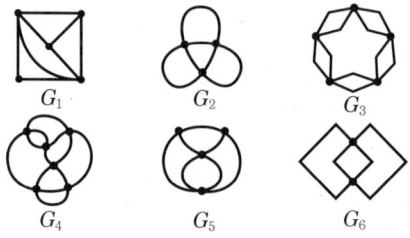

그림 5.8 그래프 $G_1 \sim G_6$

**해답** 그림 5.9에서

$v(G_1) = 5$, $e(G_1) = 8$, $f(G_1) = 5$, $v(G_2) = 3$, $e(G_2) = 6$, $f(G_2) = 5$,
$v(G_3) = 5$, $e(G_3) = 10$, $f(G_3) = 7$, $v(G_4) = 6$, $e(G_4) = 12$, $f(G_4) = 8$,
$v(G_5) = 4$, $e(G_5) = 7$, $f(G_5) = 5$, $v(G_6) = 2$, $e(G_6) = 4$, $f(G_6) = 4$
임을 알 수 있습니다.

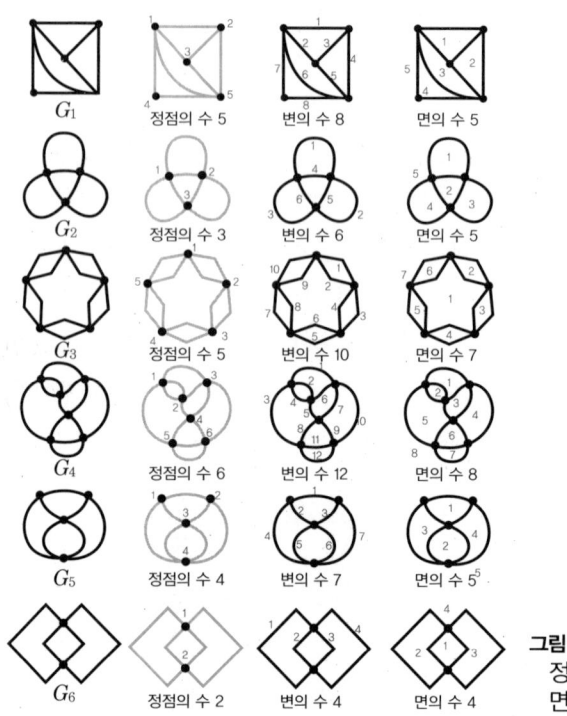

그림 5.9 정점, 변, 면의 수

## 2 오일러 공식

여기에서는 '오일러 공식'이라고 부르는 그래프의 정점, 변, 면의 개수에 관한 항등식을 소개합니다. 그래프에는 연결 그래프와 비연결 그래프가 있는데, 오일러의 공식은 연결 그래프에만 적용할 수 있습니다. 그래서 먼저 그래프가 연결형이라는 것을 제대로 정의해야 합니다. 그래프상의 어느 정점에서 시작해도 변을 따라 원하는 정점까지 도달할 수 있을 때, 그 그래프는 '연결 그래프'라고 합니다. 예를 들어 **그림 5.10**의 그래프는 연결 그래프입니다. 연결 그래프가 아닌 그래프를 '비연결 그래프'라고 합니다. 비연결 그래프는 그림 5.2의 맨 오른쪽 그래프와 같이 여러 개의 연결 그래프로 나눌 수 있습니다. 참고로 그림 5.2의 다른 그래프들은 연결 그래프입니다.

**그림 5.10** 연결 그래프

그림 5.10의 그래프가 연결 그래프라는 것은 직관적으로 분명하지만, 여기에서는 제대로 증명해 보겠습니다. 연결 그래프임을 증명하기 위해서는 '어느 정점에서 시작해도 그래프의 변을 따라 원하는 정점까지 도달할 수 있다'는 것을 보여주면 됩니다. 즉, 5개의 정점에 1~5의 번호를 붙이고 정점 1을 출발하여 정점 2에서 정점 5의 각 정점으로, 정점 2를 출발하여 정점 3에서 정점 5의 각 정점으로 …와 같이 모든 정점에서 자신을 제외한 모든 정점으로 이동할 수 있는 변의 열이 존재하는지 확인해야 합니다.* 그러나 이러한 증명은 효율적이지 않습니다. 그래서 좀 더 효율적으로 보여줄 방법을 생각해 봅시다. 예를 들어 이 그래프는 **그림 5.11**과 같이 모든 정점에 도달할 수 있는 변의 열이 존재합니다. 이를 통해 이 그래프가 연결 그래프임을 알 수 있습니다.

---

* 예를 들어 정점 2에서 정점 1까지 지나가는 변은 정점 1에서 정점 2까지 지나가는 변의 열을 역순으로 따라가면 되므로, 그런 경우는 생략합니다.

그림 5.11 모든 정점을 지날 수 있는 변의 열

> **연습문제 3** 모든 정점을 지날 수 있는 변의 열이 존재할 때, 연결 그래프라고 결론을 내릴 수 있는 이유는 무엇인가요?
>
> **해답** 모든 정점을 지날 수 있는 변의 열이 존재한다는 것은 두 정점을 연결하는 변의 열은 모든 정점을 통과하는 변의 열 또는 그 반대로 지나는 것의 일부로 구할 수 있다는 것을 의미합니다. 즉, 어떤 정점에서 시작하더라도 그래프의 변을 따라 원하는 정점까지 도달할 수 있다는 뜻입니다. 따라서 모든 정점을 지날 수 있는 변의 열이 존재하면 연결 그래프라고 결론을 내릴 수 있습니다.

이것을 그림 5.10의 그래프로 확인해 보겠습니다. 그림 5.12의 왼쪽과 같이 모든 정점을 지날 때 통과한 순서대로 정점에 번호를 매깁니다. 예를 들어 **그림 5.12**의 오른쪽과 같이 변의 열에서 점선 부분을 잊어버리면 정점 4에서 정점 2로 향하는 변의 열을 얻을 수 있습니다. 마찬가지로 생각하면 어느 정점에서 출발해도 원하는 정점에 도달할 수 있다는 것을 알 수 있습니다.

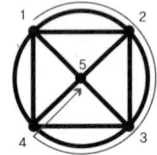 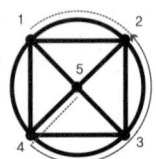

그림 5.12 정점 1에서 정점 5로 향하는 변의 열과 정점 4에서 정점 2로 향하는 변의 열

연결 그래프가 아닌 그래프를 '비연결 그래프'라고 합니다. 비연결 그래프 $G$를 구성하는 각각의 연결 그래프를 그래프 $G$의 '연결 성분'이라고 하고, 연결 성분의 개수를 '연결 성분수'라고 합니다. 비연결 그래프는 그림 5.13과 같이 그래프와 교차하지 않는 그래프를 두 개로 나눌 수 있는 원을 그릴 수 있는 그래프라고 할 수도 있습니다. **그림 5.13**의 그래프는 모두 연결 성분수가 2인 연결되지 않은 그래프입니다.

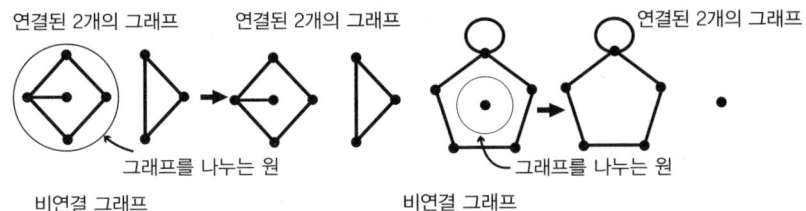

**그림 5.13** 비연결 그래프

그림 5.2의 그래프 중 가장 오른쪽 그래프는 비연결 그래프이고, 나머지 그래프는 연결 그래프입니다. 연결 그래프에 대해서는 오일러 공식이라고 부르는 다음 공식이 성립하는 것으로 알려져 있습니다.

【오일러 공식】
연결된 평면 그래프 $G$에 대해 $v(G) - e(G) + f(G) = 2$ ⋯ (*)가 성립한다.

'어디선가 본 적이 있는 것 같다'고 생각한 사람도 있을 것입니다. 사실 이 공식은 오일러 다면체 정리와 본질적으로 동일한 공식입니다. 이 책에서는 오일러 공식에 대해 인정하는 것으로 하고 증명은 생략합니다.

> **연습문제 4** 앞에 연습문제 2의 $G_1 \sim G_6$ 그래프에 관해서 등식 (*)이 성립함을 확인하시오.
>
> **해답** 연습문제 1에서 구한 정점의 수, 변의 수, 면의 수를 오일러 공식에 대입하면, 공식이 성립하는 것을 확인할 수 있습니다.
> (1) $v(G_1) = 5$, $e(G_1) = 8$, $f(G_1) = 5$이므로, $5 - 8 + 5 = 2$가 성립합니다.
> (2) $v(G_2) = 3$, $e(G_2) = 6$, $f(G_2) = 5$이므로, $3 - 6 + 5 = 2$가 성립합니다.
> (3) $v(G_3) = 5$, $e(G_3) = 10$, $f(G_3) = 7$이므로, $5 - 10 + 7 = 2$가 성립합니다.
> (4) $v(G_4) = 6$, $e(G_4) = 12$, $f(G_4) = 8$이므로, $6 - 12 + 8 = 2$가 성립합니다.
> (5) $v(G_5) = 4$, $e(G_5) = 7$, $f(G_5) = 5$이므로, $4 - 7 + 5 = 2$가 성립합니다.
> (6) $v(G_6) = 2$, $e(G_6) = 4$, $f(G_6) = 4$이므로, $2 - 4 + 4 = 2$가 성립합니다.

연결 그래프에 대해 등식 (*)이 성립한다고 했지만, 비연결 그래프의 정점, 변, 면 사이에도 비슷한 관계가 성립합니다. 어떤 관계가 성립하는지 생각해봅시다.

**연습문제 5** 다음 그래프 $G_i$에 대한 $v(G_i) - e(G_i) + f(G_i)$의 값을 구하시오. ($i = 1, 2, 3$)

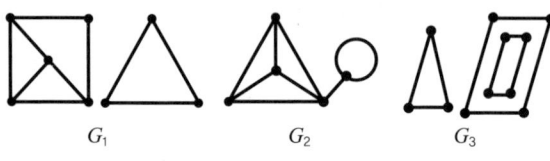

**그림 5.14** 그래프

**해답** 각 그래프에 대한 정점의 수, 변의 수, 면의 수는 각각 **그림 5.15**와 같습니다.

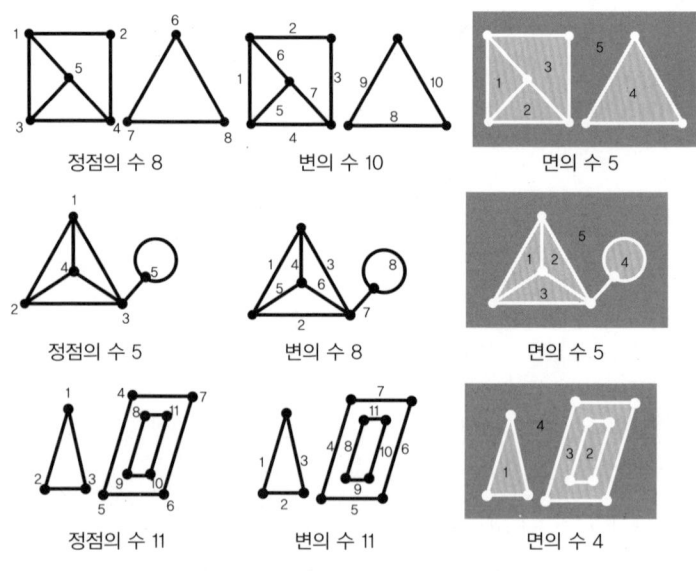

**그림 5.15** 정점의 수, 변의 수, 면의 수

따라서
$v(G_1) - e(G_1) + f(G_1) = 8 - 10 + 5 = 3$,
$v(G_2) - e(G_2) + f(G_2) = 5 - 8 + 5 = 2$,
$v(G_3) - e(G_3) + f(G_3) = 11 - 11 + 4 = 4$
가 됩니다.

그래프 $G_2$는 연결 그래프이므로 등식 (∗)이 성립합니다. 또한 오일러 공식의 대우가 성립하므로 등식 (∗)이 성립하지 않는 $G_1$, $G_3$는 비연결 그래프로 결론을 내릴 수 있습니다. 그러나 비연결 그래프라고 해서 등식 (∗)을 만족하지 않는다고 결론을 내릴 수는 없습니다. 결론을 내리려면 근거가 필요합니다. 사실 오일러 공식을 비연결 그래프로 확장하면 비연결 그래프는 등식 (*)을 만족하지 않는다는 결론을 내릴 수 있습니다.

> **【오일러 공식의 확장】**
> 연결 성분이 k인 평면 그래프에 대해
> $v(G) - e(G_A) + f(G_A) = k + 1$ ···(**)
> 가 성립한다.

연습문제 4의 $G_1$은 $v(G_1)-e(G_1)+f(G_1) = 3$을 만족합니다. $G_1$의 연결 성분은 2이므로 확실히 등식 (**)이 성립합니다. 또한 $G_3$은 $v(G_3)-e(G_3)+f(G_3) = 4$를 만족합니다. $G_3$의 연결 성분은 3이므로 이것들도 등식 (**)이 확실히 성립합니다.

> **연습문제 6** 오일러 공식의 확장이 성립한다는 것을 인정하면, 비연결 그래프는 등식 (*)을 만족하지 않는다는 결론을 내릴 수 있는 이유는 무엇인가요?
>
> **해답** $G$를 연결 성분의 개수가 $k$인 비연결 그래프라고 합니다. 오일러 공식의 확장을 인정하면 $v(G)-e(G)+f(G)=k+1$이 성립합니다. $k≥2$이므로 $v(G)-e(G)+f(G)=k+1≥3$이 되며, $v(G)-e(G)+f(G)=2$는 성립하지 않습니다. 따라서 등식 (*)을 만족하지 않습니다.

마지막으로 오일러 공식의 확장을 증명하며 이 절을 마무리하겠습니다. 단, 앞에서 언급했듯이 오일러 공식은 인정하기로 합니다.

◆ **오일러 공식의 확장 증명**

연결 성분수가 $n$인 그래프 $G$에 대해서 $n$에 관한 귀납법으로 나타냅니다.

(i) $n = 1$일 때, $G$는 연결 그래프이므로, 오일러 공식이 성립합니다.

(ii) $n = k$일 때, 등식 (**)이 성립한다고 가정합니다.

$G$를 연결 성분수가 $n+1$인 그래프라고 하면, $G$는 연결 성분수 $n$인 그래프 $G_1$의 어떤 면에 연결 그래프 $G_2$를 그려서 얻을 수 있습니다. 따라서 $G$, $G_1$, $G_2$의 정점의 수와 변의 수 사이에는

$$v(G) = v(G_1) + v(G_2),\ e(G) = e(G_1) + e(G_2) \cdots (1)$$

라는 관계식이 성립합니다. $G$, $G_1$, $G_2$의 면의 개수 관계를 살펴봅시다. 예를 들어 **그림 5.16**과 같이 $G$는 $G_1$의 어떤 면에 $G_2$를 그려서 얻을 수 있다고 생각하면 $G_1$과 $G_2$의 두 개의 회색 면이 합쳐져 $G$의 회색 면에 대응하게 됩니다. 나머지 $G$의 면은 $G_1$과 $G_2$의 면과 1 대 1로 대응하는 것을 알 수 있습니다.

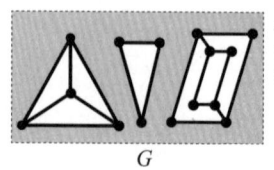
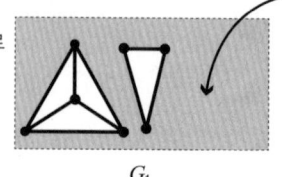

**그림 5.16** 증명 개념도

따라서 $G$, $G_1$, $G_2$의 면의 수에는

$$f(G) = f(G_1) + f(G_2) - 1 \cdots (2)$$

라는 관계식이 성립한다고 할 수 있습니다.

$G_1$은 성분수가 $k$인 그래프이므로 가정에 의해,

$$v(G_1) - e(G_1) + f(G_1) = k + 1 \cdots (3)$$

가 성립하고, $G_2$는 연립 그래프이므로 오일러 공식에 의해

$$v(G_2) - e(G_2) + f(G_2) = 2 \cdots (4)$$

가 성립합니다. (1) ~ (4)에 의해,

$v(G) - e(G) + f(G)$
$= \{v(G_1) + v(G_2)\} + \{e(G_1) + e(G_2)\} + \{f(G_1) + f(G_2) - 1\}$
$= \{v(G_1) - e(G_1) + f(G_1)\} + \{v(G_2) - e(G_2) + f(G_2)\} - 1$
$= (k + 1) + 2 - 1$
$= (k + 1) + 1$

가 되므로 $n=k+1$일 때도 등식 (**)이 성립하는 것을 알 수 있습니다.

따라서 (i), (ii)에 의해 연결 성분수가 $k$인 그래프 $G$에 대해 $v(G)-e(G)+f(G)=k+1$이 성립함을 알 수 있습니다.

## 3. 매듭의 다이어그램과 평면 그래프

차수가 2 또는 4의 정점만 가지는 그래프는 차수 2의 정점은 무시하고, 차수 4의 정점을 횡단적 2중점으로 간주하여 고리의 투영도를 그릴 수 있습니다. 반대로 투영도나 다이어그램의 교점을 정점으로 간주하면 모든 정점의 차수가 4인 그래프를 얻을 수 있습니다. **그림 5.17**은 매듭의 투영도를 얻을 수 있는 그래프의 예입니다.

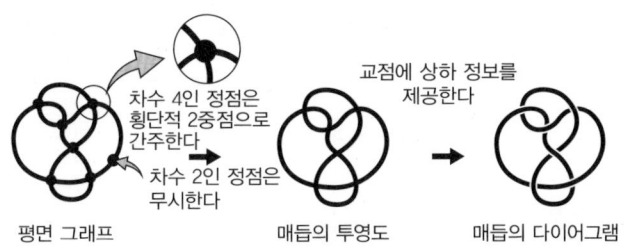

**그림 5.17** 평면 그래프에서 얻어진 매듭의 투영도와 매듭의 다이어그램

교점이 없는 성분을 가진 고리 다이어그램에 대해서는 그 성분에 차수 2의 정점 하나를 추가하여 그래프로 간주함으로써 고리 다이어그램과 그래프 사이에 일대일로 대응시킬 수 있으므로, 고리를 조사하기 위해 평면 그래프를 이용하는 것이 가능해집니다.

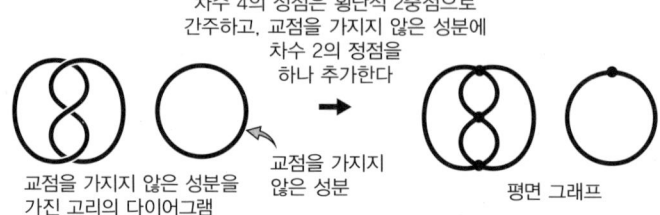

**그림 5.18** 교점을 가지지 않는 성분을 가진 고리 다이어그램에서 얻은 평면 그래프

따라서 그래프의 변, 면에 대응하는 고리의 투영도 각 부분을 각각 '투영도의 변, 면'이라고 부르기로 합니다. **그림 5.19** 왼쪽에서 두 번째 투영도의 검은 부분이 투영도의 교점이고, 왼쪽에서 세 번째 투영도의 검은 부분이 변 중 하나입니다.

오른쪽에서 두 번째 그림은 투영도의 교점부터 교점까지를 분리한 것으로, 오른쪽 첫 번째 그림의 회색 영역이 투영도의 면이 됩니다. 이상에서 이 투영도는 6개의 교점, 12개의 변, 8개의 면을 가지고 있음을 알 수 있습니다.

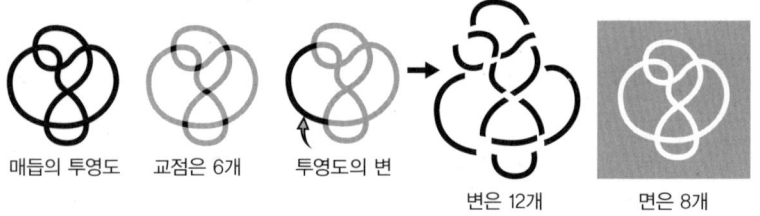

**그림 5.19** 투영도의 변과 면

그래프로서 각 연결 성분이 교점을 가지는 고리의 다이어그램은 교점의 수가 $n$개, 연결 성분의 수가 $k$개라면 변의 수는 $2n$개, 면의 수는 $n+k+1$개가 되는 것으로 알려져 있습니다. 매듭 다이어그램의 경우 연결 성분수는 1이므로 면의 수는 $n+2$개가 됩니다. 이로부터 매듭의 다이어그램으로 한정하면 교점의 수, 변의 수, 면의 수 중 하나만 알면 나머지를 결정할 수 있게 됩니다.

**연습문제 7** 고리의 다이어그램이 $n$개의 교점을 가진다면 변의 수는 $2n$개가 되는 관계는 '그래프로서의 각 연결 성분이 교점을 가진다'라는 조건이 없으면 성립하지 않는 경우가 있습니다. 그러한 예를 들어보시오.

**해답** 예를 들어 **그림 5.20**의 고리 다이어그램은 대응하는 그래프를 생각하면 교점의 수는 1임을 알 수 있습니다. 따라서 $2n = 2$가 되지만, 변의 수는 3이므로 이 관계는 성립하지 않습니다.

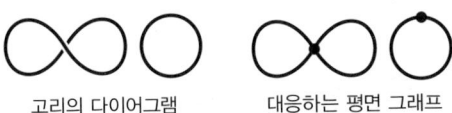

고리의 다이어그램      대응하는 평면 그래프

**그림 5.20** 변의 수가 $2n$개가 되지 않는 고리의 다이어그램

**연습문제 8** 그래프로서 각 연결 성분이 교점을 가지는 고리의 다이어그램은 교점의 수가 $n$이라면, 변의 수는 $2n$개가 되는 이유는 무엇인가요?

**해답** 고리의 다이어그램은 교점을 정점으로 대체하여, 각 정점의 차수가 4, 정점 수가 $n$인 그래프로 간주할 수 있습니다. 이 그래프의 정점 근처의 변 위에 **그림 5.21**과 같이 표시합니다. 여기서는 흰색 원으로 표시했습니다.

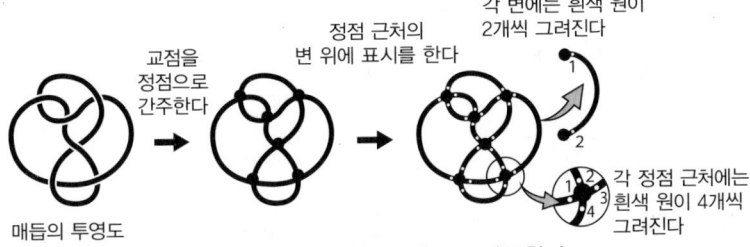

**그림 5.21** 다이어그램을 그래프로 간주한다

각 정점에서 4개의 변이 나오기 때문에 이 그래프에 있는 흰색 원의 수는 교점수의 4배, 즉 $4n$개입니다. 또한 흰색 원은 각 변에 2개씩 있으므로, 변의 수는 $4n \div 2 = 2n$개입니다. 다이어그램이 비연결인 경우에도, 각 연결 성분에서 변의 수는 교점수의 2배이므로, 변의 수는 교점수의 2배가 됨을 알 수 있습니다. 또한 본질적으로 동일하지만 다음과 같이 설명할 수도 있습니다. 고리 다이어그램에서 얻은 그래프의 각 정점의 차수는 4이므로, 이 그래프 정점 차수의 합은 $4n$이 됩니다. 변의 끝점에 1개의 정점이 대응하므로 변이 1개 늘어나면 차수의 총합은

3. 매듭의 다이어그램과 평면 그래프

2만큼 증가합니다. 차수의 합을 0에서 $4n$으로 하려면 $4n \div 2 = 2n$에 의해 $2n$개의 변이 필요합니다. 따라서 고리 다이어그램의 변의 개수는 $2n$임을 알 수 있습니다.

**연습문제 9** 그래프에서 각 연결 성분이 교점을 갖는 고리의 다이어그램은 교점의 수가 $n$개, 연결 성분의 수가 $k$개라면 면의 수가 $n+k+1$개가 되는 이유는 무엇인가요?

**해답** 고리의 다이어그램은 교점을 정점으로 생각하면, 각 정점의 차수가 4인 그래프로 간주할 수 있습니다. 연습문제 5.7에서 이 그래프의 변의 수는 2n개입니다. 이때 면의 수를 $f$개라고 하면, 오일러 공식으로부터 $n-2n+f=k+1$을 만족시키는 것을 알 수 있습니다. 이것을 f에 대해 풀면 $f=n+k+1$이 되므로 면의 개수는 $n+k+1$개입니다.

모든 정점의 차수가 4인 그래프를, 몇 개의 성분을 가지는 고리의 투영도로 볼 수 있는지는 **그림 5.22**와 같이 교점을 횡단적으로 지나가는 것으로 판단할 수 있습니다.

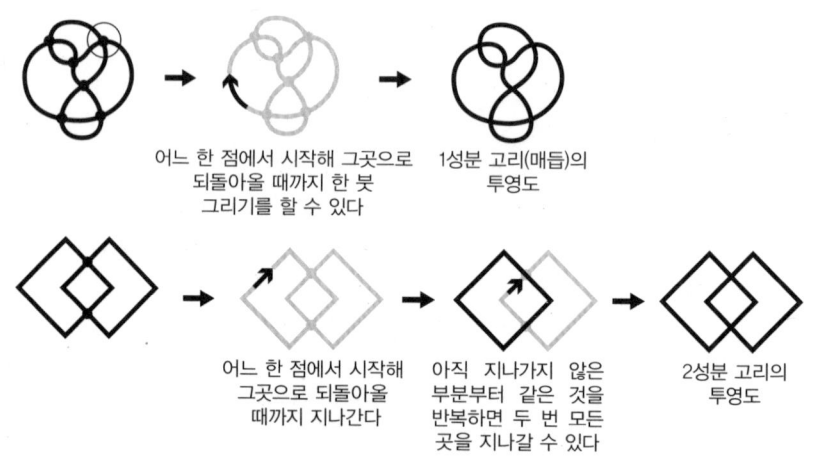

**그림 5.22** 몇 개의 성분을 가지는 고리의 투영도인지 판정하는 방법

**연습문제 10** 다음 그래프는 몇 개의 성분을 가지는 고리의 투영도라고 간주할 수 있습니까?

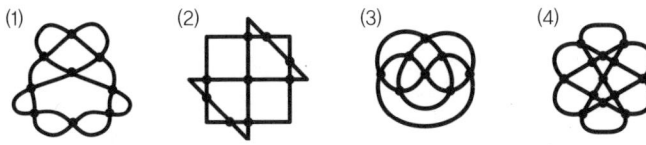

**그림 5.23** 몇 개의 성분을 가지는 고리의 투영도가 되는가?

**해답** 그림 5.24와 같이 교점을 횡단적으로 통과하는 것처럼 그래프를 따라가면서 성분수를 세어 나가면 됩니다. (1), (2), (3), (4)의 그래프는 각각 1성분, 2성분, 1성분, 3성분 고리의 투영도입니다.

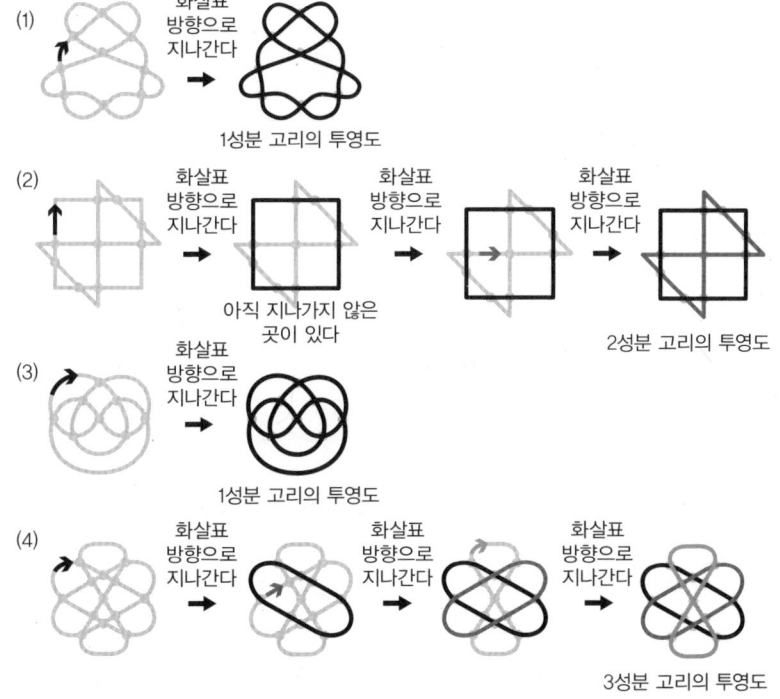

**그림 5.24** 성분수를 알아본다

3. 매듭의 다이어그램과 평면 그래프

**연습문제 11** 다음 그래프 중에서 고리의 투영도로 간주하는 것을 모두 고르시오.

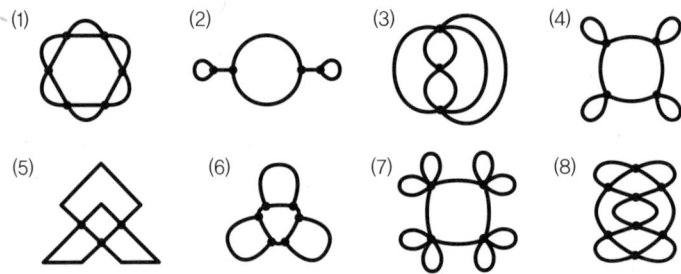

그림 5.25 평면 그래프

**해답** 고리 투영도의 다중점은 횡단적인 2중점만 있기 때문에, 차수가 4 이외의 정점을 가진 그래프에서는 고리의 투영도를 구할 수 없습니다. 따라서 (2), (3), (6), (7)에서는 고리의 투영도를 구할 수 없습니다. 나머지 (1), (4), (5), (8)에 대해서 확인해 보면 (1)과 (8)은 2성분 고리의 투영, (4)와 (5)는 매듭의 투영도를 얻을 수 있음을 알 수 있습니다.

**그림 5.26**의 매듭은 각각 그림 5.25의 (4)와 (5)의 그래프를 투영도로 가지고 있고, **그림 5.27**의 2성분 고리는 각각 그림 5.25의 (1)과 (8)의 그래프를 투영도로 가지고 있습니다.

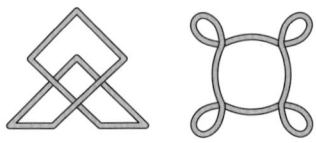

그림 5.26 (4)의 그래프, (5)의 그래프를 투영도로 가진 매듭

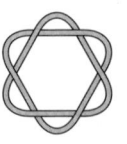 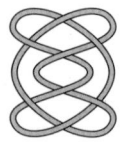

그림 5.27 (1)의 그래프, (8)의 그래프를 투영도로 가진 2성분 고리

### 제5장 요약

1. 평면 위에 몇 개의 점을 그리고, 그 점들 사이를 잇는 선을 끝점 이외에는 교차하지 않도록 그려 얻을 수 있는 도형을 '평면 그래프'라고 한다. 이 책에서는 '그래프'라는 말로 '평면 그래프'를 표현하기로 한다.
2. 모든 정점의 차수가 4인 평면 그래프는 고리의 투영도이다.
3. 연결 성분이 $k$개인 평면 그래프 $G$의 정점, 변, 면의 수를 각각 $v(G)$, $e(G)$, $f(G)$로 나타내면 $v(G)-e(G)+f(G)=k+1$이 성립한다. 특히 $G$가 연결 그래프일 때, 즉 $k=1$일 때, 이를 '오일러 공식'이라고 한다.
4. 차수가 2 또는 4의 정점만을 가지는 평면 그래프는 차수 2의 정점을 무시하고 차수 4의 정점을 교점으로 간주하여 고리의 투영도로 생각할 수 있다.

# 제6장

# 그려진 고리를 변형하자 Ⅰ

 매듭 이론의 연구 대상은 공간 내에 있는 고리입니다. 여기에서는 공간 내의 고리를 다루는 대신, 제3장에서 배운 고리의 다이어그램을 이용하여 고리를 연구하는 방법을 알아보겠습니다.

## 1. 같은 다이어그램·다른 다이어그램

◇ '같다'가 무슨 말인가?

 '같다'라는 말은 일상생활에서도 자주 사용합니다. 그러나 아무 생각 없이 사용하고 있는 이 말은 사실 모호한 단어입니다. '색'을 예로 들어보겠습니다. 빨간색이라고 해도 빨간색 계열의 색에는 '빨강', '검은 빨강' '밝은 빨강', '선명한 빨강', '어두운 빨강', '진한 빨강' 등이 있지만,* 이러한 빨간색을 구분하지 않고 모두 '같은 색'으로 부르는 경우가 많습니다. 그러나 일러스트나 디자인을 의뢰할 때 '검은 빨강'을 연상하여 '빨강'으로 의뢰했는데 '진한 빨강'을 사용한다면 전혀 다른 이미지가 만들어질 수 있습니다.

 수학에서도 마찬가지로 '같다'라는 단어를 사용할 때, 무엇을 기준으로 같다는 것을 명확하게 약속하지 않으면 이런 일이 발생하게 됩니다.

 그러나 이러한 약속이 언제든지 명문화될 수 있는 것은 아니며, 명문화될 수 있음에도 불구하고 의식하지 못하는 경우도 있습니다. 예를 들어 '생일이 같다'고 했을 때 대부분의 사람은 출생연도까지는 고려하지 않습니다. 태어난 해까지 같을 때는 '생일이 같다'라거나 '태어난 해까지 같다'라고 굳이 말하기도 합니다. 생일처럼 때와 경우에 따라 '같다'와 '같지 않다'의 판단 기준이 달라지는 것

---

* KS 계통색명을 참고했습니다.

은 수학에서는 곤란하기 때문에, '같다'는 것이 무엇을 의미하는지를 정확하게 약속해 둘 필요가 있습니다. 수학에서 '같다'의 기준을 정하는 것은 매우 중요합니다. 이 기준에 따라 대상을 분류할 수 있기 때문입니다. 이 장에서는 고리를 연구할 때 중요한 '다이어그램이 같다'라는 것을 확실하게 정의하겠습니다.

## ◇ '같은' 평면 도형

고리의 다이어그램이 '같다'라는 것을 약속하기 위한 준비로, 평면 도형을 예로 들어 '같다'는 것이 어떤 의미인지 살펴보기로 합니다. 먼저 다음 문제에 대해 생각해 봅시다.

**문제 1** 다음 그림 (1) ~ (5) 중에서 어느 것이 같은 형태인가요?

(1) 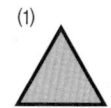   (2) 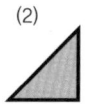   (3)    (4)    (5)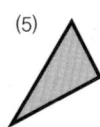

그림 6.1 같은 형태는 어느 것인가?

사실 이 문제는 수학 문제로는 좋지 않습니다. 왜냐하면 사람마다 답이 다를 수 있기 때문입니다. 다음 ①~④가 모두 틀렸다고 단언할 수 없습니다.

① 모두 같다.
② (2)를 제외하고는 모두 같고, (1)과는 다르다.
③ (3)과 (4)와 (5)는 같고, 나머지는 서로 다르다.
④ (4)와 (5)가 같고, 나머지는 서로 다르다.

무엇을 기준으로 '같다'라고 판단하느냐에 따라 답이 달라지기 때문입니다. 모두 '삼각형'이라는 형태의 의미에서는 '같은 형태'로 볼 수 있기 때문에 '모두 같다'라는 답도 이런 의미에서는 '옳은' 답이 될 수 있습니다. 여러분은 어떻게 생각하시나요?

> **연습문제 1** 어떤 기준에 따라 ②~④와 같은 답이 나올 수 있을까요? 본문에서 답으로 제시된 ①을 제외한 세 가지 답에 대해 각각 그 기준을 생각하시오. 단, (1)은 정삼각형, (2)는 직각이등변삼각형, (3)은 3변의 길이가 1, 2, $\sqrt{3}$인 삼각형, (4), (5)는 3변의 길이가 $\sqrt{3}$, $2\sqrt{3}$인 삼각형으로 가정합니다.
>
> **해답** ②가 답이 될 수 있는 기준으로는, 다음과 같은 경우를 생각해 볼 수 있습니다. (1)~(5) 중 (1)만 정삼각형이고 나머지는 직각삼각형입니다. (2)~(5)는 직각삼각형으로 같은 형태라고 할 수 있습니다.
> ③이 답이 될 수 있는 기준으로는, 다음과 같이 생각할 수 있습니다. 직각삼각형인 (2)~(5) 중 (2)만이 직각이등변삼각형입니다. 따라서 (3)~(5)는 이등변삼각형이 아닌 직각삼각형이라는 의미에서 같다고 생각할 수도 있습니다. 또한 변의 비율이 $1:2:\sqrt{3}$인 닮은 삼각형이므로 '닮았다'는 의미에서도 같다고 생각할 수 있습니다.
> ④가 답이 될 수 있는 기준으로는, 다음과 같은 경우를 생각해 볼 수 있습니다. 변의 비율이 1:2인 직각삼각형 (3)~(5)는 크기까지 고려하면 (3)만 다릅니다. 즉, '합동'이라는 기준으로 생각하면 (4)와 (5)만 같다고 할 수 있습니다.

이 연습문제를 통해 무엇을 기준으로 하느냐에 따라 '같다'라는 단어의 의미가 달라진다는 것을 알 수 있을 것입니다. 이렇게 되면 수학에서는 불편하므로, '같다'라는 개념 중에서 유용한 것을 제대로 정의해 나가는 것이 매우 중요합니다. 유용한 것의 한 예로 '합동'이나 '닮음'이라는 개념이 있습니다. 평면 위에 두 개의 도형이 주어져 있다고 가정해 봅시다. 한 도형을 움직여 다른 도형에 꼭 맞게 겹칠 수 있을 때, 이 두 도형은 '합동'이라고 하고, 한 도형을 움직여 확대 축소를 허용하여 다른 도형에 꼭 맞게 겹칠 수 있을 때 이 두 도형은 '닮음'이라고 합니다.

조금 더 수학적으로 말하자면, 두 도형이 평행 이동, 회전 이동, 거울상 이동에 의해 겹쳐질 때, 이 두 도형을 '합동'이라고 합니다. 합동인 두 도형은 합동 변형으로 서로 이동한다고 하며, 두 도형이 한쪽 도형을 평행 이동, 회전 이동, 거울상 이동에 더하여 확대 축소하여 다른 도형에 꼭 맞게 겹쳐질 수 있을 때, 이 두 도형은 '닮음'이라고 하고, 닮은 두 도형은 닮음 변형으로 서로 이동한다고 합니다. 합동과 닮음 모두 어떤 약속(기준)에 따라 '같다'라고 정한 개념으로 볼 수 있습니다. 기준을 제시하면 그 기준에 따라 도형을 '분류'할 수 있습니다. 예를 들어 '닮음으로 분류한다'는 것은 닮은 도형끼리 같은 그룹에 넣고, 닮지 않은 것은 같은 그룹에 들어가지 않도록 그룹을 나누는 것을 말합니다. 닮음에서는 도형의 크기를 고려하지 않기 때문에 합동과 닮음에서는 닮음 쪽이 더 거친 분류를 하게 됩니다. 도형 분류의 한 예로, 닮음과 합동에 따라 **그림 6.2**의 ①~⑩의 삼각형을 분류해 보겠습니다.

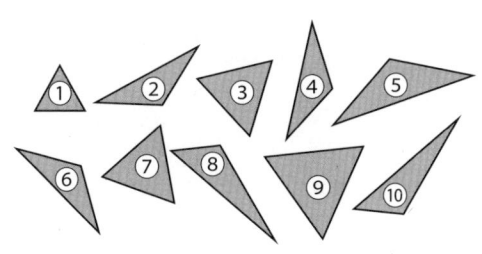

**그림 6.2 다양한 삼각형**

실제로 삼각형을 움직일 수 없기 때문에 조금 어려울 수 있지만, ①과 ③, ⑦과 ⑨, ②와 ④, ⑤와 ⑥, ⑧과 ⑩은 닮은꼴 삼각형입니다. 닮은 것끼리 같은 그룹에 들어가고, 닮지 않은 것은 같은 그룹에 들어가지 않도록 나누면 3개의 그룹으로 나눌 수 있습니다. 또한 ③과 ⑦, ②와 ④, ④와 ⑥, ⑧과 ⑩은 합동 삼각형입니다. 합동인 것끼리 같은 그룹에 들어가고 합동이 아닌 것은 같은 그룹에 들어가지 않도록 나누면 6개의 그룹으로 나눌 수 있습니다. 즉, 그림 6.2의 삼각형은 합동인 것을 '같은 삼각형'이라고 생각하면 6가지로 분류할 수 있지만, 닮은 것을 '같은 삼각형'이라고 생각하면 세 가지로만 분류할 수 있다는 뜻입니다. 또한 합동 변형에 확대 축소를 더한 것이 닮음 변형이므로, 합동에 의한 그룹 분류는 닮음에 의한 그룹 분류를 더욱 세분화한 것임을 알 수 있습니다. 이러한 상황을 정리하면 **그림 6.3**과 같습니다.

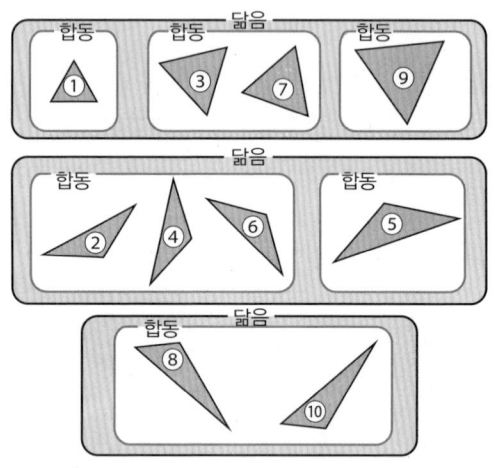

그림 6.3 닮음과 합동에 따른 분류

결국 어떤 대상을 같다고 판단하기 위해서는 무엇을 기준으로 같고, 무엇을 기준으로 다른지, 그 기준을 명확히 해야 한다는 것을 알 수 있습니다.

> **연습문제 2** 삼각형을 합동 변형을 통해 변형하더라도 변하지 않는 것은 무엇이 있을지 생각해 봅시다.
>
> **해답** 삼각형의 면적, 둘레의 길이, 내각의 합, 정점의 개수, 변의 개수 등이 있습니다.

즉, '합동이다'라는 한 마디에 이 많은 정보가 담겨 있는 것입니다. 앞에 나온 삼각형의 분류처럼 어떤 기준을 부여하느냐에 따라 얻어지는 분류도 달라집니다. 닮음이나 합동은 평면 도형에 국한되지 않고 공간 도형에도 마찬가지로 정의할 수 있습니다.

고리는 공간 도형의 일종이므로 닮음 변형과 합동 변형을 할 수 있습니다. 그러나 고리를 연구하기 위해서는, 물론 이 두 가지 변형만으로는 충분하지 않습니다.

공간 내에서의 합동 변형은 고리의 위치를 바꾸는 조작에 대응하고, 닮음 변형은 고리의 위치를 바꾸거나 크기를 바꾸는 조작에 대응합니다. 즉, 합동 변형이나 닮음 변형은 고리의 모양을 바꿀 수 없습니다.*

---
\* 원래는 확대 축소하면 끈의 굵기는 달라지지만, 매듭 이론에서 끈의 굵기는 무시합니다.

매듭 이론에서는 매듭을 닫은 상태 그대로 고리를 실뜨기 놀이처럼 움직여 딱 맞는 것을 같은 것으로 간주하고 분류하게 됩니다. 우리는 다이어그램을 이용하여 고리를 연구하고자 하므로, 고리를 변형할 때 실시하는 모양을 크게 바꾸는 실뜨기 놀이와 같은 변형에 대응하는 평면 도형의 변형은 어떤 것인지를 생각해야 합니다. 그러한 변형으로 '평면의 동위 변형'이라는 변형이 있습니다. 평면의 동위 변형에 의한 분류는 닮음이나 합동에 비해 엄격하지 않기 때문에 고등학교까지 다루는 삼각형이나 사각형과 같은 평면 도형에 대해서는 생각하지 않지만, 매듭 이론에서는 매우 중요한 변형이 됩니다. 다음 절에서는 '평면의 동위 변형'이란 무엇인지 설명하겠습니다.

## 2. 평면의 동위 변형

 여기에서는 평면 위에 그려진 도형 전체를 대상으로 합니다. 즉, 다루는 도형은 삼각형이든 사각형이든 원이든 투영도든 다이어그램이든 평면 그래프이든 어떤 도형이든 상관없습니다. 평면의 동위 변형을 이해하기 위해서는 평면은 평면이라는 형상을 유지한 채로 자유롭게 늘였다 줄였다 할 수 있는 고무막으로 이루어져 있다고 생각하면 됩니다. 도형이 그려진 고무막 형태의 평면을 늘리거나 줄여서 변형했을 때, 그려진 도형도 함께 당겨지면서 모양이 변한다고 생각하면 됩니다. 이러한 도형의 변형을 '평면의 동위 변형'이라고 부르기로 합니다. 오해가 생기지 않는다면 간단하게 '동위 변형'이라고 부릅니다. 두 도형의 한쪽을 동위 변형으로 변형하여 다른 한쪽과 똑같은 모양으로 만들 수 있을 때, 그 두 도형은 '동위'라고 합니다.

 예를 들어봅시다. **그림 6.4**는 곡선을 교차하지 않게 그려서 끝을 닫은 폐곡선이라고 부르는 도형입니다. 이 폐곡선들은 모두 동위 도형입니다. 곧게 뻗은 선을 곡선이라고 부르는 것이 어색할 수도 있지만, 수학에서는 직선도 곡선의 일종으로 간주합니다.

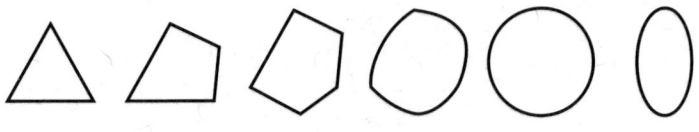

**그림 6.4** 동위 폐곡선

그림 6.4의 도형이 모두 동위라는 것은 **그림 6.5**와 같이 확인할 수 있습니다.

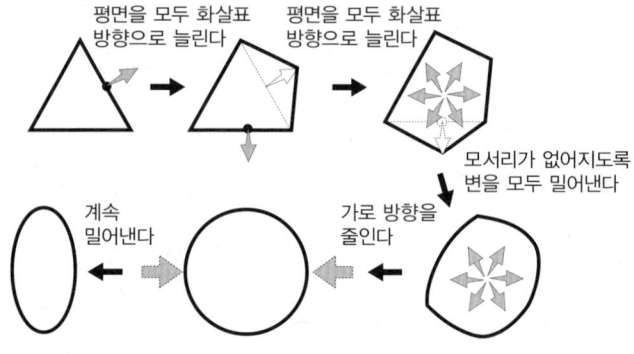

**그림 6.5** 평면의 동위 변형

**그림 6.6**은 그림 6.4의 각 폐곡선으로 둘러싸인 부분도 포함한 도형입니다.

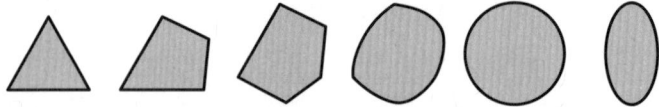

**그림 6.6** 폐곡선과 내부

앞에서 폐곡선을 변형시켰지만, **그림 6.7**과 같이 둘러싸인 부분도 함께 변형하면, 그림 6.6의 도형이 모두 동위임을 확인할 수 있습니다. 그림 6.2의 다양한 삼각형도 평면의 동위 변형에 의한 분류를 생각하면 모두 이들과 동위임을 알 수 있을 것입니다.

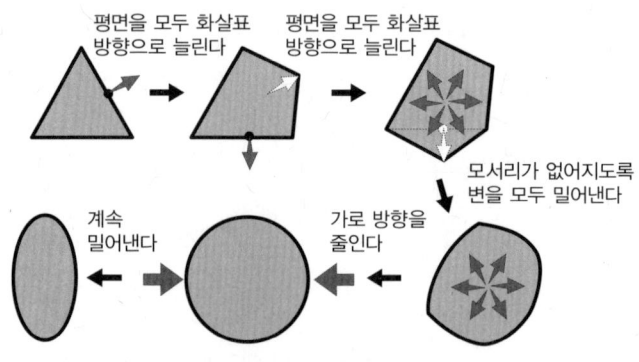

**그림 6.7** 평면의 동위 변형

다만, **그림 6.8**과 같은 변형의 검은 화살표에 대응하는 변형은 평면의 동위 변형이라고 할 수 없으므로 주의하기를 바랍니다.

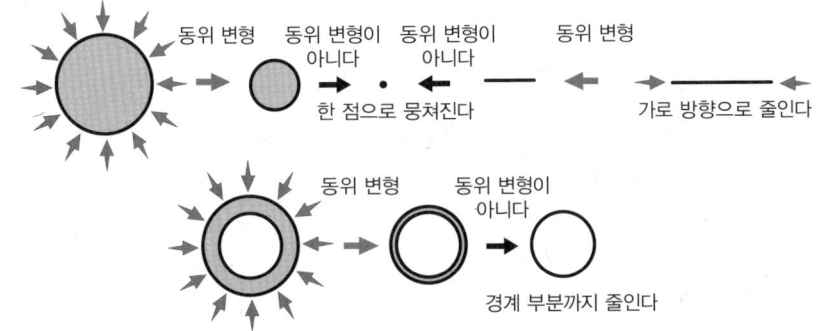

그림 6.8 동위 변형이 아닌 변형

---

**연습문제 3**  평면의 동위 변형으로 이동하는 평면 도형은 같은 그룹에, 이동하지 않는 평면 도형은 다른 그룹에 들어가도록, 다음 (1)~(10)의 평면 도형을 4개의 그룹으로 나누시오. 단, 3개 이하의 그룹으로 나누지 않아도 무방합니다.

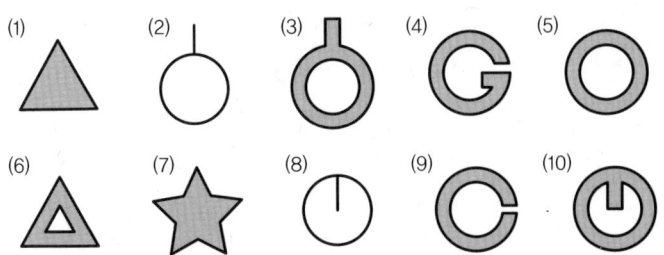

그림 6.9 평면 도형

**해답**  (1), (4), (7), (9)는 **그림 6.10**과 같은 동위 변형으로 변형됩니다.

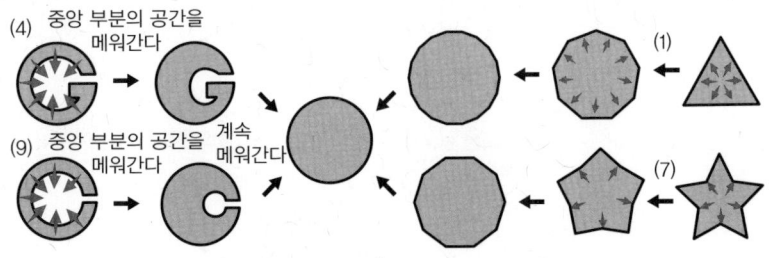

그림 6.10 평면의 동위 변형

또한 (3), (6), (10)은 **그림 6.11**과 같이 동위 변형으로 모두 (5)와 정확히 겹치도록 변형할 수 있으므로 (3), (5), (6), (10)은 동위 변형으로 이동하는 것을 알 수 있습니다.

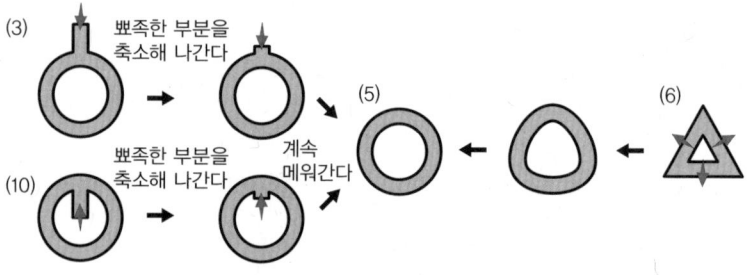

**그림 6.11** 평면의 동위 변형

(2)만으로, (8)만으로 각각 하나의 그룹을 만들면 4개의 그룹으로 나눌 수 있습니다. 원래는 서로 다른 그룹에 속하는 평면 도형이 동위 변형으로 이동하지 않는 것을 확인해야 하지만, 문제에 '3개 이하의 그룹으로 나누지 않아도 된다'라고 되어 있으므로, 해답으로는 이것으로도 충분합니다.

4개의 그룹으로 나뉘는 것이 보장되지 않는다면, 서로 다른 그룹에 속하는 도형들이 동위 변형으로 이동하지 않는다는 것도 증명해야 합니다. 예를 들어 (2)와 (8)이 동위가 아니라는 것을 보여줄 필요가 있다는 것입니다. 동위가 아닌 근거 중 하나로, 선분이 원주의 바깥쪽에 있는지 안쪽에 있는지의 차이가 있습니다. 평면의 동위 변형에서 원주의 안쪽과 바깥쪽을 바꿀 수 없으므로, 이것들이 동위가 아님을 알 수 있습니다. 이미 언급했듯이 선분은 동위 변형으로 축소할 수는 있지만, **그림 6.12**와 같이 한 점으로 뭉쳐질 수는 없다는 점에 주의하기를 바랍니다.

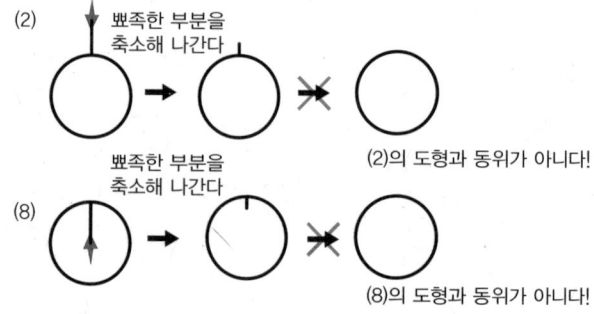

**그림 6.12** 평면의 동위 변형이 아닌 변형

도형의 동위 변형은 도형의 모양을 크게 변화시킵니다. 반면 도형의 합동 변형은 도형의 모양을 바꾸지 않는 변형이라고 할 수 있습니다. 따라서 '합동 변형으로 이동하는 도형은 평면의 동위 변형으로 이동한다'라고 생각하는 사람이 있을 수 있지만, 이는 옳지 않습니다.

> **연습문제 4** 합동이지만 평면 동위 변형으로 이동하지 않는 평면 도형과, 합동이지만 동위 변형으로 이동하지 않는 평면 도형의 예를 생각해 보시오. 단, 실제로 이동하지 않는 것은 나타내지 않아도 됩니다.
>
> **해답** 예를 들어 **그림 6.13**의 (1)과 (3)은 합동 변형으로 이동하지만, 평면의 동위 변형으로는 이동하지 않는 도형입니다. 또한 (1)과 (2)는 동위 변형으로 서로 이동하지만, 합동 변형으로는 이동하지 않는 도형입니다. 참고로 (2)와 (3)은 동위 변형으로도 합동 변형으로도 이동하지 않는 도형입니다.
>
>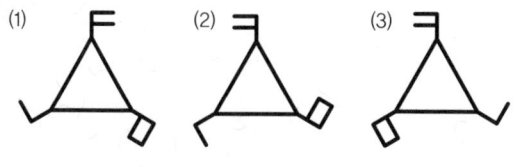
>
> **그림 6.13** 연습문제 4의 해답 예

자세히 살펴보도록 하겠습니다. (1)의 도형을 거울로 비추면, (3)의 도형에 정확하게 겹칠 수 있습니다. 거울상은 완전히 반대 이미지입니다. 즉, 이 두 도형은 합동입니다. 합동 변형에서 평행 이동, 회전이라는 변형은 평면의 동위 변형으로 실현할 수 있지만, 거울상이라는 조작은 실현할 수 없습니다. 이 (1)과 (3)은 거울상을 사용하지 않으면 이동할 수 없으므로(실제로 이동하지 않는다는 것을 증명해야 합니다), 동위가 아니라고 할 수 있습니다. 두 도형 모두 삼각형의 각 꼭짓점(정점)에 F 또는 그것을 뒤집은 듯한 모양, L 또는 그것을 뒤집은 듯한 모양, 깃발과 같은 모양이 붙어 있습니다. 아래 설명에서는 '~와 같은 형태'를 생략하고 뒤집은 것도 포함하여 'F, L, 깃발'로 표현합니다. 평면의 동위 변형으로 이들의 모양은 변형시킬 수 있지만, 나타나는 순서는 바꿀 수 없습니다. (1)과 (2)에서는 F가 붙은 정점에서 시계방향으로 F, 깃발, L의 순서로 나타나지만, (3)에서는 F, L, 깃발의 순서로 나타납니다. 따라서 이 순서가 다른 (3)은 평면의 동위 변형에서는 (1)도 (2)도 될 수 없습니다. 그렇다면 (1)과 (2)가 동위임을 확인해 봅시다. **그림 6.14**의 오른쪽 3개의 도형은 (1)의 삼각형 꼭짓점에 붙어 있는 도형을, 왼쪽 3개의 도형은 (2)의 삼각형 꼭짓점에 붙어 있는 3개의 도형을 나타낸 것입니다.

**그림 6.14** 도형 (1)과 (2)의 일부

이 도형은 ● 표시를 한 끝점을 고정한 채, 평면의 동위 변형으로 **그림 6.15**와 같이 변형할 수 있습니다.

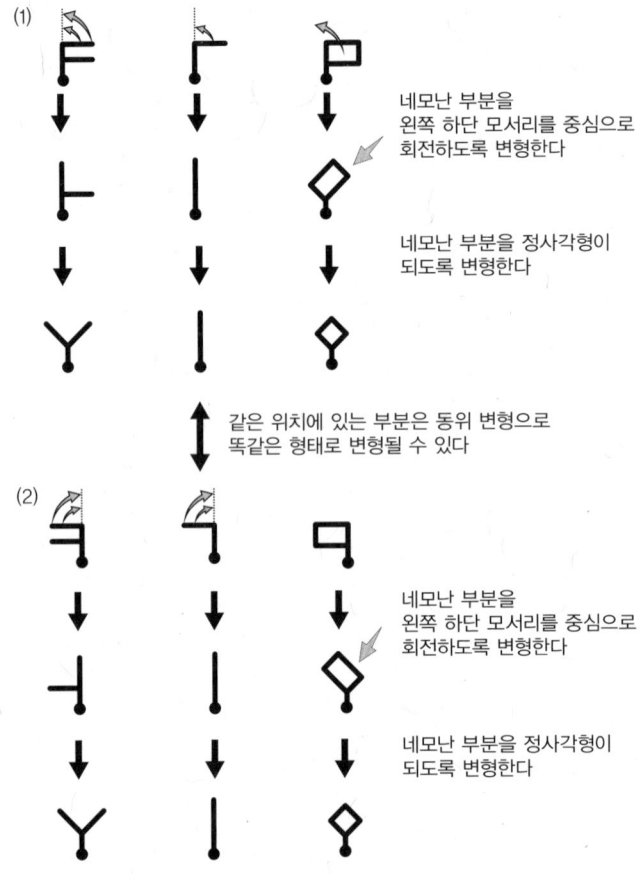

**그림 6.15** 평면의 동위 변형에 의한 변형

이는 (1)과 (2) 모두 **그림 6.16**의 도형으로 평면의 동위 변형에 의해 변형될 수 있음을 의미합니다. 즉, (1)은 이 도형을 거쳐 (2)로 변형할 수 있으므로 (1)과 (2)는 동위 도형임을 알 수 있습니다.

그림 6.16 (1)과 (2)와 동위 도형

## ◇ 같은 도형이란?

일상에서는 대부분 모양이나 매듭의 순서가 같으면 같은 것으로 인식합니다. 그러나 수학에서는 '같은 매듭'이지만 일상에서는 '다른 매듭'으로 인식하는 경우가 많습니다. 다시 말해, 두 대상이 같은 것인지 다른 것인지는 판단 기준에 따라 달라집니다. 수학에서는 사람에 따라 말하는 것이 달라져서는 안 됩니다. 따라서 그 '판단 기준', 즉 무엇을 기준으로 '같다'라고 할 것인지에 대해 명확하게 약속을 해 둡니다. 그러나 그 약속이 매듭 이론을 연구하는 데 있어 사용하기 쉬운 것이어야 의미가 있습니다. 우선 '사용하기 쉽다'는 것이 어떤 것인지 생각해 봅시다. 다음 '매듭의 다이어그램'과 비슷한 것을 두 개 그려보기를 바랍니다.

그림 6.17 매듭의 다이어그램

아마도 그려진 두 다이어그램을 완벽하게 겹칠 수는 없을 것입니다. 크기가 다르거나, 가로세로 비율이 다르거나, 어딘가 다른 부분을 찾을 수 있을 것입니다. 복사를 하면 딱 겹치는 다이어그램을 얼마든지 복제할 수 있지만, 손으로 그리면 똑같이 그렸다고 생각해도 어딘가 어긋나는 것은 당연합니다. 그러나 고리를 노트 등에 그려서 연구한다면 **그림 6.17**의 다이어그램과 방금 그린 두 다이어그램을 '모두 같은 다이어그램'으로 간주할 수 없다면 불편합니다. 그러나 완전히 겹치지는 않더라도 '같은 것'을 그린 것이므로 '같은 것'이라고 생각하는 편이 더 자연스러울 것입니다. 미묘한 차이를 '다르다'고 보는 것이 아니라, 차이를 어느 정도 허용해야지 매듭을 노트에 그려서 연구하는 것이 가능해집니다. 그렇다면 다음 다이어그램은 같다고 생각하는 것이 편할까요, 아니면 다른 다이어그램으로 생각하는 것이 편할까요?

**그림 6.18** 이것들은 '같은 다이어그램'인가?

가운데 다이어그램을 180° 회전시키면, 같은 매듭을 나타내는 다이어그램이라는 것을 금방 알 수 있습니다. 같은 매듭을 나타내는 다이어그램이 '같은 다이어그램'이 아니라면, 매듭을 분류하는 데 다이어그램을 활용할 수 없습니다. 따라서 수학에서는 **그림 6.18**의 세 가지 다이어그램처럼 완전히 같지는 않아도 같은 다이어그램이라고 생각하는 것이 편합니다.

다음 절에서 자세히 설명하겠지만, 사실 매듭 이론에서는 다루기 쉽다는 이유로 완전히 겹칠 수 있는 다이어그램이나 그림 6.18과 같이 약간의 차이가 있는 다이어그램뿐만 아니라, 평면의 동위 변형에 의해 서로 이동하는 다이어그램도 같은 다이어그램이라고 약속합니다. 이 약속에 따라, 같은 다이어그램을 가진 고리가 같은 고리라는 것이 성립합니다. 그러나 그 반대는 옳지 않다는 점에 유의해야 합니다.

## 3 고리 다이어그램의 동위 변형

고리의 다이어그램은 평면 도형이므로, 평면의 동위 변형에 의해 변형이 가능합니다. 주의해야 할 점은, 교점 부분에서 끈을 잘라 표현하여 위아래를 나타내는 상하 정보를 제공하고 있지만, 이것은 그렇게 보이는 것일 뿐, 실제로는 연결된 곡선의 일부에 상하 정보를 제공하고 있는 것에 불과합니다. 즉, **그림 6.19**와 같은 변형은 고려하지 않습니다. 이 변형은 교점 부분이 실제로 끊어진 것으로 간주하고, 직선에 끼인 부분을 길게 늘리는 방식의 동위 변형입니다. 세잎 매듭의 다이어그램으로도 보이지만, 잘라낸 부분이 늘어나서 하나의 교점만 잘라낸 부분이 커져 균형이 맞지 않는 것이 되어 버리기 때문에, 이러한 변형은 다이어그램의 동위 변형이라고 할 수 없습니다.

그림 6.19 다이어그램의 동위 변형이 아닌 변형

또한 교점에서 정말 끊어져 있다고 생각하면, 이 다이어그램은 세 개의 호로 이루어져 있다는 것이 됩니다. 평면의 동위 변형을 생각하면 교점 주위가 벌어지도록 평면을 늘려, 호를 곧게 펼 수도 있습니다. 이렇게 되면 더 이상 매듭의 모습은 보이지 않습니다.

그림 6.20 다이어그램의 동위 변형이 아닌 변형

다이어그램을 동위 변형할 때는, 위아래를 나타내는 상하 정보를 일단 무시하고 평면에 그려진 매듭의 그림자를 평면을 고무막처럼 늘였다 줄였다 하면서 변형시킨 다음, 상하 정보를 원래대로 되돌린다고 생각하면 됩니다. 이렇게 하면 그림 6.19와는 달리 균형 잡힌 다이어그램을 얻을 수 있습니다.

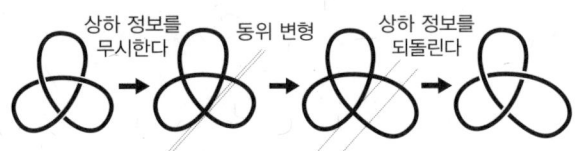

그림 6.21 다이어그램의 동위 변형

그러나 **그림 6.21**과 같이 먼저 상하 정보와 관계없이 늘리는 동위 변형을 한 후, 원래 다이어그램의 상하 정보를 바탕으로 해당 교점에 상하 정보를 부여하는 것은 번거롭습니다. 따라서 처음 두 화살표의 변형을 생략하고, '다이어그램의 동위 변형'이라고 합니다. 몇 가지 평면의 동위 변형의 예를 들어 보겠습니다. 그림 6.22의 세잎 매듭의 다이어그램 $D$를 동위 변형을 이용하여 변형해 보겠습니다.

그림 6.22 세잎 매듭의 다이어그램

그림 6.23의 (1)은 세로 방향으로 평면 전체를 축소하는 변형입니다. 이에 따라 평면에 그려진 다이어그램도 세로 방향으로 축소됩니다. (2)는 가로 방향으로 평면 전체를 줄이는 변형이고, (3)은 세로 방향으로 전체를 늘리는 변형입니다. (4)는 (1)과 (2)의 동위 변형을 모두 수행합니다. 이러한 변형은 모두 평면의 동위 변형이므로, 이렇게 해서 다이어그램 $D$에서 얻을 수 있는 다이어그램은 모두 동위입니다.

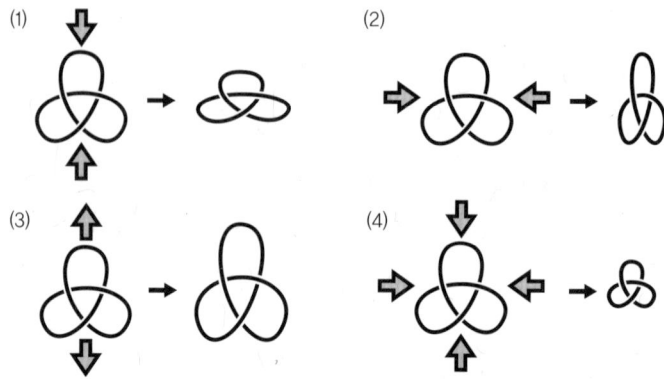

그림 6.23 평면의 동위 변형

동위 변형은 전체를 늘리거나 줄이는 변형만을 의미하는 것은 아닙니다. 평면의 일부를 줄이거나 늘리는 다음과 같은 변형도 동위 변형입니다. 그림 6.24의 (5)는 다이어그램 전체가 아닌 회색 화살표가 가리키는 4곳을 화살표 방향으로 밀어 넣는 변형을 하고, 흰색 화살표 방향으로 늘리는 변형을 하고 있습니다. (6)은 화살표 방향으로 다이어그램의 일부가 늘어나도록 평면 전체가 변형되어 있습니다.

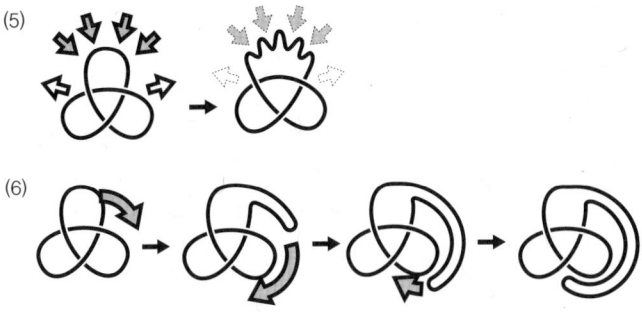

그림 6.24 평면의 동위 변형

또한 **그림 6.25**의 다이어그램도 $D$와 동위인 다이어그램입니다. 어떤 동위 변형을 했는지는 각자 생각해 보시기 바랍니다.

그림 6.25 다이어그램 $D$와 동위인 다이어그램

**연습문제 5** 다음 (1)~(5)의 다이어그램 중 동위인 2개의 다이어그램을 두 쌍을 찾아보시오.

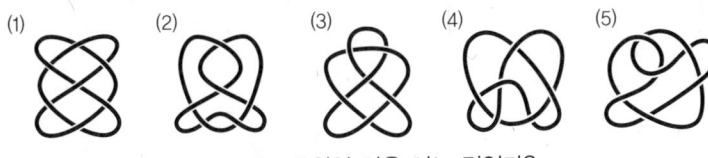

그림 6.26 동위인 것은 어느 것인가?

**해답** (2)와 (5), (3)과 (4)는 동위인 다이어그램입니다. 이들이 동위인 것은 **그림 6.27**과 같이 확인할 수 있습니다.

3. 고리 다이어그램의 동위 변형

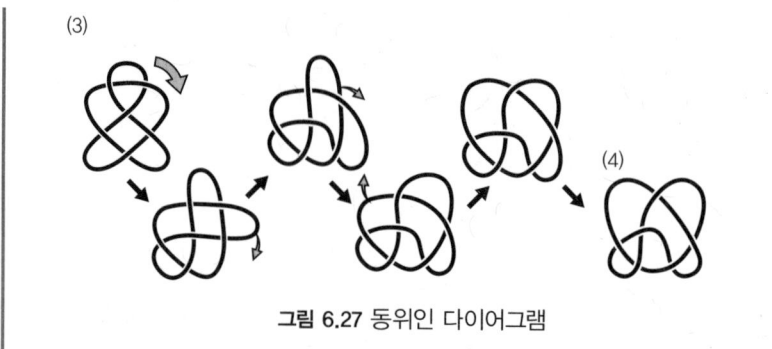

**그림 6.27** 동위인 다이어그램

그렇다면, (1), (2), (3)은 동위인 다이어그램일까요? 사실 이들은 평면의 동위 변형에 의해 이동하지 않는 다이어그램입니다. 이동하지 않는다고 하면, 그럴 것으로 짐작만 하는 사람도 있을 수 있지만, 명확하게 증명해야 합니다. 이동하지 않는다는 것을 수학적으로 제대로 증명하기 위해서는, 평면의 동위 변형에 따라 변하지 않는 양을 가지고 판단해야 합니다. 그러기 위해서는 평면을 늘리거나 줄여도 변하지 않는다는 것을 이용합니다.

> **연습문제 6** 평면의 동위 변형에 의해 매듭이나 고리의 다이어그램을 변형했을 때 변하지 않는 것을 몇 가지 제시하시오.
>
> **해답** 다이어그램에 동위 변형을 해도 교점의 수, 호의 수, 면의 수는 변하지 않습니다. 또한 다이어그램이 나타내는 고리도 변하지 않습니다.

연습문제 6에서 언급한 '평면의 동위 변형으로 변하지 않는 것'에 대해 구체적인 예를 통해 확인해 봅시다.

다이어그램 (2)의 각 교점, 변, 면에 번호를 부여하여 평면의 동위 변형으로 (5)의 다이어그램과 같은 형태로 변형한 것이 **그림 6.28**입니다. 다이어그램을 늘리거나 줄여도 교점의 수, 호의 수, 면의 수가 변하지 않는 것을 번호의 대응을 통해 확인할 수 있습니다.

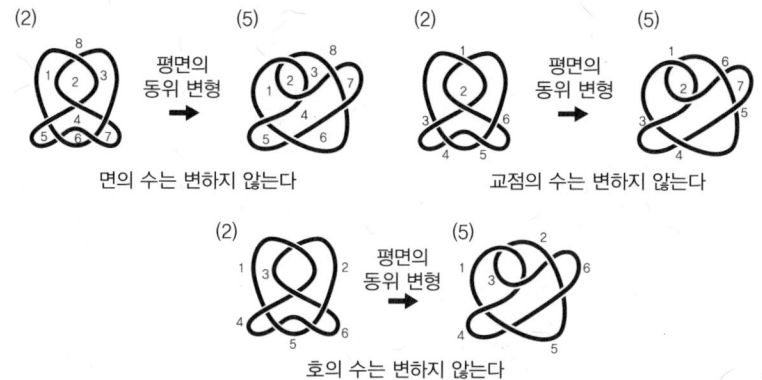

**그림 6.28** 다이어그램에서 동위 변형으로 변하지 않는 것

**그림 6.29**에서도 알 수 있듯이 다이어그램을 늘리거나 줄여도 끈의 교차 부분의 교체 등은 일어나지 않기 때문에 대응하는 고리가 바뀌지 않는다는 것을 알 수 있습니다.

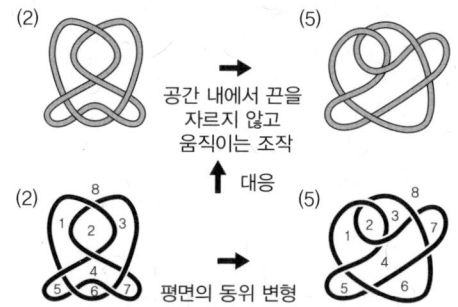

**그림 6.29** 동위 변형에 의해 대응하는 매듭과 고리는 변하지 않는다

교점, 변, 면의 개수, 다이어그램이 나타내는 고리는 평면의 동위 변형에 의한 고리 다이어그램의 '불변량'이라고 할 수 있는데, 불변량에 대해서는 9장에서 자세히 설명하겠습니다. 평면의 동위 변형에 의해 변하지 않는 것을 이용하면 두 다이어그램이 평면의 동위 변형에 의해 서로 이동하지 않는 것을 나타낼 수 있습니다. **그림 6.30**의 다이어그램 (1), (2), (3)에 대해 살펴봅시다. 이 그림에서 알 수 있듯이 식 (1), (2), (3)의 교점수는 각각 7개, 6개, 6개입니다. 다이어그램 (1)을 평면의 동위 변형으로 어떻게 변형해도 교점수는 7개에서 6개로 줄어들지 않습니다. 즉, 아무리 노력해도 교점수가 6개인 (2)나 (3)의 다이어그

3. 고리 다이어그램의 동위 변형 **139**

램으로는 변형할 수 없다는 것을 알 수 있습니다.

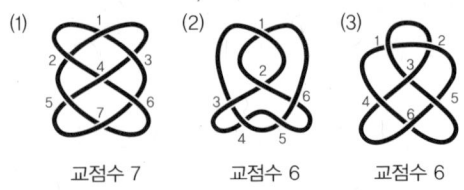

그림 6.30 다이어그램의 교점수

그렇다면 (2)와 (3)의 다이어그램은 동위 변형으로 서로 이동할 수 있을까요? 사실 이 두 다이어그램은 평면의 동위 변형으로는 서로 이동하지 않습니다. 교점의 개수가 같기 때문에 호의 개수나 면의 개수도 같게 됩니다. 이 두 다이어그램이 동위가 아님을 나타내려면 동위 변형으로 변하지 않는 다른 양을 찾아야 합니다. 예를 들어 다이어그램 (2)와 (3)은 다이어그램의 면 형태까지 고려하면 서로 다른 다이어그램임을 나타낼 수 있습니다. **그림 6.31**은 각 다이어그램의 면에 그 면의 경계에 나타나는 변의 개수를 기재한 것입니다. 경계가 $n$개의 변으로 이루어진 면을 '$n$변형'이라고 부릅니다. (2)의 다이어그램은 4개의 2변형을, (3)의 다이어그램은 3개의 2변형을 각각 가지고 있습니다. 다이어그램의 $n$변형의 개수는 다이어그램의 동위 변형에 따라 변하지 않으므로, (2)와 (3)은 서로 다른 다이어그램임을 알 수 있습니다.

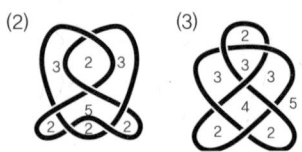

그림 6.31 다이어그램 면의 형태

그러나 (1)과 (2)가 다른 다이어그램이라는 것만 나타내면 면의 형태까지 조사할 필요는 없으므로, 알고 싶은 것에 따라 어떤 '변하지 않는 양'을 사용하는 것이 효율적인지 판단하는 것이 중요합니다.

**연습문제 7**  다음 다이어그램은 동위 변형으로 분류하는 3개의 그룹으로 나누어집니다. 어떤 다이어그램이 동위 변형으로 이동하는가를 고려하여 3개의 그룹으로 나누시오.

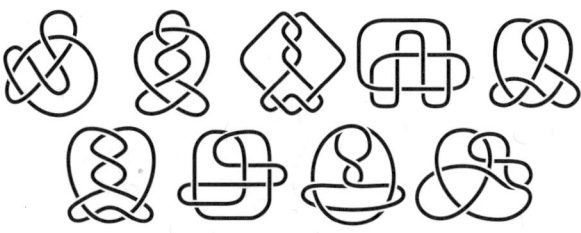

그림 6.32 동위 변형으로 분류

**해답**  동위 변형으로 이동하는 다이어그램을 찾아 세 그룹으로 분류하면 증명은 끝납니다. **그림 6.33**의 세 그룹으로 나누는 것은 그리 어렵지 않을 것입니다.

그림 6.33 동위 변형으로 이동하는 다이어그램

만약 세 그룹으로 나뉜다는 것을 알지 못한다면, 서로 다른 그룹에 속한 다이어그램끼리 평면의 동위 변형으로 이동하지 않는지도 확인해야 합니다. 마지막으로 그것을 확인해 봅시다. 이 9개의 다이어그램은 모두 교점수가 7개이므로 교점수로는 구별할 수 없습니다. 또한 교점의 수가 일치하면 변과 면의 수도 일치하므로, 교점의 수가 일치한다는 것을 알게 되면 변의 수, 면의 수로도 구분할 수 없음을 알 수 있습니다.

그러나 면의 형식에 주목함으로써 **그림 6.33**의 가장 왼쪽에 있는 세로 방향의 3개의 다이어그램이 동등하지 않음을 보여줄 수 있습니다. **그림 6.34**는 각 다이어그램의 면에 그 면의 경계에 나타나는 변의 개수를 적어 넣은 것입니다. 3변형의 개수가 다르기 때문에 이 세 다이어그램은 동위가 아니라는 것을 알 수 있습니다. 따라서 그림 6.32를 동위 변형으로 분류하면 확실히 세 그룹으로 나뉜다는 것을 알 수 있습니다.

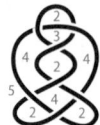  

그림 6.34 각 면의 형식

## 4. 같은 고리를 나타내는 다른 다이어그램

하나의 고리가 주어지면(평면의 동위 변형에 의해 이동하는 다이어그램을 같은 다이어그램으로 간주해도), 그 고리의 다이어그램을 무수히 그릴 수 있습니다. **그림 6.35**는 표준적인 형식의 왼손계 세잎 매듭과 그 매듭을 향해 지면에 수직인 방향으로 빛을 비춰서 생긴 그림자(교점에 상하 정보를 제공함으로써)로부터 얻어지는 왼손계 세잎 매듭의 다이어그램입니다.

그림 6.35 왼손계 세잎 매듭과 다이어그램

이 왼손계 세잎 매듭을 변형시키고 나서 다이어그램을 그림으로써, **그림 6.36**의 5가지 다이어그램을 구할 수 있습니다.

그림 6.36 왼손계 세잎 매듭의 다양한 다이어그램

**연습문제 8** 그림 6.36의 5개 다이어그램이 왼손계 세잎 매듭의 다이어그램임을 확인하시오.

**해답** 먼저 가장 왼쪽의 다이어그램에 대해 알아보겠습니다. 다이어그램으로부터 공간 내 매듭을 복원하면 **그림 6.37**과 같이 변형함으로써 그림 6.35의 왼손계 세잎 매듭과 같은 모양으로 변형할 수 있습니다.

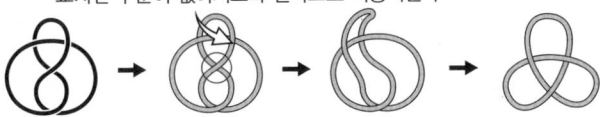

**그림 6.37** 공간 내의 변형

그러나 이렇게 끈 모양의 매듭을 그리는 것은 어렵기 때문에, 실제로는 이런 순서를 상상하여 다이어그램으로 나타내게 됩니다. 그림 6.37의 변형을 다이어그램으로 나타낸 것이 **그림 6.38**입니다.

**그림 6.38** 그림 6.37의 다이어그램

나머지 4개는 **그림 6.39**와 같이 왼손계 세잎 매듭의 다이어그램임을 확인할 수 있습니다. 이러한 변형은 공간 내에 있는 매듭을 상상하여 그려나갑니다. 그림을 설명하는 글은 해당하는 공간 내의 매듭을 상상하는 데 도움이 되도록 보조적으로 넣었습니다.

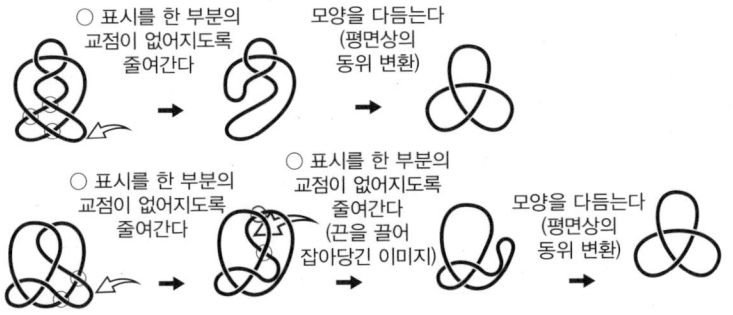

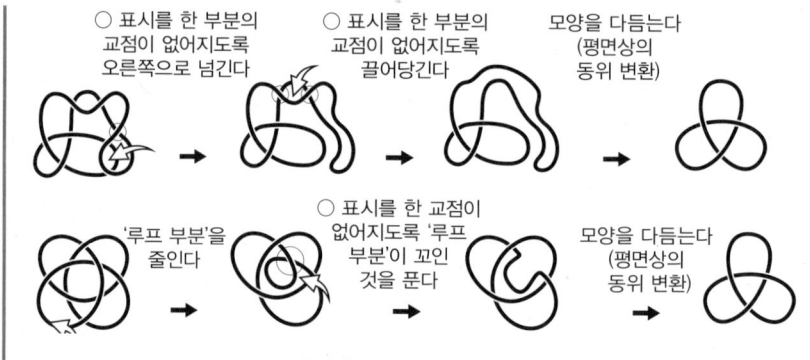

**그림 6.39** 다이어그램으로 나타낸 매듭의 변형

**연습문제 9** 다음 다이어그램은 복잡하게 보이지만 자명 매듭의 다이어그램입니다. 이 다이어그램이 자명 매듭의 다이어그램임을 확인하시오.

**그림 6.40** 자명 매듭의 다이어그램

**해답** 이 다이어그램은 **그림 6.41**과 같이 교점이 없는 다이어그램으로 변형할 수 있으므로 자명 매듭의 다이어그램임을 알 수 있습니다.

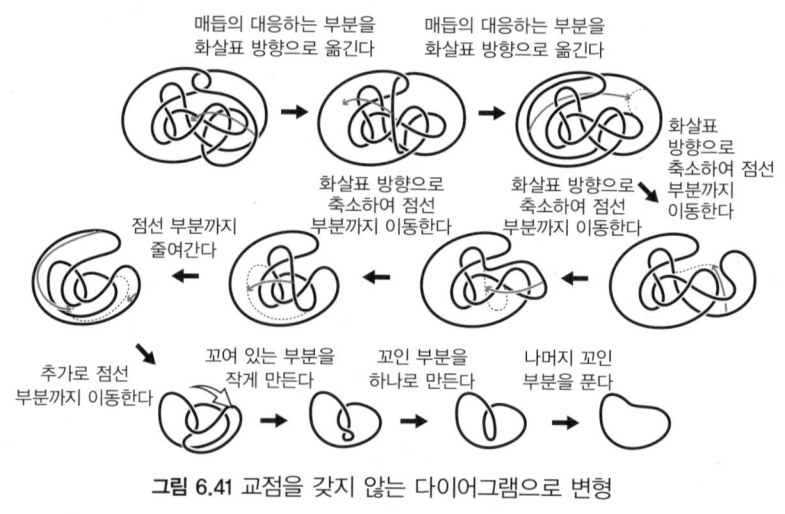

**그림 6.41** 교점을 갖지 않는 다이어그램으로 변형

> **연습문제 10** 다음 두 다이어그램이 같은 매듭임을 보이시오.

그림 6.42 두 가지 다이어그램

> **해답** 이 문제는 어느 한 다이어그램을 다른 다이어그램으로 변형하는 것이 아니라, 두 다이어그램 모두 같은 다이어그램으로 변형함으로써 같은 매듭을 나타내는 것을 보이는 것이 좋습니다. **그림 6.43**의 검은색 화살표를 보면 두 다이어그램 모두 교점이 4개인 8자 매듭의 다이어그램으로 변형할 수 있음을 알 수 있습니다. 따라서 같은 매듭을 나타내는 다이어그램임을 알 수 있습니다.

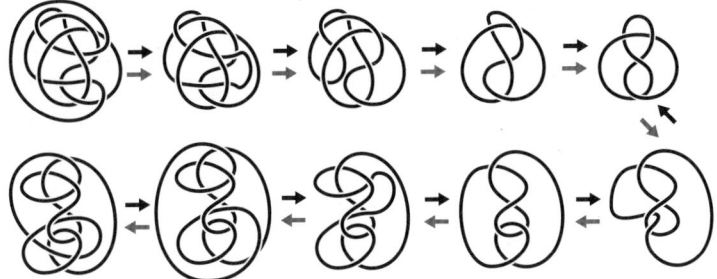

그림 6.43 양쪽 매듭의 다이어그램을 같은 다이어그램으로 변형한다

또한 회색 화살표를 따라가면 한쪽 매듭을 다른 쪽 매듭으로 변형할 수 있으므로, 정의를 따른다는 것도 확인할 수 있습니다. 연습문제 10은 두 다이어그램 모두 줄일 수 있는 교점을 금방 찾을 수 있습니다. 그렇다면, 한쪽을 다른 쪽으로 변형하는 것보다는 이처럼 두 다이어그램 모두 교점을 줄여 같은 다이어그램으로 변형하는 것이 두 다이어그램이 같은 고리를 나타냄을 더 간단하게 증명할 수 있습니다.

앞으로 고리의 변형을 생각할 때는 다이어그램을 그려서 생각하게 되지만, 이 책에서는 끈 모양의 고리를 이용하여 설명하는 경우가 있습니다. 다이어그램을 그리면 고리로 변환하여 변형하는 작업을 머릿속에서 해야 하지만, 끈 모양으로 그려 놓으면 그 작업이 필요 없어지기 때문입니다.

## ◇ 자명 다이어그램

고리가 주어지면 다양한 다이어그램을 얻을 수 있습니다. 그렇다고는 해도, '자명 매듭의 다이어그램을 그리시오'라고 해서 그림 6.40과 같은 다이어그램을 그리거나, '8자 매듭의 다이어그램을 그리시오'라고 해서 그림 6.42와 같은 다이어그램을 그리는 사람은 없을 것입니다. 많은 사람들은 '자명 매듭'이라고 하면 교점이 없는 다이어그램을, '8자 매듭'이라고 하면 교점이 4개인 **그림 6.44**와 같은 간단한 다이어그램을 그릴 것이라고 생각합니다.

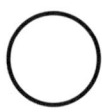 

**그림 6.44** 자명 매듭과 8자 매듭의 간단한 다이어그램

이 간단한 다이어그램 중 특히 그림 6.44의 왼쪽과 같이 교점이 없는 다이어그램을 '자명 다이어그램'이라고 합니다. 물론 자명 다이어그램을 갖는 것은 자명 고리뿐입니다.

교점이 있는 다이어그램은 '비자명 다이어그램'이라고 합니다. **그림 6.45**의 다이어그램은 모두 자명 매듭의 다이어그램이지만, 그중 자명 다이어그램은 맨 왼쪽의 하나뿐이며 나머지 4개는 비자명 다이어그램입니다.

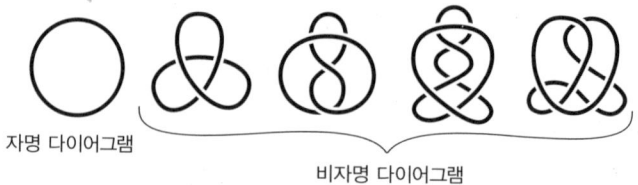

자명 다이어그램        비자명 다이어그램

**그림 6.45** 자명 매듭의 자명 다이어그램과 비자명 다이어그램

또한 **그림 6.46**은 성분수가 2와 3인 자명 고리에 대한 자명 다이어그램과 비자명 다이어그램입니다.

2성분 고리의 자명 다이어그램

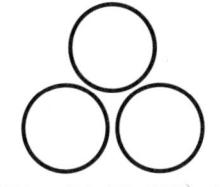
3성분 고리의 자명 다이어그램

자명 2성분 고리의
비자명 다이어그램

자명 3성분 고리의
비자명 다이어그램

**그림 6.46** 성분수가 2와 3인 자명 고리의 자명 다이어그램과 비자명 다이어그램

---

**연습문제 11** 그림 6.45와 그림 6.46의 비자명 다이어그램이 자명 고리의 다이어그램임을 확인하시오.

**해답** 각각의 고리는 **그림 6.47**과 같이 변형함으로써 자명 고리임을 알 수 있습니다. 여기에서는 끈 모양을 그렸지만, 여러분은 다이어그램을 그려 확인하기를 바랍니다.

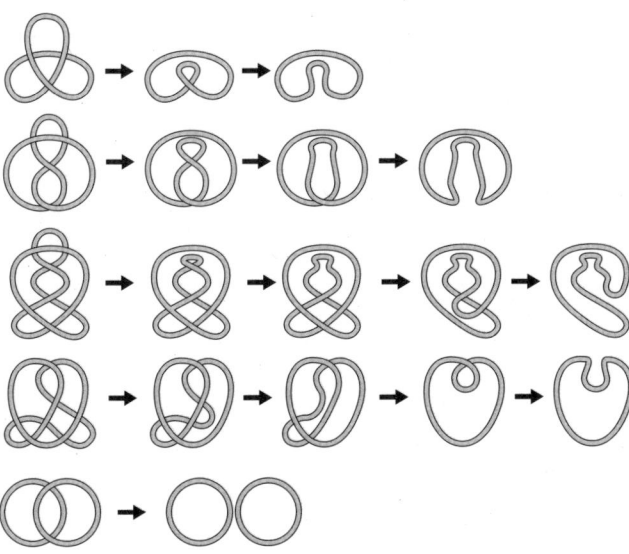

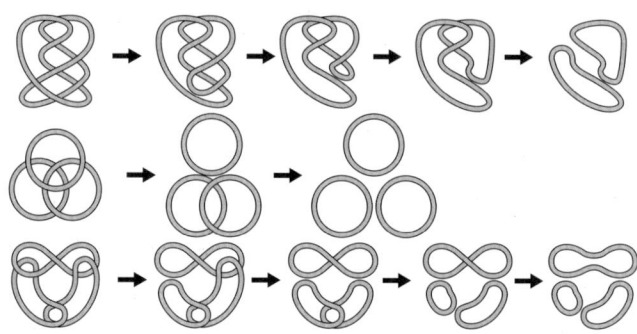

**그림 6.47** 그림 6.45와 그림 6.46의 다이어그램이 나타내는 고리의 변형

**연습문제 12** 자명 매듭은 교점의 수가 큰 다이어그램을 가질 수 있음을 보이시오.

**해답** 자명 매듭과 임의의 자연수 $n$에 대해, 교점이 $n$개인 자명 매듭의 다이어그램이 존재함을 보입니다. 자명 매듭은 교점이 $n$개인 **그림 6.48**과 같은 다이어그램을 가집니다.

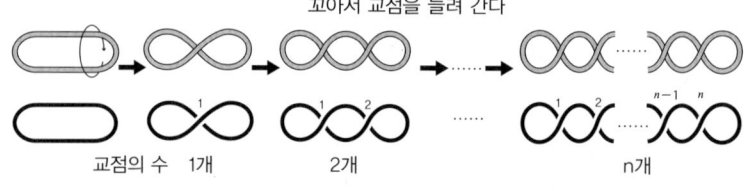

**그림 6.48** 교점의 수가 n개인 자명 매듭의 다이어그램

지금은 자명 매듭의 다이어그램을 만들어 봤지만, 어떤 매듭의 다이어그램이라도 **그림 6.49**의 조작을 반복하면 교점의 수를 늘려갈 수 있습니다.

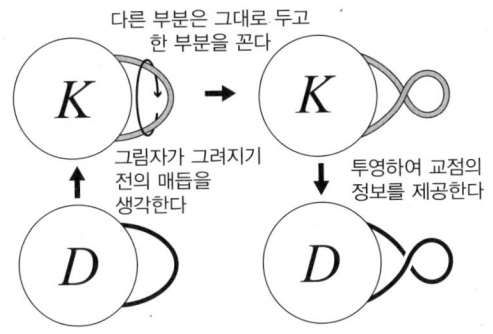

그림 6.49 다이어그램의 교점수를 1개 증가시켜 변형한다

## ◇ 교대 매듭

하나의 고리가 주어지면, 그 고리는 무수히 많은 다이어그램을 가집니다. 고리를 연구할 때는 어떤 성질을 가진 다이어그램으로 표현되는 고리를 연구 대상으로 삼는 경우가 있습니다. 여기에서 정의하는 '교대 매듭(alternating knot)'도 그중 하나입니다.

한 방향으로 따라가다 보면 교점의 위아래를 번갈아 가며 지나가는 다이어그램을 '교대 다이어그램(alternating diagram)'이라고 합니다. 예를 들어 **그림 6.50**의 왼쪽 다이어그램은 검은색 ●의 위치에서 화살표 방향으로 따라가면 처음 통과하는 교점에서는 위, 다음 교점에서는 아래, 다음 교점에서는 위와 같이 교점을 위아래로 번갈아 가며 출발 지점으로 돌아오게 됩니다. 오른쪽 그림은 검은색 ●의 위치에서 화살표 방향으로 따라가면 처음 통과하는 교점에서는 아래, 다음 교점에서는 위, 다음 교점에서는 아래와 같이 교점을 위아래로 번갈아 가며 출발 지점으로 돌아올 수 있기 때문에 교대 다이어그램임을 알 수 있습니다.

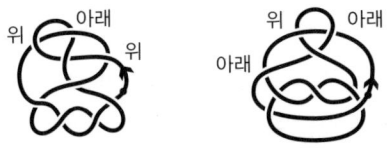

그림 6.50 교대 다이어그램

교대 다이어그램을 가진 매듭을 '교대 매듭'이라고 합니다. **그림 6.51**의 매듭은 교대 매듭입니다.

그림 6.51 교대 매듭

> **연습문제 13** 다음 매듭의 투영도가 교대 다이어그램이 되도록 각 교점에 상하 정보를 제공하시오.
>
>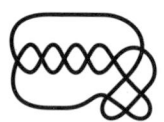
>
> 그림 6.52 매듭의 투영도
>
> **해답** 그림 6.53과 같이 투영도 위에 시작 지점 P를 정하고, 이곳에서부터 화살표 방향으로 투영도를 따라갑니다. 교점을 통과할 때 위아래로 번갈아 가며 통과하도록 각 교점에 상하 정보를 제공하면 교대 다이어그램을 얻을 수 있습니다. 처음 통과하는 교점에서 위를 통과할 것인지 아래를 통과할 것인지의 두 가지 상하 정보를 제공하는 방법이 있습니다. 처음 만나는 교점에서 위를 통과한다고 가정했을 경우가 왼쪽의 다이어그램, 아래를 통과한다고 가정했을 경우가 오른쪽의 다이어그램입니다.
>
>
>
> 그림 6.53 상하 정보를 제공하는 방법

매듭의 다이어그램이 주어지면, '교점에 상하 정보를 잘 제공하면 언제든지 교대 다이어그램을 얻을 수 있는가'라는 문제가 생깁니다. 그러나 사실 언제든지 교대 다이어그램을 얻을 수 있는 것으로 알려져 있습니다. 이에 대한 증명은 필요하지만, 여기서는 생략하기로 합니다.

**연습문제 14** 다음 다이어그램은 교대 다이어그램인가요?

**그림 6.54** 교대 다이어그램인가?

**해답** 이 다이어그램은 한 방향으로 따라가다 보면 교점에서 위아래를 번갈아 통과하지 않는 부분을 찾을 수 있으므로 교대 다이어그램이 아닙니다. 예를 들어 **그림 6.55**의 교점은 화살표 방향으로 다이어그램을 따라갔을 때 연속적으로 나타나는 3개의 교점은 '아래/위/위'와 같이 교점을 통과하고 있습니다.

**그림 6.55** 위아래를 번갈아 통과하지 않는 교점, 즉 교대가 아닌 교점

**그림 6.54**의 다이어그램은 교대 다이어그램이 아니지만, 이것들은 교대 매듭의 다이어그램이라는 점에 주의하기를 바랍니다. 이들이 나타내는 매듭은 **그림 6.56**과 같이 변형되어 교대 다이어그램을 갖는다는 것을 알 수 있으므로 교대 매듭임을 알 수 있습니다.

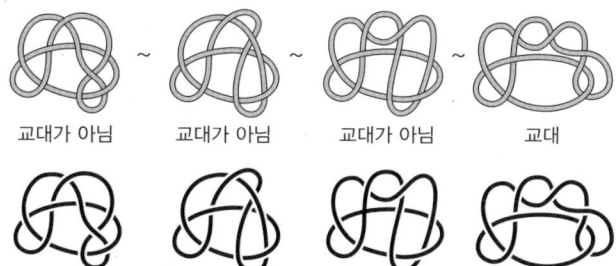

**그림 6.56** 교대 다이어그램을 얻기 위한 변형

연습문제 15  다음 매듭이 교대 매듭임을 증명하시오.

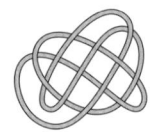

그림 6.57 교대 매듭인가?

해답  이 매듭에서 자연스럽게 얻어지는 다이어그램은 교대 다이어그램이 아닙니다. 따라서 매듭을 변형한 후 다이어그램을 수정할 필요가 있습니다. 그림 6.58과 같이 변형하면 교대 다이어그램을 얻을 수 있으므로, 이 매듭이 교대 매듭임을 알 수 있습니다.

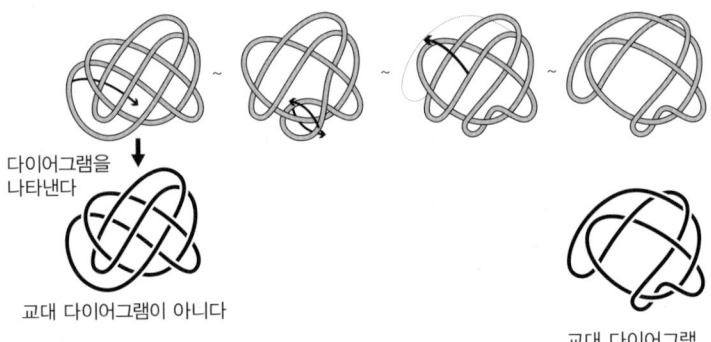

그림 6.58 교대 다이어그램을 얻기 위한 변형

교대 다이어그램을 갖지 않는 매듭을 '비교대 매듭'이라고 부릅니다. 그림 6.59의 세 매듭은 왼쪽부터 $8_{19}$, $8_{20}$, $8_{21}$이라는 이름이 붙은 매듭으로, 비교대 매듭 중 '가장 간단한 매듭'으로 알려져 있습니다. 이 3개의 매듭이 교대 다이어그램을 갖지 않는다는 것을 증명하는 것은 복잡하므로 여기에서는 생략합니다.

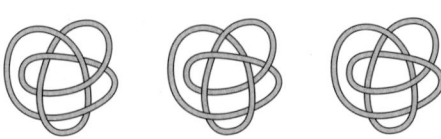

그림 6.59 비교대 매듭

### 제6장 요약

1. 두 고리의 다이어그램이 평면의 동위 변형으로 서로 이동할 때, 그 두 다이어그램은 '동위'라고 하며, 동위인 다이어그램은 '같은 다이어그램'으로 간주한다.
2. 평면의 동위 변형으로 다이어그램을 변형해도 그 다이어그램이 나타내는 고리는 변하지 않는다.
3. 같은 고리를 나타내는 다른 다이어그램은 무수히 존재한다.
4. 교점이 없는 고리의 다이어그램을 '자명 다이어그램'이라고 한다.
5. 한 방향으로 따라가며 교점의 위아래를 번갈아 지나가는 다이어그램을 '교대 다이어그램'이라고 하며, 교대 다이어그램을 가진 매듭을 '교대 매듭'이라고 한다.

# 제장

# 고리의 표를 만들자

지금까지 살펴본 바와 같이 다양한 모양의 고리들이 있습니다. 같은 고리인지, 다른 고리인지 바로 알 수 없는 것들도 많이 있습니다. 따라서 어떤 고리인지 알 수 있는 목록이 있으면 편리합니다. 목록을 만들기 위해 어떤 기준으로 고리를 정리할 것인지 살펴봅시다.

## 1. 고리의 복잡도 기준

바로 생각할 수 있는 기준은 간단한 것부터 나열하는 것, '복잡도'를 측정해 나가는 것입니다. 즉, 고리의 복잡도를 어떻게 측정할 것인가가 문제입니다. 고리의 복잡도는 '다이어그램'을 사용하여 정의됩니다. 다음 다이어그램 중 어느 것이 간단한 고리를 나타낸다고 생각하시나요?

**그림 7.1** 간단한 매듭은 어느 것인가?

다이어그램으로는 왼쪽이 교점이 많기 때문에 복잡해 보입니다. 이 두 다이어그램이 나타내는 매듭을 생각해 봅시다.

> **연습문제 1** 그림 7.1의 왼쪽 다이어그램이 나타내는 매듭의 교점이 가장 적은 다이어그램을 그리시오.
>
> **해답** 공간 내에서의 변형을 다이어그램으로 표현하면 **그림 7.2**와 같이 교점이 0인 다이어그램을 얻을 수 있습니다.

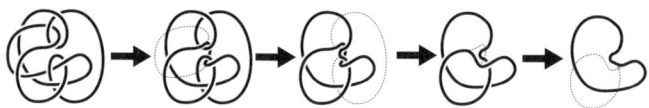

**그림 7.2** 자명 다이어그램으로 변형

그림 7.1의 왼쪽 다이어그램은 자명 매듭을 나타내는 것을 알 수 있습니다. 자명 매듭과 세잎 매듭에서는 자명 매듭이 더 간단하다고 생각하는 것이 자연스럽습니다. 즉, 매듭의 복잡도를 비교하려면 가능한 한 교점이 적은 다이어그램을 생각해야만 의미가 있습니다.

## 2. 매듭을 나열하기 위해서는

### ◇ 매듭의 최소 교점수

모든 고리는 다이어그램으로 나타낼 수 있습니다. 끈을 꼬거나 두 개의 끈을 겹쳐서 고리를 변형시키면 **그림 7.3**과 같이 다이어그램도 변합니다. 즉, 같은 고리를 나타내는 교점의 수가 다른 다이어그램을 얻을 수 있는 것입니다.

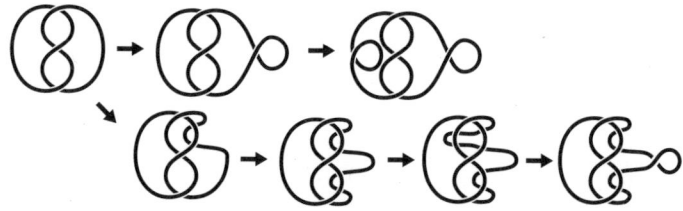

**그림 7.3** 세잎 매듭의 다른 다이어그램

그림 7.3과 같이 증가한 교점은 고리의 얽힘 방식에 본질적인 영향을 미치지 않습니다. 이러한 교점은 어떤 의미에서 '여분의 교점'이라고 생각할 수 있으므로 없는 것이 바람직합니다. 그래서 '여분의 교점'을 최대한 줄인 다이어그램을 생각하기로 합니다.

고리가 주어졌을 때, 그 고리를 나타내는 다이어그램 중에서 교점수가 가장 적은 것을 '최소 교점수를 실현하는 다이어그램'이라고 합니다. 또한 최소 교점수를 실현하는 다이어그램의 교점수를 그 고리의 '최소 교점수'라고 부릅니다. 교점의 수는 0보다 작을 수 없으므로 자명 매듭의 자명 다이어그램은 최소 교점수를 실현한 다이어그램이라고 할 수 있습니다. 책 뒤의 표는 프라임 매듭을 최소 교점이 적은 매듭부터 순서대로 나열한 것으로, 복잡도가 낮은 고리부터 나열한 것으로 볼 수 있습니다.

**그림 7.4**는 모두 왼손계 세잎 매듭의 다이어그램입니다. 왼쪽 다이어그램은 간단하게 제거할 수 있는 교점을 가지고 있기 때문에 최소 교점수를 실현하지 않은 다이어그램임을 금방 알 수 있습니다. 오른쪽 다이어그램은 최소 교점수를 실현한 다이어그램입니다.

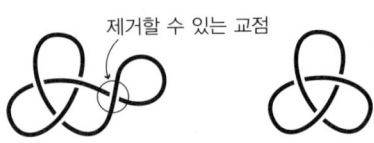

그림 7.4 최소 교점수를 실현하지 않은 다이어그램과 실현한 다이어그램

세잎 매듭의 최소 교점수가 3인 것은 당연하다고 생각할 수도 있지만, 쉽게 증명할 수 있는 것은 아닙니다. 일반적으로 고리의 최소 교점수를 결정하는 것은 쉬운 일이 아닙니다.

## ◆ 최소 교점수를 결정하기 위해서는

최소 교점수가 무엇인지 이해하더라도 최소 교점수를 결정하는 것은 상당히 어렵습니다. 이 절에서는 '세잎 매듭의 최소 교점수가 (직관적으로 예상한 대로) 3이다'의 증명을 통해 최소 교점수 결정의 어려움을 체감할 수 있도록 하겠습니다. 먼저 다음 문제를 생각해 봅시다.

---

**연습문제 2** 세잎 매듭의 최소 교점수가 3이하인 것을 증명하시오.

**해답** 세잎 매듭의 '최소 교점수가 3이하'임을 보이는 것은 간단합니다. 세잎 매듭은 **그림 7.5**와 같은 다이어그램을 가지는 것을 바로 알 수 있기 때문입니다.

왼손계 세잎 매듭의 다이어그램    오른손계 세잎 매듭의 다이어그램

그림 7.5 교점의 수가 3인 세잎 매듭의 다이어그램

---

교점의 수가 3인 다이어그램이 있다면, 교점의 수가 2 이하인 다이어그램을 가질 가능성이 있습니다. 즉, 더 이상 교점수를 줄일 수 없다는 것을 보여주면 최소 교점수가 3이라는 것을 증명한 것이 됩니다.

일반적으로 주어진 고리가 교점의 수가 $n$인 다이어그램을 가진다면, 그 고리의 최소 교점수는 $n$ 이하임을 알 수 있습니다. 만약 교점의 수가 $n$보다 작은 모든 다이어그램이 어떤 고리를 나타내는지 알 수 있고, 그 고리 중에는 앞에서 주어진 고리가 없다는 것을 알게 되면, 비로소 최소 교점수가 $n$이라고 결정할 수 있습니다.

즉, 세잎 매듭의 최소 교점수가 3임을 나타내기 위해서는, 교점수가 0, 1, 2인 어떤 다이어그램에서도 세잎 매듭을 얻을 수 없다는 것을 확인할 필요가 있습니다. 교점의 수가 0인 다이어그램에서 얻을 수 있는 매듭은 자명 매듭뿐이므로, 여기서부터는 교점의 수가 1 또는 2인 다이어그램에서 어떤 매듭을 얻을 수 있는지 살펴보기로 하겠습니다.

## ◇ 교점의 수가 1 또는 2인 다이어그램에서 얻어지는 매듭은?

먼저 교점수가 1 또는 2인 매듭의 다이어그램은 어떤 것이 있는지 생각해 봅시다. 단, 평면의 동위 변형으로 서로 이동하는 다이어그램은 같은 것으로 간주합니다.

> **연습문제 3** 교점의 수가 1인 매듭의 다이어그램을 생각나는 대로 그리시오.
>
> **해답** 그림 7.6의 다이어그램은 서로 동위가 아닌 교점수가 1인 다이어그램입니다. 또한 교점수가 1인 다이어그램은 이 4개뿐입니다(단, 이 다이어그램들이 동위가 아니라는 것과 이 4개의 다이어그램뿐이라는 증명은 여기에서는 생략합니다).
>
>
>
> 그림 7.6 교점의 수가 1인 매듭의 다이어그램

교점의 수가 1인 다이어그램은 그림 7.6의 다이어그램뿐임을 인정하면, 최소 교점수가 1인 매듭은 존재하지 않음을 알 수 있습니다. 왜냐하면 이 네 가지 다이어그램은 모두 자명 매듭을 나타내고 있으며, 자명 매듭의 최소 교점 수는 0이기 때문입니다. 최소 교점수가 1 또는 2인 매듭이 존재하는지, 존재한다면 어떤 매듭인지 알아보기 위해 교점수가 1 또는 2인 매듭의 다이어그램을 모두 그리는 것은 매우 어려운 일입니다. 따라서 **그림 7.7**과 같은 교점이 간단하게 제거될 수 있다는 점에 착안하여 효율적으로 증명해 나가고자 합니다.

**그림 7.7** 간단하게 제거할 수 있는 교점

교점을 하나 그리는 것부터 시작해, 교점이 늘어나지 않게 그릴 수 있는 매듭의 다이어그램에는 어떤 것이 있는지 알아봅시다. 교차점의 위아래를 바꾼 경우도 생각해야 할 것 같지만, 평면의 동위 변형으로 이동하는 것은 같다고 생각하므로 **그림 7.8**의 오른쪽에 그려진 교점이나 왼쪽에 그려진 교점 중 하나만 생각해도 충분합니다. 여기에서는 왼쪽의 교점을 생각하기로 하고 그림과 같이 영문자를 할당합니다.

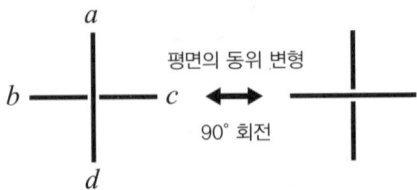

**그림 7.8** 하나의 교점

어느 끝점도 자기 자신 이외의 다른 끝점과 연결되지 않으면 매듭의 다이어그램이 될 수 없으므로, 우선 끝점 a와 연결될 가능성이 있는 끝점을 생각합니다. 그림 7.9의 (1)~(3)는 끝점 a와 연결될 가능성이 있는 끝점을 점선으로 표시한 것입니다. 이 중 (3)의 경우는 2성분 고리의 다이어그램이 되어 고려할 필요가 없으므로, (1) 끝점 a를 b에 연결하는 경우와 (2) 끝점 a를 c에 연결하는 경우를 자세히 살펴보겠습니다.

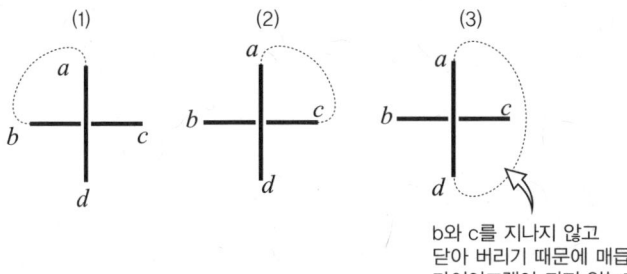

**그림 7.9** 끝점 a와 연결되는 끝점

## 1. 끝점 a를 b에 연결하는 경우

그림 7.10의 점선으로 표현한 것은 어느 끝점과 어느 끝점이 연결되어 있는지를 표현한 것이므로, 실제로 평면상에서 2개의 끝점을 연결하는 매듭법은 평면의 동위 변형의 범위에서는 두 가지의 연결 방법을 고려해야 한다는 점에 주의하기를 바랍니다. $a$와 $b$를 연결하는 방법은 **그림 7.10**의 두 가지를 생각할 수 있습니다.

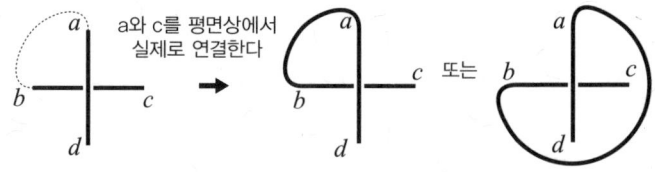

**그림 7.10** 끝점 a와 끝점 b를 연결하는 방법

또한 끝점 $c$와 $d$를 연결하면 매듭의 다이어그램을 얻을 수 있지만, $c$와 $d$를 새로운 교점이 생기지 않도록 연결하면 교점수가 1인 매듭의 다이어그램을 얻을 수 있습니다. 교점이 하나인 상태에서 $c$와 $d$를 연결하여 얻을 수 있는 다이어그램은 **그림 7.11** 중 어느 하나의 다이어그램에 평면의 동위 변형으로 이동하는 것뿐입니다.

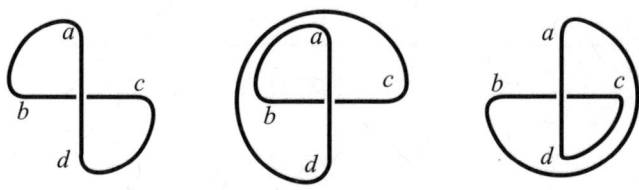

**그림 7.11** 끝점 c와 d의 연결 방법

그림 7.11의 모든 다이어그램 교점은 매듭의 꼬인 부분을 풀면 쉽게 제거할 수 있으므로, 자명 매듭만 (1)과 같이 연결된 교점의 수가 1인 매듭의 다이어그램을 가진다는 것을 알 수 있습니다.

### 2. 끝점 a를 c에 연결하는 경우

(1)의 경우와 마찬가지로 생각하면, 이 경우도 교점이 1개인 다이어그램은 자명 매듭의 다이어그램뿐임을 알 수 있습니다. 자명 매듭의 최소 교점수는 0이므로, 최소 교점수가 1인 매듭은 존재하지 않음을 알 수 있습니다.

위에서 '(1)의 경우와 마찬가지로 생각하면'이라고 기술했지만, 이는 대칭성이 있기 때문입니다. **그림 7.12**와 같이 (1)과 (2)에 나타나는 다이어그램의 일부는 끝점에 할당된 영문자를 무시하면 서로 거울에 비친 관계임을 알 수 있습니다. 따라서 (1)에서 설명한 것을 거울에 비춰 b와 c의 이름을 바꿔 다시 쓰면 (2)의 증명이 됩니다. 증명을 처음부터 써도 되지만, 비슷한 것을 반복해서 말하게 되므로, 이런 경우에는 '마찬가지로'라고 말함으로써 이 반복 부분을 생략하는 것이 가능합니다.

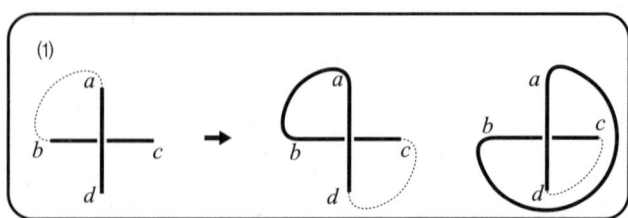

↓ 거울에 비친 상황을 생각하여 b와 c의 이름을 바꾼다

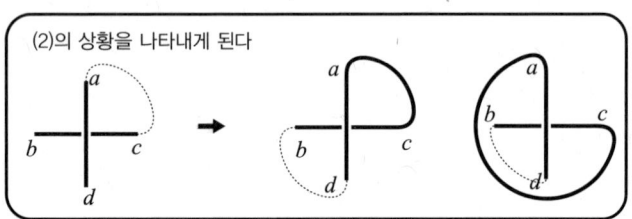

**그림 7.12** 두 가지 경우의 관계

다음은 교점의 수가 2인 다이어그램을 갖는 매듭에 대해 생각해 봅시다. 교점의 수가 1인 다이어그램을 생각했을 때와 마찬가지로 먼저 교점 2개를 그리

고 교점이 증가하지 않도록 끝점을 연결하여 어떤 매듭의 다이어그램을 얻을 수 있는지 생각해 봅시다. 끝점에는 $a$부터 $h$까지의 영문자를 할당해 두기로 합니다. 평면의 동위 변형으로 이동하는 것은 같은 것으로 간주하면 **그림 7.13**의 경우를 생각하면 충분하다는 것을 알 수 있습니다.

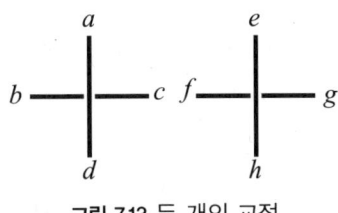

**그림 7.13** 두 개의 교점

우선은 한쪽 교점의 끝점끼리 연결한 경우를 생각합니다. 교점의 수가 1인 매듭을 생각했을 때와 마찬가지로 끝점 $a$와 다른 끝점을 이어갑니다.

대칭성을 고려하면 $a$와 $c$를 연결하는 경우는 $a$와 $b$를 연결하는 경우로 귀결되므로 **그림 7.14**의 두 가지 경우를 생각하면 충분합니다.

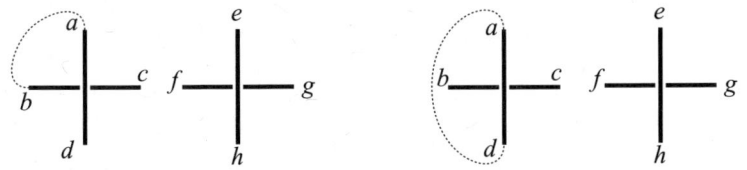

**그림 7.14** 끝점 a의 연결 방법

그림 7.14 오른쪽(끝점 $a$를 $d$에 연결)의 경우는 교점이 하나인 경우와 마찬가지로 두 개 이상의 고리가 생겨버려 매듭의 다이어그램을 얻을 수 없습니다. 그림 7.14 왼쪽의 (끝점 $a$를 $b$에 연결하는) 경우를 자세히 살펴보겠습니다.

> **연습문제 4** 그림 7.14의 왼쪽 그림은 몇 가지 연결 방법을 나타낸 것일까요? 교점의 수가 늘어나지 않도록 끝점 $a$와 $b$를 연결하는 점선으로 표현된 연결 방법을 모두 나열하시오.
>
> **해답** 그림 7.14의 왼쪽 그림은 **그림 7.15**의 네 가지 경우를 나타내고 있습니다.

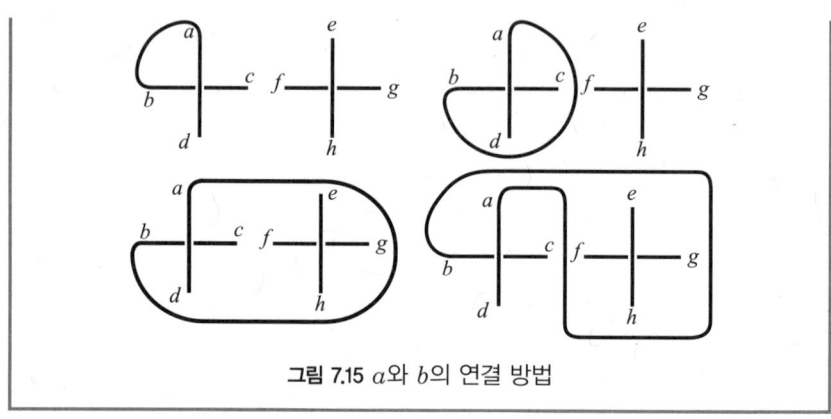

**그림 7.15** $a$와 $b$의 연결 방법

그림 7.14 왼쪽의 경우는 나머지 끝점을 (더 이상 교점을 늘리지 않도록) 어떻게 연결하더라도 제거할 수 있는 교점을 가지고 있음을 (연습문제 7.4의 해답을 통해) 알 수 있습니다. 왜냐하면 그림 7.15(의 나머지 끝점을 연결한 다이어그램)가 나타내는 매듭에 대해 공간 내에서 꼬아서 다이어그램을 다시 만들면 왼쪽의 교점이 없는 다이어그램을 얻을 수 있기 때문입니다. 즉, 이 연결 방식으로는 최소 교점수가 2인 매듭을 나타내는 다이어그램을 얻을 수 없습니다.

다음으로 오른쪽 교점의 끝점과 왼쪽 교점의 끝점을 연결하는 경우를 생각합니다. $a$가 $e$ 또는 $h$와 연결된 다이어그램을 생각해 보겠습니다. 미리 그려진 교점 외에는 교점을 갖지 않도록 연결되었다면 평면의 동위 변형으로 **그림 7.16**과 같이 변형될 수 있으므로, 끝점에 할당된 알파벳을 무시하면 같은 연결 방식이라고 간주할 수 있습니다.

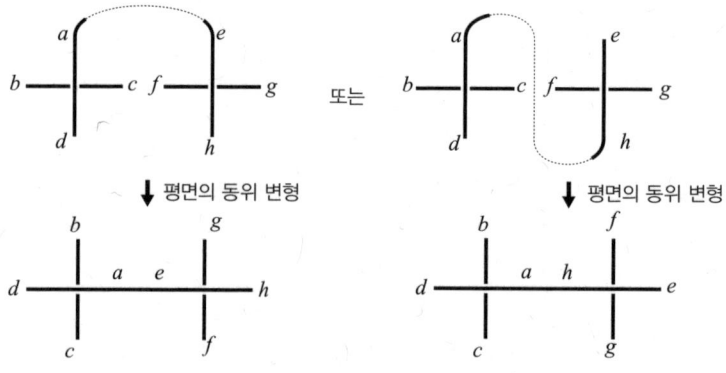

**그림 7.16** 끝점 $a$와 $e$, $a$와 $h$를 연결한 다이어그램

$a$가 $f$ 또는 $g$로 연결된 다이어그램도 평면의 동위 변형으로 **그림 7.17**과 같이 변형할 수 있습니다. 이것들도 끝점에 할당된 영문자를 무시하면 같은 것으로 간주할 수 있습니다.

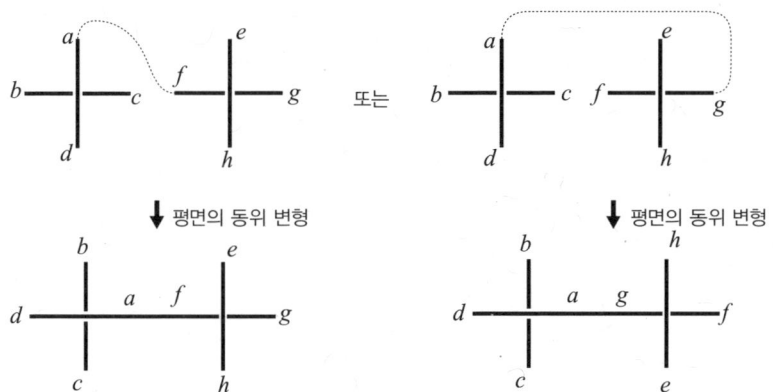

**그림 7.17** 끝점 $a$와 $f$, $a$와 $g$를 연결한 다이어그램

이상에서 오른쪽 교점의 끝점과 왼쪽 교점의 끝점을 연결하는 경우는 **그림 7.18**과 같이 끝점의 이름을 바꾼 (1), (2)에 대해 생각하면 됩니다. 즉, 최소 교점수가 2인 매듭의 다이어그램이 존재한다면 그림 7.18의 (1) 또는 (2)의 끝점을 교점이 증가하지 않도록 연결하여 얻어진 다이어그램이 됩니다. 따라서 이러한 끝점을 교점이 증가하지 않도록 연결하여 얻은 다이어그램에서 어떤 매듭을 얻을 수 있는지 살펴보겠습니다. 앞서 언급했듯이 각 교점의 끝점은 다른 교점의 끝점으로 이어져야 매듭의 다이어그램이 됩니다.

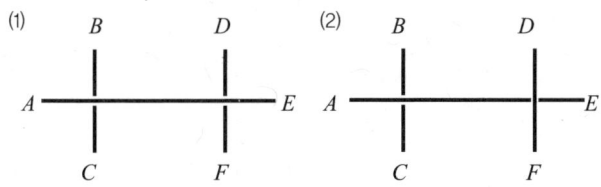

**그림 7.18** 끝점의 이름을 바꾼다

먼저 (1)의 경우를 생각합시다. **그림 7.19**의 맨 왼쪽 그림과 같이 끝점 $A$를 $E$와 연결하면 끝점이 남아있는데 하나의 고리가 생겨버리므로 매듭 다이어그램이 되지 않습니다. 가운데 그림과 같이 끝점 $A$가 $D$와 연결되면 끝점 $B$는

$C$, $E$, $F$ 중 하나와 연결하게 되는데, 그러기 위해서는 $A$와 $D$를 연결한 선을 넘어야 하므로 교점이 늘어나게 됩니다. 끝점 $A$와 $F$를 연결하면 끝점 $A$와 $D$를 연결하는 경우와 마찬가지로 $C$와 나머지 교점을 연결하려고 하면 교점이 늘어나게 됩니다. 따라서 교점수를 늘리지 않고 나머지 끝점을 연결할 수는 없습니다.

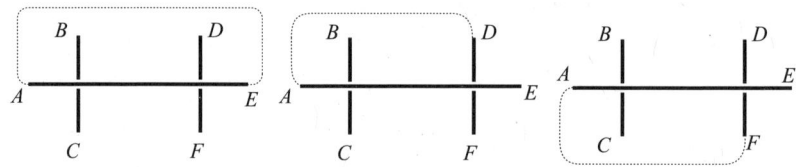

그림 7.19 끝점 A와 오른쪽 끝점의 연결 방법

다음으로 (2)의 경우를 생각합시다. (1)과 오른쪽 교점의 위아래가 다르지만, 마찬가지로 생각하면 교점의 수를 늘리지 않고서는 나머지 끝점을 연결할 수 없음을 알 수 있습니다. 따라서 최소 교점수가 2인 매듭은 존재하지 않습니다.

이상으로부터 최소 교점수가 1과 2인 매듭은 존재하지 않는다는 결론을 내릴 수 있습니다. 또한 최소 교점수가 0인 매듭은 자명 매듭만 존재하므로, 세잎 매듭의 최소 교점수는 3이라고 판단할 수 있습니다.

이처럼 세잎 매듭처럼 단순해 보이는 매듭도 최소 교점수를 결정하는 것은 매우 어렵습니다. 그러나 어떤 성질의 다이어그램을 가진 매듭은 위와 같은 번거로운 절차를 거치지 않고도 최소 교점수를 결정할 수 있는 것으로 알려져 있고, 다음 절에서 소개하기로 합니다.

## 3. 교대 다이어그램과 최소 교점수

1986년 일리노이 대학교 시카고 캠퍼스의 카우프만(Louis Kauffman), 토론토 대학교의 무라사키 쿠니오, 테네시 대학교의 티슬스웨이트(Morwen Thistlethwaite)는 각각 독립적으로 최소 교점수에 관한 중요한 결과를 증명했습니다. 그들이 증명한 것은 교점의 수가 $n$개인 기약 교대 다이어그램을 가진 매듭의 최소 교점수는 '$n$'이라는 사실입니다.*

---

\* 그들이 이것을 증명하는 데 이용한 것은 '존스 다항식'이라고 불리는 불변량이지만, 이 책에서는 다루지 않습니다.

그림 7.20은 어떤 매듭과 교점의 수가 18개인 것 같은 매듭의 기약 교대 다이어그램입니다. 이들의 결과를 이용하면, 이 매듭의 최소 교점수는 18이라고 결정할 수 있습니다. 즉, 아무리 노력해도 이 매듭의 교점수가 18보다 적은 다이어그램은 그릴 수 없다는 것을 쉽게 증명할 수 있습니다.

그림 7.20 최소 교점수가 18인 매듭과 기약 교대 다이어그램

---

**연습문제 5**  다음 매듭의 최소 교점수를 결정하시오.

그림 7.21 매듭의 최소 교점수

**해답**  이 매듭으로부터 자연스럽게 얻어지는 다이어그램은 교대 다이어그램이지만, 기약 다이어그램은 아닙니다. 따라서 이대로는 최소 교점수를 결정할 수 없습니다. **그림 7.22**의 ○ 표시를 한 교점은 공간 내에서 매듭의 꼬임을 풀면 간단히 제거할 수 있는 교점입니다. 이 교점을 제거하면 기약 다이어그램을 얻을 수 있으며, 교점을 제거한 후의 다이어그램을 확인해 보면 교대 다이어그램임을 알 수 있습니다. 이 기약 교대 다이어그램의 교점수는 8이므로, 이 절의 시작 부분(기약 교대 다이어그램 관련)의 결과로부터 이 매듭의 최소 교점수는 8임을 알 수 있습니다.

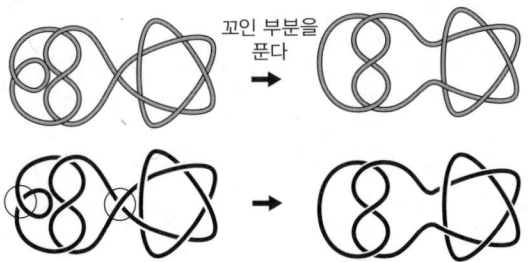

그림 7.22 기약이 아닌 교대 다이어그램과 기약 교대 다이어그램

매듭 다이어그램이 기약인지 기약이 아닌지는 다이어그램을 보면 판단할 수 있습니다. 또한 기약이 아닌 다이어그램은 그 다이어그램이 나타내는 매듭을 바꾸지 않고 기약 다이어그램으로 변형할 수 있습니다. 기약이 아닌 다이어그램이 교대 다이어그램이었다면, 기약 다이어그램이 되도록 교점을 줄여도 교대 다이어그램의 특성은 유지되는 것으로 알려져 있습니다. 즉, 이론상으로는 모든 교대 매듭의 최소 교점수를 결정할 수 있다는 것입니다. 반면, 비교대 매듭의 최소 교점수를 결정하는 것은 어려운 문제입니다.

## 4. 매듭표의 작성

매듭 이론의 연구가 본격적으로 시작된 것은 19세기 말경입니다. 그 계기는 켈빈 경(Lord Kelvin)이라는 이름으로 알려진 물리학자 톰슨(William Thomson)이 1860년 '소용돌이 원자 이론(vortex atom theory)'을 제창하면서 시작됩니다. 이 이론은 원자의 본질을 '빛이 전파되는 매질로 여겨졌던 유체(에테르) 속에서 소용돌이치는 매듭과 같은 것'으로 설명하려는 시도였습니다. 만약 이 이론이 옳았다면, 세상의 모든 원자를 매듭의 종류에 따라 분류할 수 있었을 것입니다. 그러나 현재는 이 이론이 옳지 않다는 것이 밝혀졌습니다.

당시 이 이론에 관심을 가졌던 물리학자 테이트(Peter Guthrie Tait)는 매듭에 관한 연구에 집중하여 분류를 시도하게 되었습니다. 그리고 1877년까지 7교점의 매듭을 분류하고 매듭의 표를 발표했습니다. 그 후 커크만(Thomas Penyngton Kirkman)은 테이트의 강연 원고를 읽고 8교점 이상의 매듭을 분류하기 시작했습니다. 커크만은 10교점까지 매듭을 조사하고, 테이트와 공동으로 그 분류를 시도하여 1885년 10교점까지 교대 매듭의 표를 완성하였습니다. 비교대 매듭의 표는 리틀(Charles Newton Little)이 1899년에 작성했습니다. 이 표에는 10교점의 비교대 매듭 43개가 수록되어 있으며, 75년 동안 옳은 것으로 믿었습니다. 여기서 '옳다'는 것은 작성된 표에 누락과 중복이 없다

그림 7.23 퍼코의 쌍

는 것을 의미합니다. 그런데 1974년 퍼코(Kenneth Albert Perko, Jr.)가 표 안의 두 매듭이 같은 매듭임을 발견했습니다. 즉, 표에 중복이 있었던 것입니다. **그림 7.23**의 두 다이어그램이 퍼코가 지적한 매듭의 다이어그램입니다. 이 같은 매듭을 나타내는 두 다이어그램은 그의 이름을 따서 '퍼코의 쌍'이라고 부르고 있습니다.

**연습문제 6** 퍼코의 쌍이 같은 매듭임을 보이시오.

**해답** **그림 7.24**와 같이 변형함으로써 이 두 다이어그램이 같은 매듭을 나타내는 것을 알 수 있습니다. 그림의 점선은 공간 내에서의 변형을 상상하여 보조적으로 그어져 있습니다.

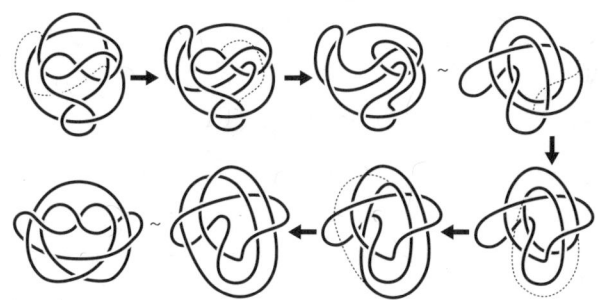

**그림 7.24** 퍼코의 쌍 변형

**연습문제 7** 다음 매듭은 책 마지막의 표에 있는 어떤 매듭인가요?

(1) 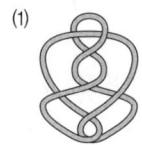   (2) 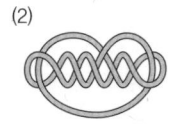   (3)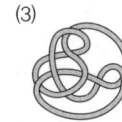

**그림 7.25** 어떤 매듭인가?

**해답** (1)의 매듭은 **그림 7.26**과 같이 변형함으로써 $5_1$ 매듭임을 알 수 있습니다.

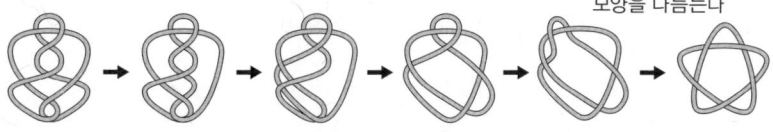

**그림 7.26** $5_1$ 매듭

(2)의 매듭은 **그림 7.27**과 같이 변형함으로써 $8_{14}$ 매듭임을 알 수 있습니다.

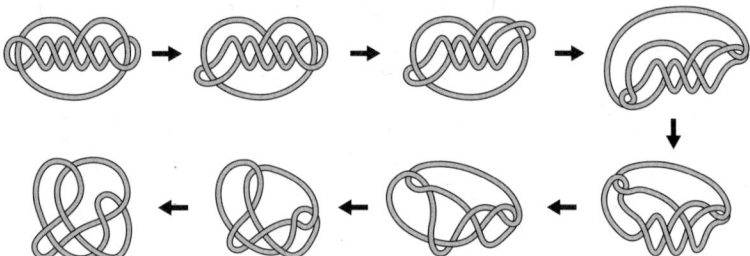

**그림 7.27** $8_{14}$ 매듭

(3)의 매듭은 **그림 7.28**과 같이 변형함으로써 $8_{19}$ 매듭임을 알 수 있습니다.

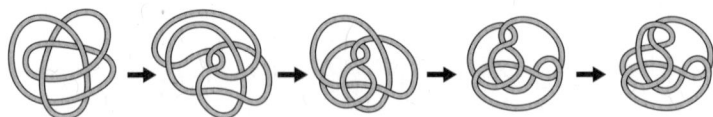

**그림 7.28** $8_{19}$ 매듭

**연습문제 8**  다음 매듭은 책 마지막의 표에 있는 어떤 매듭인가요?

(1)　　　　(2)

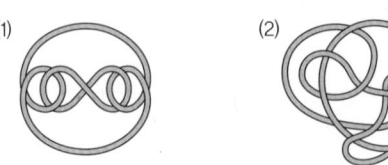

**그림 7.29** 어떤 매듭인가?

**해답**  (1)의 매듭은 **그림 7.30**과 같이 변형함으로써 $4_1^2$ 매듭임을 알 수 있습니다.

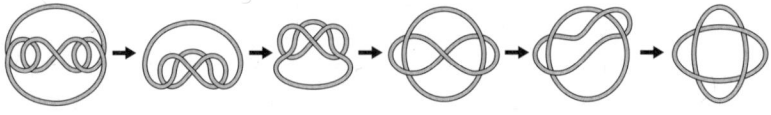

**그림 7.30** $4_1^2$ 매듭

(2)의 매듭은 **그림 7.31**과 같이 변형함으로써 $7_1^3$ 매듭임을 알 수 있습니다.

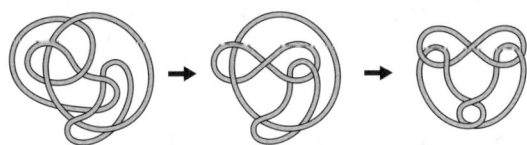

그림 7.31 $7_1^3$ 매듭

### 제7장 요약

1. 주어진 고리를 나타내는 다이어그램 중에서 교점의 수가 가장 적은 것을 '최소 교점수를 실현한 다이어그램'이라고 한다.
2. 최소 교점수를 실현한 다이어그램의 교점의 수를, 그 다이어그램이 나타내는 고리의 '최소 교점수'라고 한다.
3. 주어진 고리가 교점의 수가 $n$인 다이어그램을 가지고 있고, 교점의 수가 $n$보다 작은 모든 다이어그램이 나타내는 고리 중에 주어진 고리가 없다면, 그 고리의 최소 교점수는 $n$임을 알 수 있다.
4. 교점의 수가 $n$인 기약 교대 다이어그램을 갖는 매듭의 최소 교점수는 $n$이다.

# 제8장

# 그려진 고리를 변형하자 Ⅱ

평면의 동위 변형으로 이동하는 고리의 다이어그램은 같은 고리를 나타내지만, 같은 고리를 나타내는 다이어그램이라도 평면의 동위 변형으로 이동하는 것은 아닙니다. 여기에서는 고리의 다이어그램에 대해, 이 다이어그램이 나타내는 고리를 바꾸지 않는 '세 가지 변형'을 소개합니다. 이 세 가지 변형은 평면의 동위 변형으로 이동하지 않는 같은 고리를 나타내는 다이어그램과 관계가 있습니다. 이 장에서는 고리의 다이어그램을 평면 도형으로 파악하여 변형해 나갑니다. 공간 내의 고리를 변형하는 것도 중요하지만, 공간 내의 고리가 아니라 '고리의 다이어그램'을 변형하는 것이 중요함을 잊지 말고, 읽어가기를 바랍니다.

## 1 평면의 동위 변형으로 이동하지 않는 같은 고리의 다이어그램

여기에서는 세잎 매듭을 예로 들어 새롭게 등장하는 '세 가지 변형'이 어떤 변형인지 설명하겠습니다. **그림 8.1**의 매듭은 모두 왼손계 세잎 매듭입니다. 즉, 공간 안에서 실뜨기 방식으로 끈을 움직여 같은 모양으로 변형할 수 있습니다.

그림 8.1 겉모양이 다른 왼손계 세잎 매듭

**연습문제 1** 그림 8.1의 두 매듭이 같은 모양으로 변형될 수 있는지 확인하시오.

**해답** 그림 4.20(p.71)에서 세잎 매듭이 몇 번을 꼰 트위스트 매듭인지 알아보기 위해, 이미 오른쪽 매듭에서 왼쪽 매듭으로 변형을 했습니다. 그래서 여기에서는 왼쪽 매듭을 오른쪽 매듭으로 변형해 보겠습니다. **그림 8.2**의 왼쪽 매듭의 색을 칠한 부분을 화살표 앞쪽으로 내려오도록 변형하여 모양을 다듬으면 그림 8.1의 오른쪽 매듭을 얻을 수 있습니다.

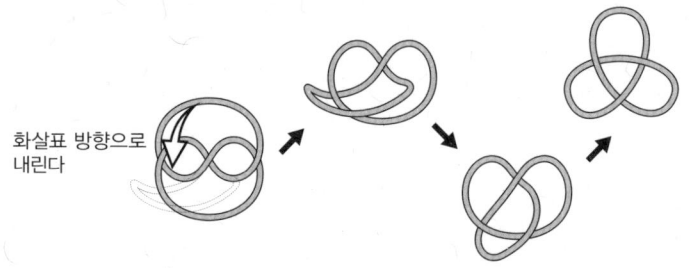

**그림 8.2** 공간 내의 변형

**그림 8.3**은 그림 8.2보다 세밀하게 단계를 나눈 것입니다.

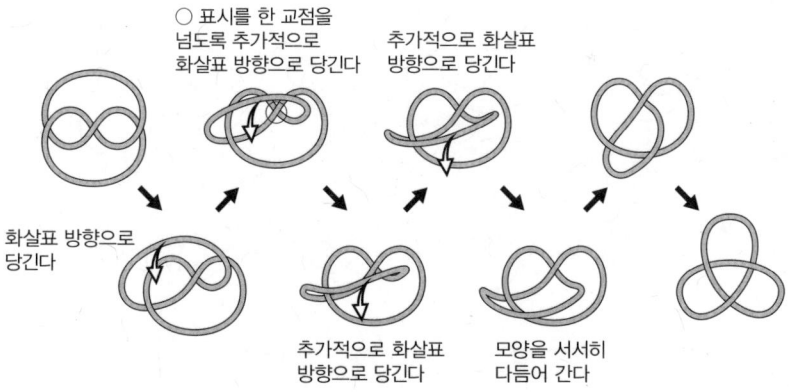

**그림 8.3** 그림 8.2보다 세밀한 과정

검은색 화살표 부분은 연속적인 변형입니다. 중간 과정을 모두 그릴 수 없으므로, 이 부분에서는 끈을 조금씩 어긋나게 하는 움직임은 생략되어 있습니다. 다음으로 조금 부자연스러워 보이는 **그림 8.4**의 변형을 생각해 봅시다.

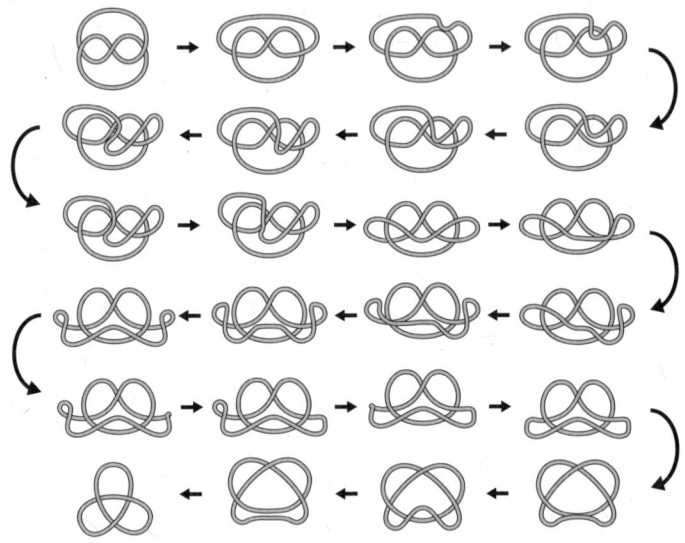

그림 8.4 부자연스럽게 보이는 변형

여기에서 그림 8.4에 있는 모든 매듭의 그림자를 그리고, 그 교점에 상하 정보를 제공하여 얻은 다이어그램을 그려봅시다.

먼저, 그림 8.4의 모든 매듭에 대응하는 그림자를 생각해 봅시다. 그것이 **그림 8.5**입니다.

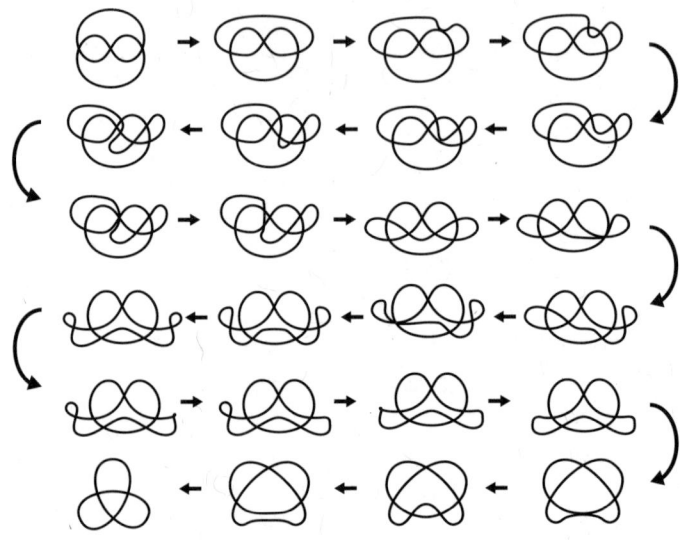

그림 8.5 그림 8.4 매듭의 그림자

**연습문제 2** 그림 8.5 매듭의 그림자 중 매듭의 투영도가 아닌 것은 어느 것인가요?

**해답** 그림 8.6에서 ○ 표시를 한 부분은 투영도의 조건을 만족하지 않습니다. 따라서 ○ 표시를 한 부분이 있는 그림자는 매듭의 투영도가 아닙니다.

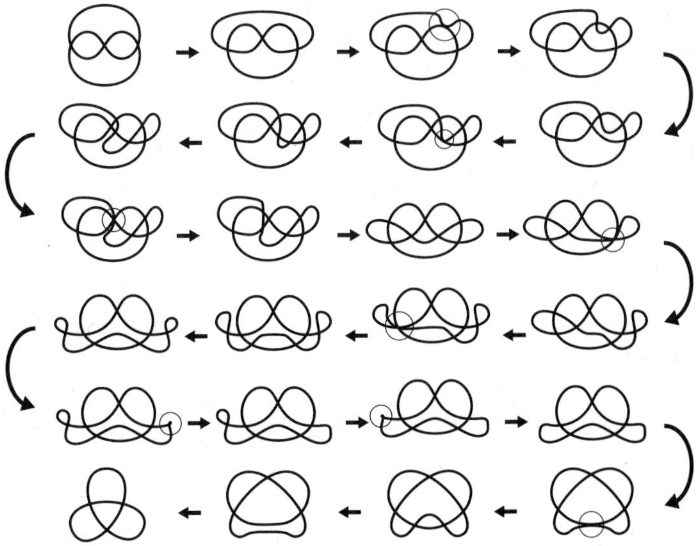

**그림 8.6** 연습문제 8.2의 해답

그림 8.6 각 그림자의 2중점에 교점의 상하 정보를 부여해 보겠습니다. 매듭의 투영도인 그림자에서는 다이어그램을 얻을 수 있지만, 투영도가 아닌 그림자에서는 다이어그램을 얻을 수 없습니다. 상하 정보를 제공한 후, 다이어그램이 되지 않는 것에 × 표시를 한 것이 **그림 8.7**입니다. 검은색 화살표는 평면의 동위 변형으로 실현할 수 있는 변형에, 회색 화살표는 평면의 동위 변형으로 실현할 수 없는 변형에 각각 대응하고 있습니다.

1. 평면의 동위 변형으로 이동하지 않는 같은 고리의 다이어그램

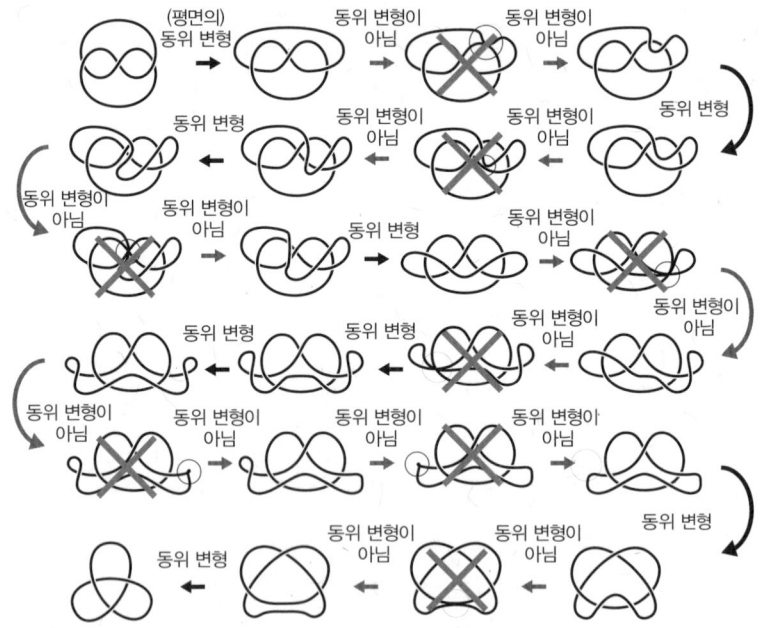

**그림 8.7** 동위 변형으로 이동하는 다이어그램과 이동하지 않는 다이어그램

'다이어그램을 사용하여 고리를 연구한다'고 했으니, 다이어그램이 아닌 것이 나타나면 곤란합니다. 그래서 다이어그램이 아닌 것이 나타나지 않도록 고리의 변형을 그림으로 표현하는 것을 생각해 봅시다. 그림 8.7에는 다이어그램과 다이어그램이 아닌 것(× 표시로 구분한 것)이 그려져 있는데, 그 중 다이어그램만 발췌한 것이 **그림 8.8**입니다.

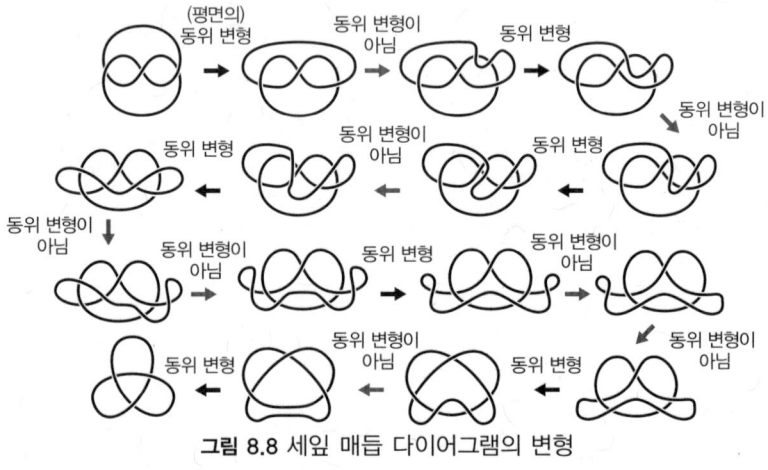

**그림 8.8** 세잎 매듭 다이어그램의 변형

회색 화살표에 대응하는 다이어그램의 변형, 즉 동위 변형이 아니고 고리가 변경되지 않은 듯한 다이어그램의 변형을 도입할 수 있다면, 다이어그램을 이용하여 고리를 분석할 수 있습니다. 왜냐하면 '동위 변형으로 이동하는 다이어그램은 같은 고리를 나타낸다'는 것을 알고 있기 때문에, 검은색 화살표로 연결된 두 다이어그램은 같은 매듭을 나타내는 것이 보장되기 때문입니다. 회색 화살표의 변형이 '고리가 변경되지 않는 변형'이라면 그림 8.1의 두 매듭은 같은 매듭이라는 것을 다이어그램만으로 결론을 내릴 수 있습니다.

## 2 라이데마이스터 변형이란?

앞에서는 세잎 매듭을 예로 들었지만, 일반적으로 고리를 연속적으로 변형했을 때 그 변형을 다이어그램으로 표현하려고 하면, 평면의 동위 변형으로 이동하지 않는 다이어그램도 나타납니다. 다이어그램만을 사용하여 고리를 분석한다면, 그러한 다이어그램끼리 관계를 맺을 필요가 생깁니다. 사실 동위 변형으로 이동하지 않는 다이어그램을 관계짓기 위해서는 **그림 8.9**에 그려진 '라이데마이스터 변형'이라고 불리는 세 가지 변형이 있으면 충분합니다. 즉, 이러한 변형을 다이어그램에 대해 수행해도 다이어그램이 나타내는 고리는 변하지 않는다는 뜻입니다. 명칭은 위에서부터 순서대로 라이데마이스터 변형 I, 라이데마이스터 변형 II, 라이데마이스터 변형 III입니다.

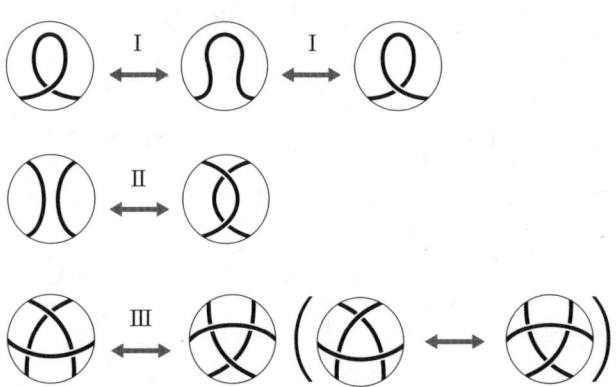

**그림 8.9** 라이데마이스터 변형 I, II, III

라이데마이스터 변형 Ⅲ에는 괄호가 있는 것과 없는 것이 있는데, 이들은 다른 변형입니다. 괄호를 붙인 이유는 다른 라이데마이스터 변형과 평면의 동위변형으로 이 변형을 구현할 수 있어 생략할 수 있기 때문입니다. 이 점은 나중에 확인하겠습니다. 라이데마이스터 변형은 동그라미로 둘러싸인 고리 다이어그램의 일부를 다른 한쪽으로 대체하는 조작입니다. **그림 8.10**은 라이데마이스터 변형 Ⅰ의 적용 예, **그림 8.11**은 라이데마이스터 변형 Ⅱ의 적용 예, **그림 8.12**는 라이데마이스터 변형 Ⅲ의 적용 예입니다.

그림 8.10 라이데마이스터 변형 Ⅰ의 적용 예

그림 8.11 라이데마이스터 변형 Ⅱ의 적용 예

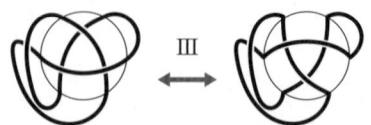

그림 8.12 라이데마이스터 변형 Ⅲ의 적용 예

고리 다이어그램의 일부를 치환하는 것을 자세히 살펴보겠습니다. 그림 8.10의 ○으로 둘러싸인 부분만 보면 그림 8.9의 라이데마이스터 변형과 정확히 일치하며, ○의 바깥쪽은 세 가지 다이어그램 모두 일치합니다. '라이데마이스터 변형'이란 **그림 8.13**과 같이 고리 다이어그램의 일부를 치환하는 변형인데, 다이어그램(의 일부)이 나타내는 고리(의 일부)를 공간 내에서 변형하는 것으로, 라이데마이스터 변형을 어떻게 사용하면 좋을지 단서를 얻을 수 있습니다. 그림 8.11의 오른쪽 화살표는 그림 8.9의 라이데마이스터 변형 Ⅱ와 교점의 상하 정보가 다른 것처럼 보이지만 라이데마이스터 변형 Ⅱ이며, 180° 회전시켜 보면 그 사실을 알 수 있습니다.

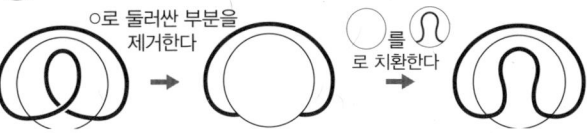

그림 8.13 라이데마이스터 변형은 다이어그램의 일부를 치환하는 조작

**연습문제 3** 다음 자명 매듭의 다이어그램을 자명 다이어그램으로 변형하는 라이데마이스터 변형과 평면의 동위 변형 열을 ○ 안에 입력하여 완성하시오.

그림 8.14 자명 매듭의 다이어그램

**해답** 그림 8.15는 각 다이어그램의 라이데마이스터 이동을 하는 부분과 이동이 이루어진 부분에 ○ 표시를 하고 있습니다. ○는 하나의 다이어그램에 1개밖에 나타나지 않기 때문에 중복되는 다이어그램이 있습니다.

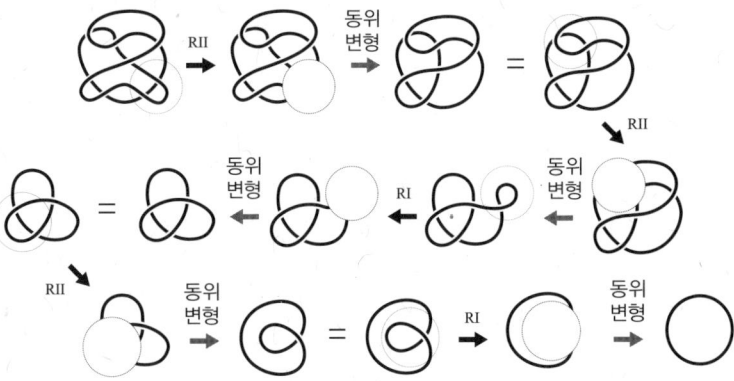

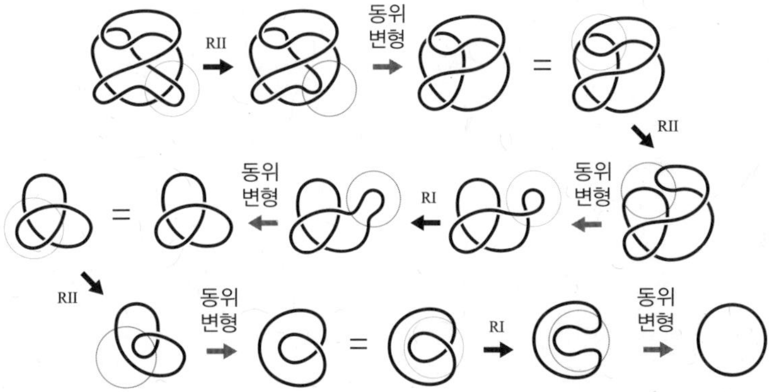

그림 8.15 라이데마이스터 변형과 평면의 동위 변형

**연습문제 4** 고리의 다이어그램에 라이데마이스터 변형 I, II, III을 적용해도, 표현되는 고리는 변하지 않는 것을 확인하시오.

**해답** 라이데마이스터 변형 각각에 대응하는 고리의 변형을 생각하고, 그 변형이 고리를 변경시키지 않는 변형임을 확인합니다. 라이데마이스터 변형 I은 **그림 8.16**과 같이 고리의 일부에 있는 고리를 꼬거나, 그 반대로 꼬는 변형에 해당하므로, 나타내는 고리는 변하지 않습니다. 다이어그램의 변형을 공간 내의 변형으로 간주하는 변형은 앞으로 이 그림과 마찬가지로 아래 첨자 S를 붙여 표현하기로 합니다.*

**그림 8.16** 라이데마이스터 변형 I에 대응하는 고리의 변형 $I_S$

라이데마이스터 변형 II는 고리의 일부인 두 끈을 겹치거나 두 끈의 겹친 부분을 제거하는 **그림 8.17**의 변형 $II_S$에 대응하기 때문에, 나타내는 고리는 변하지 않습니다.

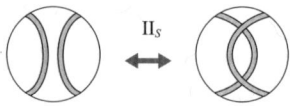

**그림 8.17** 라이데마이스터 변형 II에 대응하는 고리의 변형 $II_S$

라이데마이스터 변형 III은 고리의 교점 위를 끈이 지나는 **그림 8.18**의 변형 $III_S$에 대응하기 때문에, 나타내는 고리는 변하지 않습니다.

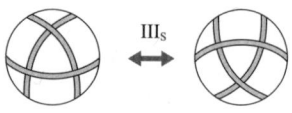

**그림 8.18** 라이데마이스터 변형 III에 대응하는 고리의 변형 $III_S$

앞 절의 세잎 매듭의 다이어그램 변형을 예로 들어 라이데마이스터 변형에 대해 더 자세히 살펴보도록 하겠습니다. **그림 8.19**는 그림 8.8의 회색 화살표의 변형을 모두 꺼내어 ①~⑧의 번호를 붙인 것입니다. 지면상의 한계로 겹쳐

---

* 공간(space) 내에서의 고리 변형이라고 해서 S를 붙여 구별하기로 합니다.

서 확인할 수는 없지만, 모든 변형에서 두 다이어그램은 ○으로 둘러싸인 부분만 다르며, ○의 바깥쪽(○의 안쪽을 제외한 회색 부분)은 정확히 일치합니다.

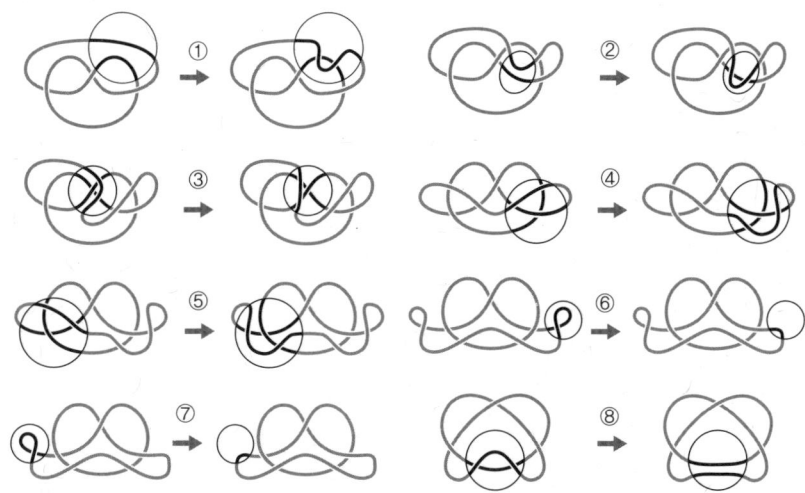

**그림 8.19** 평면의 동위 변형으로 구현할 수 없는 변형

①~⑧의 변형은 그림 8.9의 라이데마이스터 변형 I, II, III과 매우 유사하지만 정확히 일치하지는 않습니다. 즉, 다이어그램의 변형으로 라이데마이스터 변형과는 다른 변형이라는 것을 알 수 있습니다. 그러나 이 8가지 변형은 모두 평면의 동위 변형과 라이데마이스터 변형으로 실현할 수 있습니다. 먼저 이를 확인해 봅시다.

다이어그램이 나타내는 매듭을 생각해 보면 ⑥, ⑦의 변형은 **그림 8.20의 꼬인 부분을 푼 변형 ⑥s와 ⑦s**에 해당하고 그림 8.19의 변형 ①, ②, ⑧은 **그림 8.21과 같이 두 끈을 겹치거나 겹치지 않게 하는 변형 ①s, ②s, ⑧s**에 해당하며, ③, ④, ⑤는 **그림 8.22와 같이 매듭의 교점 위로 끈이 지나가도록 하는 조작**에 대응하고 있음을 알 수 있습니다. ⑥, ⑦은 라이데마이스터 변형 I$_S$에, ①, ②, ⑧은 라이데마이스터 변형 II$_S$에, ③, ④, ⑤는 라이데마이스터 변형 III$_S$에 대응하는 변형으로 되어 있습니다.

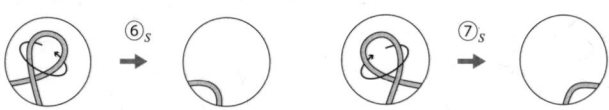

**그림 8.20** ⑥과 ⑦에 대응하는 고리의 변형 ⑥s와 ⑦s

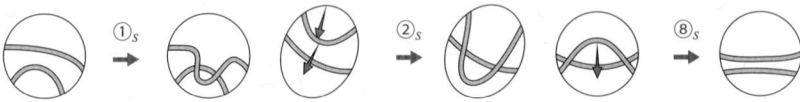

**그림 8.21** ①, ②, ⑧에 대응하는 고리의 변형 ①$_s$, ②$_s$, ⑧$_s$

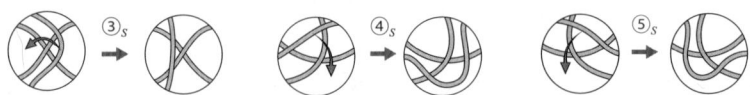

**그림 8.22** ③, ④, ⑤에 대응하는 고리의 변형 ③$_s$, ④$_s$, ⑤$_s$

그러나 변형 ①, ②, ⑧은 그림 8.9의 라이데마이스터 변형 II와 4개의 끝점 위치가 다르다는 점에서 알 수 있듯이 라이데마이스터 변형 II와 같은 변형이라고 할 수 없습니다. 즉, 이대로는 라이데마이스터 변형 II라고 부를 수 없습니다. 그림 8.21에서 봤듯이 두 끈을 겹치거나 겹친 부분을 제거한다는 의미에서 II$_s$와 같은 변형으로 인식하는 것은 자연스러운 일입니다. 고리로 보면 같은 변형인데, 대응하는 다이어그램의 변형을 생각하면 다른 변형으로 인식해야 하는 것은 매우 불편합니다. 그래서 이들을 같은 변형으로 간주하기 위해 어떤 약속을 합니다. 다음 연습문제에서 그 약속을 위해 필요한 사실을 확인해 보도록 하겠습니다.

> **연습문제 5**  다이어그램의 변형 ①, ②, ⑧이 평면의 동위 변형과 라이데마이스터 변형 II로 실현할 수 있는지 확인해 봅시다.
>
> **해답**  ①, ②, ⑧의 원주 부분을 고정한 평면의 동위 변형으로 원의 안쪽만 움직여 **그림 8.23**과 같이 변형합니다.
>
>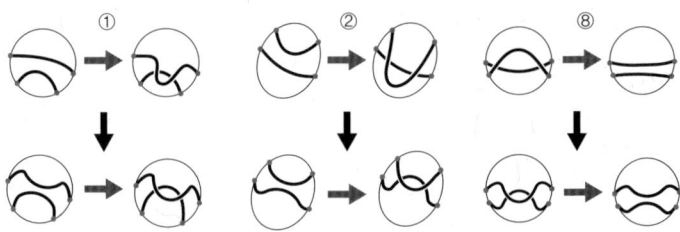
>
> **그림 8.23** 원주 부분을 고정한 평면의 동위 변형으로 구해지는 변형

동위 변형으로 변형한 후 얻어진 변형에는 라이데마이스터 변형 Ⅱ가 적용될 수 있는 부분을 찾을 수 있습니다. **그림 8.24**는 라이데마이스터 변형 Ⅱ를 적용하는 부분에 ○ 표시를 한 것입니다. 라이데마이스터 변형 Ⅱ는 다이어그램 안에서 뒤에 기술하는 **그림 8.26**의 어느 한쪽을 찾아 그곳을 다른 한쪽으로 바꾸는 조작이므로, 각 변형의 전후에 있는 ○의 위치와 그 원주상의 4개의 끝점(회색 원)의 위치가 정확히 일치해야 한다는 점에 주의하기를 바랍니다.

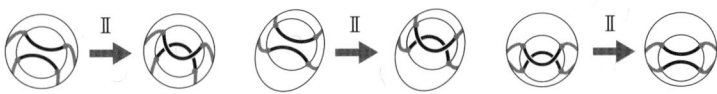

그림 8.24 각 변형 중 라이데마이스터 변형 Ⅱ

즉, 변형 ①, ②, ⑧은 **그림 8.25**와 같이 평면의 동위 변형과 라이데마이스터 변형 Ⅱ를 조합하여 구현할 수 있음을 알 수 있습니다.

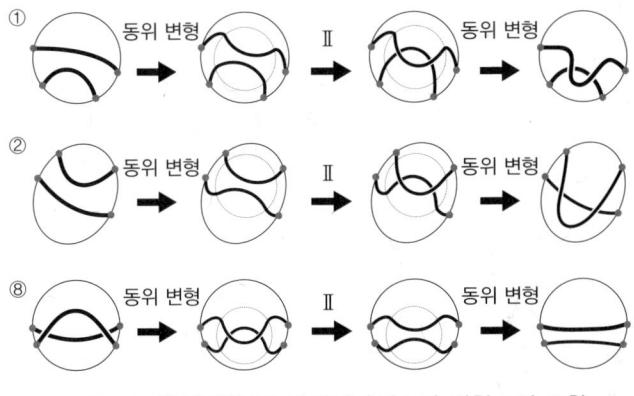

그림 8.25 동위 변형과 라이데마이스터 변형 Ⅱ의 조합

변형 ①, ②, ⑧과 같이 평면의 동위 변형과 라이데마이스터 변형 Ⅱ로 실현할 수 있는 경우, 평면의 동위 변형을 사용하는 것은 명시하지 않아도 된다고 약속하면, 단순히 '라이데마이스터 변형 Ⅱ'라고 불러도 무방합니다. **그림 8.26**의 맨 오른쪽 그림은 맨 왼쪽 다이어그램에 동위 변형을 한 후 그림 8.9의 라이데마이스터 변형 Ⅱ를 실시하고, 추가로 동위 변형을 하여 구한 것입니다. 이때 가장 오른쪽 다이어그램은 가장 왼쪽 다이어그램에 라이데마이스터 변형 Ⅱ를 적용하여 얻은 다이어그램이라고 하면 됩니다. 라이데마이스터 변형 Ⅰ과 라이데마이스터 변형 Ⅲ에 대해서도 마찬가지로 약속합니다.

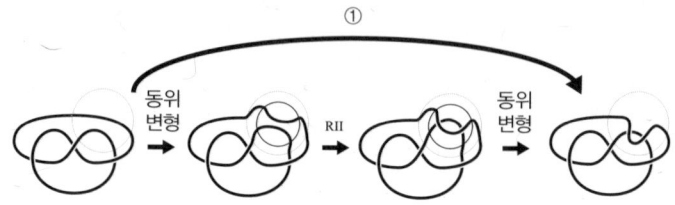

**그림 8.26** 라이데마이스터 변형 Ⅱ와 동위 변형

그림 8.26의 라이데마이스터 변형 Ⅱ를 예로 들어 위의 내용을 정리해 봅시다. 원래는 그림 8.9의 변형을 '라이데마이스터 변형 Ⅱ'라고 부르며, **그림 8.27**의 좌우 어느 한 부분만 있으면 라이데마이스터 변형 Ⅱ를 수행할 수 있습니다.

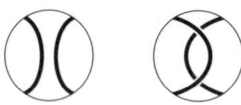

**그림 8.27** 라이데마이스터 변형 Ⅱ를 수행하는 부분

그림 8.27 왼쪽 다이어그램은 그림 8.26의 왼쪽 그림을 반시계 방향으로 조금 회전시킨 것과 일치합니다. 이 ○의 내부를 삭제하고 오른쪽 부분을 동일하게 회전시켜 치환하는 변형과 그 반대의 변형이 라이데마이스터 변형 Ⅱ입니다. 즉, **그림 8.28**의 검은색 화살표에 해당하는 변형은 (첫 번째 의미의) 라이데마이스터 변형 Ⅱ입니다.

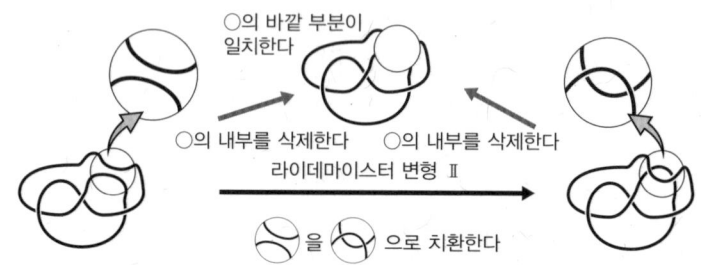

**그림 8.28** 그림 8.9의 라이데마이스터 변형 Ⅱ로 이동하는 다이어그램

그러나 공간 내에서 생각하면 동위 변형으로 변형하기 전의 다이어그램의 변형 ①과 라이데마이스터 변형 Ⅱ는 두 개의 끈이 겹쳐진 같은 변형이 됩니다. 다이어그램을 변형하여 그림 8.9와 완벽하게 일치하는 부분을 만드는 것은 쉽지 않습니다. 그래서 **그림 8.29**와 같이 동위 변형 부분을 생략한 변형도 '라이

데마이스터 변형 II'라고 부르기로 약속한 것입니다. 라이데마이스터 변형 I 과 III에 대해서도 마찬가지입니다.

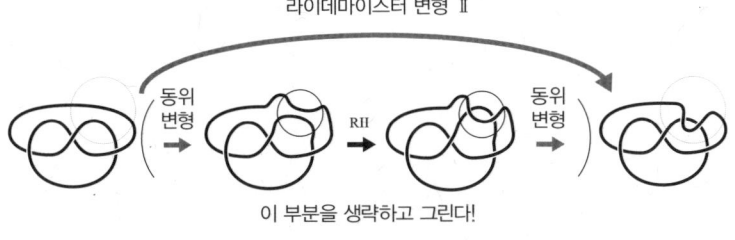

그림 8.29 동위 변형의 생략

라이데마이스터 변형에 익숙해지면, 하나의 다이어그램에 변형이 이루어질 부분과 이미 수행된 부분에 각각 ○이 있더라도 혼란 없이 이해할 수 있기 때문에, **그림 8.30**의 변형 열은 **그림 8.31**처럼 그리기도 합니다.

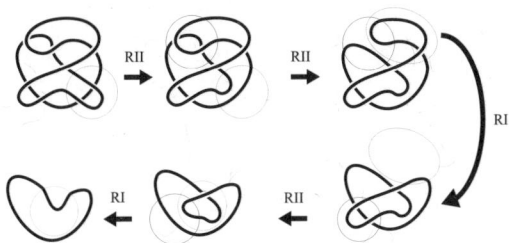

그림 8.30 라이데마이스터 변형 열

> **연습문제 6** 다음 그림의 변형 열 ①~⑤의 회색 화살표는 라이데마이스터 변형, 검은색 화살표는 평면의 동위 변형입니다. 회색 화살표가 라이데마이스터 변형의 I, II, III 중 어느 변형에 해당하는지 생각해 봅시다. 단, 앞서 언급했듯이 라이데마이스터 변형의 '동위 변형' 차이는 허용하기로 합니다.
>
>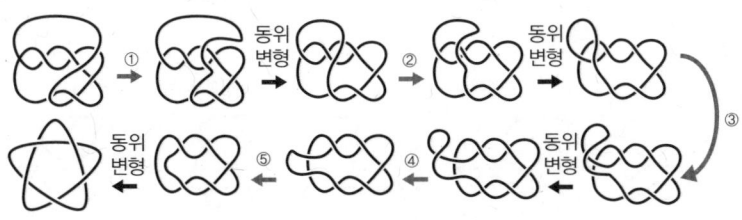
>
> 그림 8.31 다이어그램의 변형 열
>
> **해답** 라이데마이스터 변형은 어디까지나 '다이어그램'의 변형이지만, 어떤

라이데마이스터 변형이 행해지고 있는지 알기 위해서는 그 다이어그램이 나타내는 매듭을 생각해 보면 됩니다. ①의 변형 전후의 다이어그램에서 매듭을 복원한 것이 **그림 8.32**입니다. 화살표 뒤의 매듭은 ○ 안의 1개의 끈을 교점 위를 지나도록 이동하여 얻은 매듭임을 알 수 있습니다. 이러한 변형에 대응하는 다이어그램의 변형이 '라이데마이스터 변형 Ⅲ'입니다.

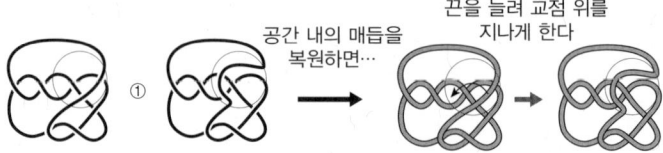

**그림 8.32** 나타내는 매듭을 복원한다

②~⑤의 변형에 대해서도 이와 같이 머릿속에서 매듭과 연결시킬 수 있으면, 어떤 라이데마이스터 변형에 해당하는지 쉽게 파악할 수 있습니다. ①~⑤의 화살표 앞과 뒤에서 변화된 부분에 ○를 표시한 것이 **그림 8.33**입니다. 화살표의 앞과 뒤에서 ○의 바깥쪽은 정확히 일치하므로 화살표 왼쪽 다이어그램의 ○ 안을 바꾸면 화살표 오른쪽의 다이어그램을 얻을 수 있습니다. ○ 안을 자세히 살펴보면 ①, ②, ③은 라이데마이스터 변형 Ⅲ, ④는 라이데마이스터 변형 Ⅰ, ⑤는 라이데마이스터 변형 Ⅰ임을 알 수 있습니다.

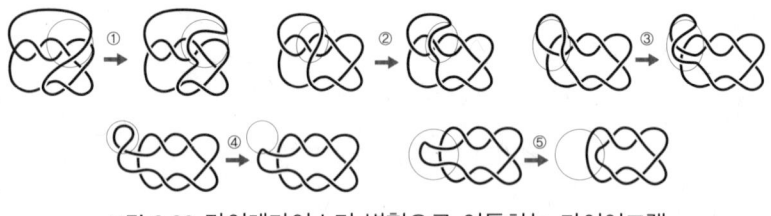

**그림 8.33** 라이데마이스터 변형으로 이동하는 다이어그램

그림 8.9와 정확히 일치하는 변형만 '라이데마이스터 변형'이라고 부른다면, 그림 8.31의 처음 두 개의 라이데마이스터 변형은 **그림 8.34**와 같이 나타내야 하므로 매우 번거롭습니다.

**그림 8.34** 그림 8.9와 정확히 일치하는 라이데마이스터 변형

따라서 앞으로는 동위 변환을 이용하는 것을 명시하지 않고, 묵시적으로 사

용하는 것으로 하겠습니다.

## 3. 라이데마이스터 변형을 사용해 보자

먼저, 라이데마이스터 변형을 사용할 때 주의해야 할 점을 설명합니다. 익숙해지기 전까지는 고리의 다이어그램 변형과 공간 내 고리의 변형을 혼동하기 쉽습니다. **그림 8.35**의 다이어그램 변형은 라이데마이스터 변형이 아닙니다. 검은색 부분에 착안하여 공간 내에서 생각하면 왼쪽의 다이어그램은 꼬임을 푸는 변형에 해당하고, 오른쪽의 다이어그램은 겹침을 제거하는 변형에 해당하며, 회색 부분을 제외하면 라이데마이스터 변형이 됩니다. 그러나 라이데마이스터 변형은 다이어그램의 일부분을 치환하는 조작이었습니다. 따라서 다이어그램의 일부를 잊어버려 라이데마이스터 변형으로 보여도 그것은 라이데마이스터 변형이라고 할 수 없는 것입니다.

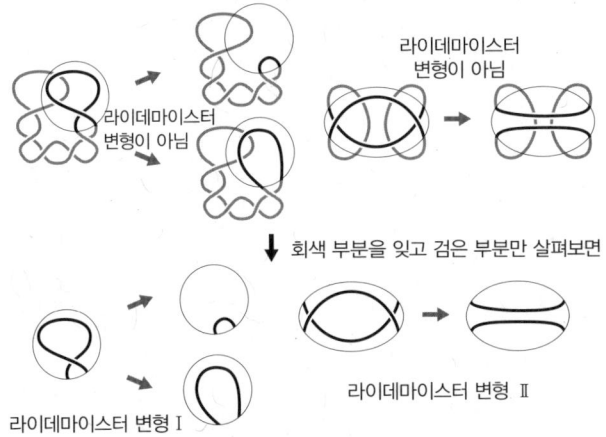

**그림 8.35** 라이데마이스터 변형이 아닌 변형

같은 고리를 나타내는 다이어그램끼리 서로 관련지을 때, 평면의 동위 변형과 라이데마이스터 변형만 있으면 충분하다는 것을 보장하는 것이 '라이데마이스터 정리'입니다.

**【라이데마이스터 정리】**
두 다이어그램이 같은 고리를 나타내기 위한 필요충분조건은, 두 다이어그램이 유한번의 동위 변형과 라이데마이스터 변형으로 이동하는 것이다.

라이데마이스터 정리는 어떤 고리의 다이어그램과 다른 고리의 다이어그램이 같은 고리를 나타낸다는 것을 보여주고 싶을 때, 공간 내의 고리를 복원하지 않고도 다이어그램을 단순한 평면 도형으로 취급하여 증명할 수 있다는 것을 주장하고 있습니다. 그러나 실제로는 공간 내 고리를 연상하지 않고 다이어그램을 변형하는 경우는 거의 없습니다. 라이데마이스터 변형은 '다이어그램의 일부를 치환하는 변형이다'라는 것을 의식해야 합니다. 라이데마이스터 변형을 다룰 때는 '고리의 다이어그램 변형'과 '고리의 변형'을 혼동하지 말고, 평면상의 동위 변형과 원 내부의 도형을 단순히 치환하는 변형만을 사용해야 합니다. 그림 8.35와 같이 해서는 안 되는 변형은 라이데마이스터 변형과 평면의 동위 변형 열에 다시 작성할 수 있습니다.

> **연습문제 7** 그림 8.35의 '라이데마이스터 변형이 아닌 변형'을 구현할 수 있는 라이데마이스터 변형과 평면의 동위 변형 열을 제시하시오.
>
> **해답** 그림 8.36과 같이 변형함으로써 구현할 수 있습니다. 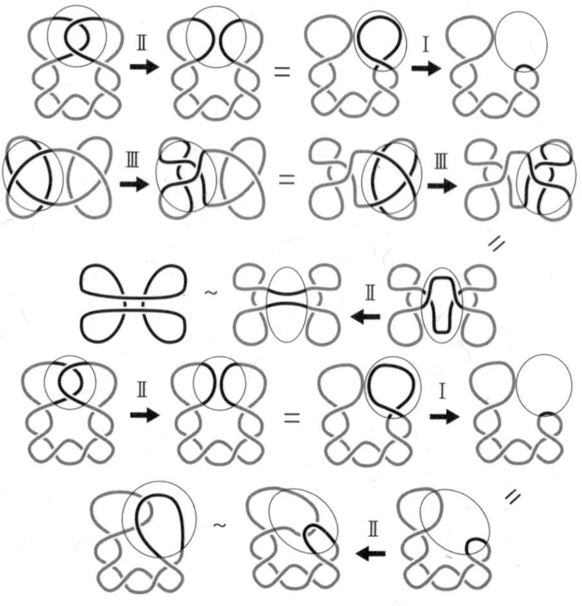
>
> 그림 8.36 라이데마이스터 변형과 평면의 동위 변형 열

**연습문제 8** 다음 다이어그램은 자명 매듭을 나타냅니다. 각각을 자명 다이어그램으로 변형할 수 있는 동위 변형과 라이데마이스터 변형 열을 제시하시오.

(1) 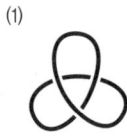　(2) 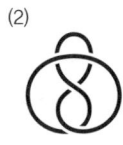　(3) 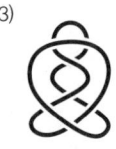　(4)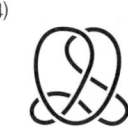

그림 8.37 자명 매듭

**해답** 그림 8.38과 같이 변형함으로써 모두 자명 다이어그램으로 변형할 수 있습니다.

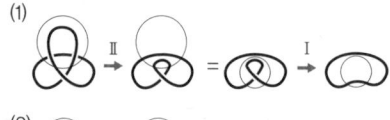

그림 8.38 자명 다이어그램으로 변형되는 라이데마이스터 변형 열

**연습문제 9** 다음 그림은 자명 고리를 나타냅니다. 각각을 자명 다이어그램으로 변형할 수 있는 동위 변형과 라이데마이스터 변형 열을 제시하시오.

(1) 　(2) 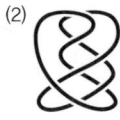　(3) 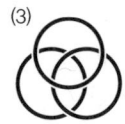　(4)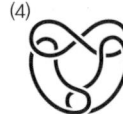

그림 8.39 자명 고리

**해답** 그림 8.40과 같이 변형함으로써 모두 자명 다이어그램으로 변형할 수 있습니다.

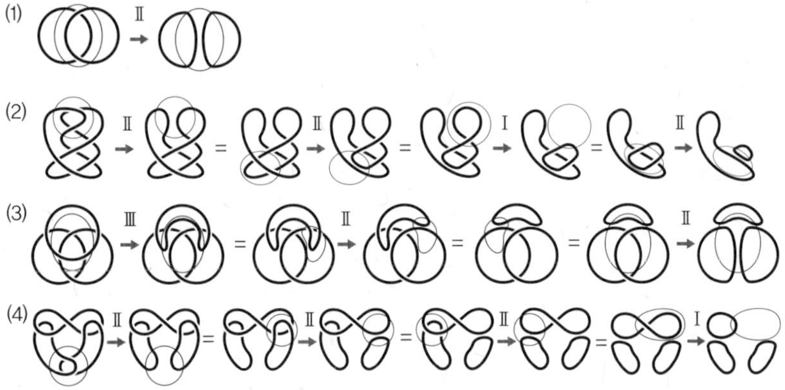

(1) ⟶ᴵᴵ

(2) ⟶ᴵᴵ = ⟶ᴵᴵ = ⟶ᴵ = ⟶ᴵᴵ

(3) ⟶ᴵᴵᴵ = ⟶ᴵᴵ = = ⟶ᴵᴵᴵ

(4) ⟶ᴵᴵ = ⟶ᴵᴵ = ⟶ᴵᴵ = ⟶ᴵ

그림 8.40 자명 다이어그램으로 변형되는 라이데마이스터 변형 열

**연습문제 10** 그림 8.9에서 괄호로 둘러싼 라이데마이스터 변형 Ⅲ이 평면의 동위 변형과 다른 라이데마이스터 변형으로 실현될 수 있음을 보이시오.

**해답** 그림 8.41과 같이 평면의 동위 변형과 그 외의 라이데마이스터 변형만을 사용하여 괄호로 둘러싼 라이데마이스터 변형을 실현할 수 있습니다.

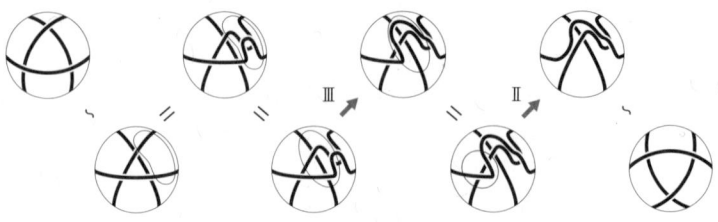

그림 8.41 괄호로 둘러싼 라이데마이스터 변형 Ⅲ의 실현

이로 인해 원으로 둘러싸인 라이데마이스터 변형 Ⅲ은 라이데마이스터 변형에 포함시키지 않아도 무방하다는 의미이다.

◇ **교점을 늘리는 라이데마이스터 변형만 가능한 다이어그램**

다음의 다이어그램은 복잡해 보이지만, 사실 자명 매듭을 나타냅니다. 이 다이어그램을 라이데마이스터 변형열을 통해 자명 매듭 다이어그램으로 변형하는 것을 생각해 봅시다. 또한 '교점의 수가 단조 감소하여 최종적으로 0이 되는 변형 열은 존재하지 않는다'는 것을 조금만 생각해 보면 알 수 있습니다.

그림 8.42 라이데마이스터 변형으로 교점의 수를 줄일 수 없는 자명 매듭의 다이어그램

**연습문제 11** 그림 8.42 자명 매듭의 다이어그램을 라이데마이스터 변형 열을 통해 자명 다이어그램으로 변형할 때, 교점의 수가 단조 감소하여 최종적으로 0이 되는 변형열이 존재하지 않는 이유는 무엇인가요?

**해답** 교점수를 줄일 수 있는 라이데마이스터 변형은 **그림 8.43**의 세 가지이며, 교점의 수를 바꾸지 않는 변형은 라이데마이스터 변형 Ⅲ뿐입니다.

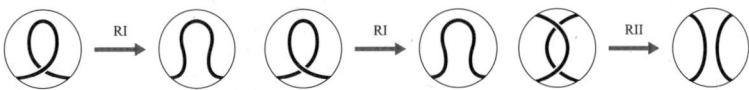

그림 8.43 교점의 수를 줄이는 라이데마이스터 변형

그림 8.43의 세 가지 라이데마이스터 변형 또는 라이데마이스터 변형 Ⅲ을 적용하지 못하면, 교점의 수를 늘리지 않고 자명 다이어그램으로 변형할 수 없다고 할 수 있습니다. 다이어그램이 1변형 또는 2변형을 가지지 않으면 이러한 라이데마이스터 변형을 할 수 없습니다.*

따라서 다이어그램의 면이 어떤 변형을 가지고 있는지 살펴보기로 하겠습니다. **그림 8.44**의 각 면에 기입한 숫자가 그 면의 변의 개수입니다. 1변형과 3변형은 없고, 2변형은 1개의 무한면을 포함한 6개임을 알 수 있습니다.

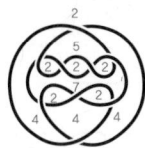

그림 8.44 다이어그램 면의 형

---

* 2변형이 있더라도 교점수를 줄이는 라이데마이스터 변형을 할 수 있는 것은 아니라는 점에 유의하기 바랍니다.

1변형이 없기 때문에 교점수를 줄이는 라이데마이스터 변형 Ⅰ을 할 수 없고, 3변형이 없기 때문에 라이데마이스터 변형 Ⅲ도 할 수 없습니다. 무한면인 2변형은 교점의 상하 정보가 어떻게 주어져도 라이데마이스터 변형 Ⅱ를 할 수 없습니다. 또한 무한면이 아닌 5개의 2변형은 교점의 상하 정보가 라이데마이스터 변형에 나타나는 2변형과 다르다는 것을 확인할 수 있습니다.

이 다이어그램으로 할 수 있는 것은 '교점수를 늘리는 라이데마이스터 변형 Ⅰ' 혹은 '교점수를 늘리는 라이데마이스터 변형 Ⅱ' 중 하나만 가능합니다. 즉, 이 교점이 9개인 다이어그램을 라이데마이스터 변형을 이용하여 변형하려고 하면, 자명 다이어그램으로 만들기 위해서는 반드시 교점의 수가 10개 이상인 다이어그램으로 변형해야 한다는 것을 알 수 있습니다.

**연습문제 12** 다음의 두 다이어그램이 같은 매듭을 나타낸다는 것을 라이데마이스터 변형을 사용해 보이시오.

그림 8.45 같은 매듭

**해답** 어느 다이어그램에도 교점을 줄이는 라이데마이스터 변형 Ⅰ, Ⅱ 및 라이데마이스터 변형 Ⅲ을 하는 경우는 없습니다. 따라서 먼저 할 수 있는 것은 평면의 동위 변형이나 교점을 늘리는 라이데마이스터 변형 Ⅰ 또는 Ⅱ뿐입니다. 여기에서는 **그림 8.46**과 같이 왼쪽 다이어그램에 라이데마이스터 변형 Ⅰ을 하고 라이데마이스터 변형 Ⅱ를 할 수 있는 부분을 만드는 것부터 변형을 시작하여 오른쪽 다이어그램으로 변형하였습니다.

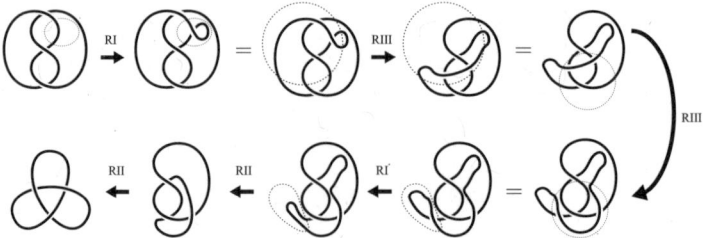

그림 8.46 교점의 수를 늘린 후의 변형

**연습문제 13** 그림 8.42의 자명 매듭의 다이어그램을 자명 매듭 다이어그램으로 변형하는 라이데마이스터 변형과 평면의 동위 변형 열을 찾으시오.

**해답** 그림 8.47과 같은 라이데마이스터 변형과 평면의 동위 변형 열이 존재합니다.

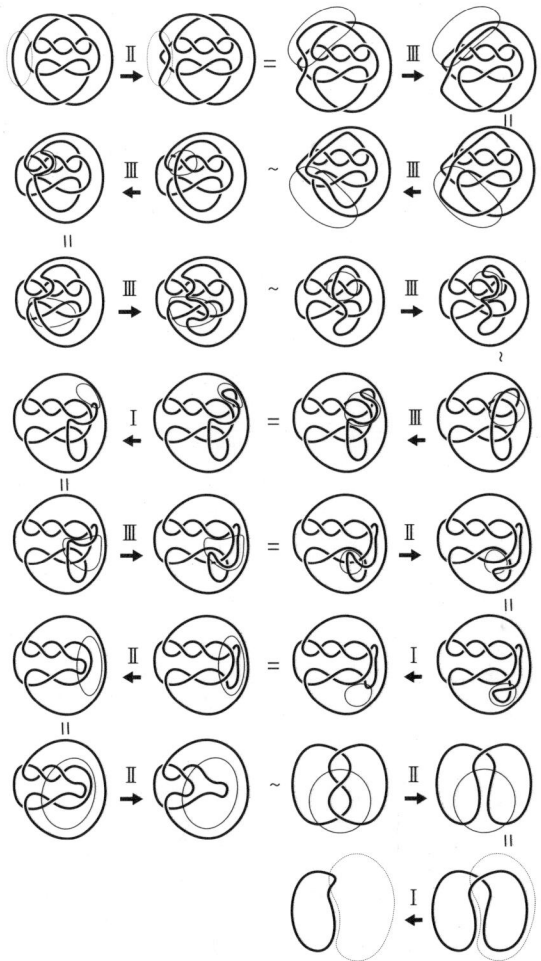

**그림 8.47** 자명 다이어그램으로 변형하는 라이데마이스터 변형과 평면의 동위 변형 열

**연습문제 14** 다음 두 다이어그램이 같은 2성분 고리를 나타낸다는 것을 라이데마이스터 변형을 사용하여 보이시오.

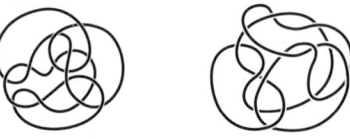

**그림 8.48** 같은 2성분 고리

**해답** 오른쪽 다이어그램을 왼쪽 다이어그램으로 변형하는 **그림 8.49**와 같은 라이데마이스터 변형과 평면의 동위 변형 열이 존재하므로, 이들이 같은 고리를 나타내는 다이어그램임을 알 수 있습니다.

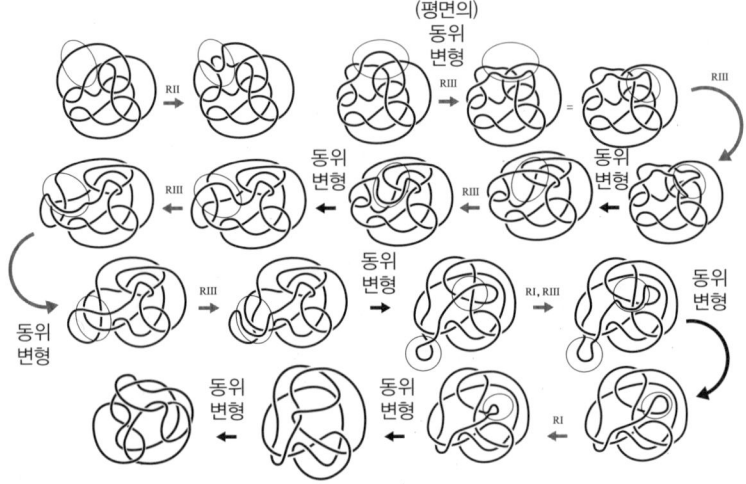

**그림 8.49** 라이데마이스터 변형과 평면의 동위 변형 열

### 제8장 요약

1. 고리의 다이어그램에 대한 변형인 라이데마이스터 변형은, 다이어그램이 나타내는 고리를 변경시키지 않는 변형으로, 평면의 동위 변형으로 이동할 수 없는 같은 고리를 나타내는 다이어그램과 관계가 있다.
2. 라이데마이스터 변형은 고리 다이어그램의 일부를 규칙에 따라 치환하는 조작이다.
3. 두 다이어그램이 동일한 고리를 나타내기 위한 필요충분조건은 두 다이어그램이 유한번의 라이데마이스터 변형과 평면의 동위 변형에 의해 이동하는 것이다.

# 제9장 고리의 지문

고리는 변장에 능숙하여, 공간 내에서 움직이면 다양한 모습으로 변화합니다. 이런 고리들을 보고 어떤 고리가 같은 고리이고 어떤 고리가 다른 고리인지 판단할 수 있을까요? 두 고리가 같은 고리라는 것은 겉모습이 같다는 것으로 나타낼 수 있지만, 다른 고리라는 것을 어떻게 나타낼 수 있을까요?

고리를 사람으로 바꿔서 생각해 봅시다. 사람이 고리처럼 변장에 능한지는 모르겠지만 모자나 선글라스를 쓰고, 머리를 염색하고, 수염을 기르는 등 여러 가지 방법으로 외모를 바꿀 수 있습니다. 그러나 아무리 외모를 바꿔도 바꿀 수 없는 것이 있습니다. 예를 들어 지문은 바꿀 수 없습니다. 고리를 구별하기 위해서는 '불변량'이라고 하는, 변장을 해도 바꿀 수 없는 지문 같은 것을 이용합니다. 이 장에서는 불변량이 무엇인지 구체적인 예를 들어 설명하겠습니다.

## 1. 불변량이란?

사람처럼 고리에도 '지문'이 있다면 겉모습에 현혹되지 않고 고리가 다르다는 것을 알아볼 수 있을 것 같습니다. 사람에게는 변장해도 변하지 않는 것이 지문 이외에도 많이 있습니다. 그중에는 지문보다 알아보기 쉬운 것도 있고, 알아보기 어려운 것도 있습니다. 잘 알아보기 어렵다면 이용할 수 없으므로 우선 쉽게 알아볼 수 있는 것부터 생각해 보기로 하겠습니다.

> **연습문제 1** '지문' 외에 사람이 변장을 해도 바꿀 수 없는 것이 무엇인가요?
>
> **해답** 생년월일, DNA, 혈액형 등이 있습니다.

생년월일, DNA, 혈액형, 지문은 모두 사람이 변장을 해도 바꿀 수 없는 것, 즉 불변량입니다. '불변량'이란, 말 그대로 '변하지 않는 양'을 말합니다. 일반적으로 '수학에서의 불변량'이란, 수학적 대상에 대해 어떤 양이나 성질을 대응시킨 것을 말합니다.

단, 동일한 대상에 대해서는 동일한 양이나 성질이 대응해야 합니다. 불변량이라고 해도 양뿐만 아니라 성질 등 변하지 않는 어떤 것을 대응시키는 것이기 때문에 익숙해지기 전까지는 낯설게 느껴질 수 있습니다. 우선 불변량의 개념에 익숙해지기 위해, 비유로서 인간의 불변량을 설명한 후, 수학에서의 불변량을 설명하도록 하겠습니다.

## ◇ 사람의 불변량

여기서는 간단한 '사람의 불변량'을 소개합니다. 먼저 사람에게 ABO 혈액형,[*] 즉 A형, B형, O형, AB형을 대응시키는 것을 생각해 봅시다. 같은 사람의 혈액형은 언제 어디서 조사해도 같은 혈액형[*]이므로, 이러한 대응은 '사람의 불변량'이라고 할 수 있습니다. 소설 등에서 남겨진 혈흔의 혈액형을 조사하여 용의자를 특정하거나, 반대로 범인의 혈액형과 다르다는 이유로 용의자를 무혐의 처리하는 장면을 본 적이 있으신가요? 범인과 혈액형이 같다고 해서 범인이라고 단정 지을 수는 없지만, 범인과 혈액형이 다르면 범인이 아님을 증명할 수 있습니다.

이것은 혈액형을 사람의 불변량으로 잘 활용하고 있다고 할 수 있습니다. 이것은 쉽게 이해할 수 있지만, 수학에서의 불변량이라고 하면 혼란스러워하는 사람들이 많은 것 같습니다. 이후 수학의 불변량에 대한 설명으로 머리가 혼란스러우면 사람의 불변량으로 바꿔서 생각하면 이해가 쉬워질지도 모릅니다.

사람의 불변량이 될 수 없는 것들도 확인해 보겠습니다. 사람에게 '키'를

---

[*] 일반적으로 '혈액형'이라고 부르고 있는 것입니다.
[*] 조혈모세포를 이식받은 사람은 혈액형이 바뀔 수 있어 정확하게는 불변량이라고 할 수는 없습니다.

대응시키는 경우를 생각해 봅시다. 일반적으로 키와 몸무게는 같은 사람이라도 성장에 따라 변합니다. 특히 몸무게는 과식하거나 땀을 흘리는 것만으로도 달라지는 것으로 보아 사람의 불변량이라고 할 수 없습니다.

이미 말했듯이 생년월일, 지문, DNA도 사람의 불변량입니다. 이것들이 불변량인지 확인하는 것은 간단합니다. 생년월일에 대해 생각해 보겠습니다. 같은 사람의 생년월일은 언제 어디서 알아봐도 마찬가지이기 때문에 이 대응도 '사람의 불변량'이라고 할 수 있습니다. '태어난 해', '태어난 달', '태어난 날'도 각각 사람의 불변량으로 되어 있습니다. 이 세 가지 불변량을 순서대로 나열함으로써 '생년월일'이라는 불변량을 얻을 수 있습니다. 이렇게 몇 가지 불변량을 조합해서 불변량을 만드는 경우도 종종 있습니다.

불변량을 이용하면 사람을 몇 개의 그룹으로 나누는 것이 가능해집니다. 예를 들어 ABO 혈액형은 사람을 4개의 그룹으로 나눌 수 있습니다.

그 밖에도 혈액형에는 'Rh 혈액형'이라고 부르는 것도 있습니다. 헌혈이나 혈액 검사 시에 'Rh+, Rh-'가 기재되어 있는 것을 본 적이 있을 것입니다. Rh 혈액형에는 D, C, c, E, e의 5가지 대표적인 항원이 있는데 그 중 D 항원을 가진 사람이 Rh+, 갖지 않은 사람이 Rh-입니다. 즉, Rh 혈액형을 이용하면 사람 전체를 Rh+와 Rh-의 두 가지 그룹으로 나눌 수 있는 것입니다. ABO 혈액형과 Rh 혈액형의 상관관계는 없기 때문에 A형의 사람은 Rh+인 사람과 Rh-인 사람의 두 가지 그룹으로 나눕니다. B형, O형, AB형인 사람도 마찬

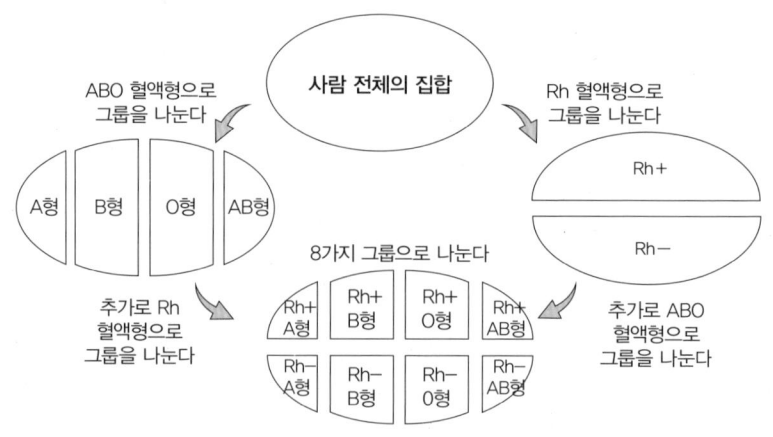

그림 9.1 ABO 혈액형과 Rh 혈액형에 의한 그룹 분류

가지입니다. 그래서 이 두 가지를 조합함으로써 사람을 8개의 그룹으로 나눌 수 있습니다.

즉, Rh 혈액형도 사용함으로써 ABO 혈액형만을 사용하는 것보다 더 세밀하게 분류할 수 있다는 것입니다. 그렇다면 두 가지 불변량을 조합하면 언제든지 한 가지 불변량만을 사용하는 것보다 더 세밀하게 분류할 수 있을까요? 사람의 세 가지 불변량인 ABO 혈액형, 생년월일, 십이지(十二支)를 예로 들어 살펴보도록 하겠습니다.

ABO 혈액형은 사람을 4그룹으로, 십이지는 인간을 12그룹으로 나눌 수 있습니다. 또한 생년월일은 사람을 십이지로 분류하는 것보다 많은 그룹으로 나눌 수 있습니다. 이러한 불변량 중 2개의 불변량을 조합하는 것을 생각해 봅시다.

> **연습문제 2** 십이지와 ABO 혈액형을 조합하면 사람을 몇 개의 그룹으로 나눌 수 있을까요?
>
> **해답** 십이지는 사람을 12개의 그룹으로, ABO 혈액형은 사람을 4개의 그룹으로 나눌 수 있습니다. 또한 둘 사이에 상관관계가 없기 때문에 십이지로 분류한 12개 그룹 각각을 혈액형으로 4개 그룹으로 분류할 수 있습니다. 즉, 12×4=48개의 그룹으로 분류할 수 있습니다.

이와 같이 불변량을 조합하여 보다 세밀하게 분류할 수 있는 경우가 있습니다. 그러나 불변량을 조합해도 분류가 세밀하게 되지 않은 경우도 있습니다.

> **연습문제 3** 생년월일, 십이지와 같은 사람의 불변량으로 조합하면 한쪽 불변량에 의한 분류만 제공할 수 있는 불변량 쌍을 고르시오.
>
> **해답** '생년월일과 십이지', '생년월일과 12별자리', '출생연도의 홀·짝수 여부*와 십이지' 등은 한쪽의 불변량에 의한 분류만 제공할 수 있습니다.

---

* 역자 주: 일본어로 '偶奇性'이라고 표현하고 있으며, 홀수인지 짝수인지에 대한 성질을 의미합니다. 위키피디아에서는 '홀짝성'이라고 번역하고 있으며, 영어로는 'parity'라고 합니다.

생년월일이 같은 사람끼리는 태어난 해가 같기 때문에 필연적으로 십이지도 같을 수밖에 없습니다. 즉, 생년월일에 십이지를 조합해도 생년월일에 따른 분류와 같은 분류밖에 할 수 없습니다. 생년월일이 같으면 12별자리는 같기 때문에 생년월일에 별자리를 조합해도 12별자리가 주는 분류와 같은 분류밖에 할 수 없습니다.

> **연습문제 4** '십이지'에 '출생연도의 홀·짝수 여부'를 조합해도 십이지에 따른 분류와 같은 분류밖에 할 수 없는 이유를 제시하시오.
>
> **해답** $x$년도의 출생과 같은 십이지가 되는 것은 $x+12y$년 출생입니다. $x$가 짝수라면 $x=2x'$가 되는 정수 $x'$가 존재하므로 $x+12y=2x'+12y=2(x'+6y)$가 되어 $x+12y$도 짝수가 되고, $x$가 홀수라면 $x=2x'+1$이 되는 정수 $x'$가 존재하므로 $x+12y=2x'+1+12y=2(x'+6y)+1$이 되고, $x+12y$도 홀수가 됩니다. 따라서 십이지가 같다면 출생연도의 홀·짝수 여부는 일치하는 것을 알 수 있습니다.

사람 전체는 출생연도의 홀·짝수 여부에 따라 2그룹으로, 십이지에 따라 12그룹으로 나눌 수 있습니다. 출생연도의 홀·짝수 여부에 따라 그룹을 나눈 후, 십이지로 그룹을 더 나누면 짝수년 출생 그룹과 홀수년 출생 그룹을 각각 더 작은 6개의 그룹으로 나눌 수 있습니다. 왜냐하면 '자, 인, 진, 오, 신, 술'은 짝수 연도이고 '축, 묘, 사, 미, 유, 해'는 홀수 연도이기 때문입니다. 이 때, 십이지는 출생연도의 홀·짝수 여부보다 '좁은 의미의 강한 불변량'이고, 혹은 십이지는 생년월일보다 '좁은 의미의 약한 불변량'이라고 합니다. 이것은 물론 십이지에 의한 그룹 분류와 일치합니다. 반대로 십이지로 그룹을 나눈 후, 출생연도의 홀·짝수 여부에 따라 그룹을 나누는 것을 고려하면 기존의 그룹은 분할되지 않고 그대로 남게 됩니다.

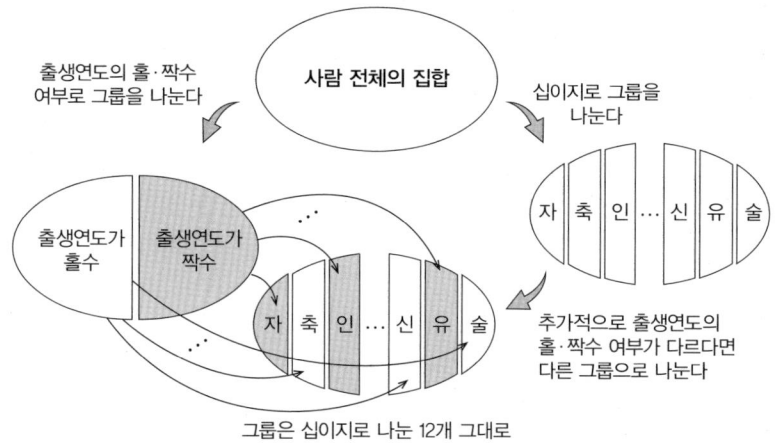

그림 9.2 십이지와 출생연도의 홀·짝수 여부에 따른 구분

    그에 반해, ABO 혈액형과 Rh 혈액형은 ABO 혈액형 쪽이 Rh 혈액형보다 사람 전체의 집합을 더 많은 그룹으로 나눕니다. 이미 봤듯이 어느 쪽으로 먼저 그룹을 나누더라도 이미 만들어진 그룹은 분할되지 않고 그대로 남게 됩니다. 이럴 때 ABO 혈액형은 Rh 혈액형보다 '넓은 의미의 강한 불변량', 혹은 Rh 혈액형은 ABO 혈액형보다 '넓은 의미의 약한 불변량'이라고 말합니다. 좁다, 넓다는 생략하고 단순히 '강하다', '약하다'라고 하는 경우도 많습니다.

    마지막으로 사람에 대해 '지문'을 대응시키는 것을 생각해 봅시다. 지문은 '평생 불변'이라고 알려져 있기 때문에 이 대응은 사람의 불변량이라고 할 수 있습니다. 사실 지문은 '만인부동'이라고도 합니다. 즉, 인간 개개인은 다른 지문을 가지기 때문에 지문이 일치하면 같은 사람이라고 할 수 있습니다. 이와 같이 불변량 중에서도 그 값이 일치하는 것으로 '같다'고 판단할 수 있는 불변량을 '완전 불변량'이라고 합니다. 이외에도 '게놈 데이터' 등도 사람의 완전 불변량*으로 알려져 있습니다.

## ◇ 평면 도형의 불변량

    불변량을 수학적으로 생각할 때는, 다루는 수학적 대상에 대해 '언제 같은 것으로 간주할 것인가'를 정해야 합니다. 이것이 사람의 불변량을 생각할 때

---

\* 일란성 쌍둥이 신생아는 구별할 수 없으므로, 정확히 완전 불변량은 아닙니다.

와의 큰 차이점입니다. 먼저 다루는 수학적 대상을 평면상의 삼각형으로 가정하고, 평면상의 삼각형에 대한 불변량을 생각해 봅시다. 예를 들어 두 삼각형이 합동일 때 '같다'고 간주하기로 합니다. 합동인 삼각형이라면 언제 구해도 변하지 않는 것이 삼각형의 합에 관한 불변량입니다. 그럼 삼각형의 합동에 관한 불변량을 생각해 봅시다. 삼각형에 대해 내각 중 가장 작은 값을 대응시켜 보겠습니다. 합동인 삼각형의 세 개의 내각은 각각 같으므로 가장 작은 값은 당연히 일치합니다. 따라서 이것은 '합동에 관한 불변량'이라고 할 수 있습니다. 다음은 삼각형에 대해 세 변의 길이 중 가장 짧은 것의 값을 대응시켜 보겠습니다. 합동인 삼각형은 세 변의 길이가 각각 같으므로 세 변의 길이 중 가장 짧은 것의 값은 같아집니다. 따라서 이것도 합동에 관한 불변량이라고 할 수 있습니다.

> **연습문제 5** 삼각형의 합동에 관한 완전 불변량을 나열해 보시오.
>
> **해답** 삼각형에 대해 세 변의 길이를 작은 순서대로 나열한 세 값의 조합은 합동에 관한 완전 불변량입니다. 삼각형의 합동 조건(SSS 합동)을 생각해 보면 그 이유를 알 수 있습니다. 반면에, 가장 작은 각의 크기는 완전 불변량이 아닙니다. 왜냐하면 한 각의 크기가 일치한다고 해서 반드시 합동 삼각형이 되는 것은 아니기 때문입니다.

그렇다면 '두 삼각형이 서로 닮았다'고 볼 때 같다고 간주하기로 하면 어떨까요? 이때 삼각형의 닮음에 관한 불변량을 생각해 봅시다. 삼각형에 대해 세 개의 내각 중 가장 작은 것의 값을 대응시켜 봅시다. 닮은꼴인 삼각형의 세 개의 내각 중 가장 작은 것의 값은 같으므로, 내각의 최솟값은 '삼각형의 닮음에 관한 불변량'이라고 할 수 있습니다. 반면 삼각형에 대해 세 변의 길이 중 가장 작은 것의 값을 대응시키면, 삼각형을 닮음비 2배로 변화시키면 변의 길이의 최솟값도 2배가 되어 값이 달라집니다. 즉, 세 변의 길이 중 가장 작은 것의 값은 '닮음에 관한 불변량'이라고 할 수 없습니다. 이상에서 똑같다고 간주하는 기준을 바꾸면 불변량이었던 것이 불변량이 아닐 수도 있다는 것을 알 수 있습니다.

> **연습문제 6** 삼각형의 닮음에 관한 완전 불변량을 나열하고, 나열한 답이 삼각형의 합동에 관한 불변량인지도 생각해 봅시다. 만약 합동에 관한 불변량이라면 완전 불변량인지도 생각해 봅시다.
>
> **해답** 삼각형에 대해 내각의 크기를 작은 순서로 나열한 세 값의 조합은 닮음에 관한 완전 불변량입니다. 이는 삼각형의 닮음 조건(삼각상등)을 떠올리면 그 이유를 알 수 있습니다.
> 두 삼각형이 합동이면 닮은 삼각형이기 때문에 앞서 말한 답은 합동 불변량이기도 합니다. 하지만 닮았어도 합동이 아닌 삼각형이 존재하기 때문에, 나열한 답이 합동과 관련된 완전 불변량이 아님을 알 수 있습니다.

## 2  고리와 다이어그램의 불변량

불변량이란, 생각하고 있는 대상에 대응시킨 어떤 값으로, 특정 변형을 해도 그 값이 변하지 않는 것을 뜻합니다. 그 특정 변형은 대상물을 어떤 의미에서 변경시키지 않는 것을 생각합니다. 여기까지는 '불변량'이라는 단어를 사용하지 않았지만, 이미 고리나 그 다이어그램의 불변량을 확인했습니다. 우선 다이어그램이나 매듭의 불변량에 대해 확인해 보기로 하겠습니다.

### ◇ 고리의 불변량

고리는 공간 내에서 끈을 움직여 모양이 바뀌어도 같은 고리로 간주합니다. 이 '끈을 움직인다'는 변형으로도 변하지 않는 고리에 관한 값이 '고리의 불변량'입니다.

2.1절(p.21)에서 배운 고리의 성분수는 '고리의 불변량'입니다. 고리를 어떻게 변형해도 성분수는 변하지 않기 때문입니다. 그림 2.7(p.24)의 윗줄에 있는 고리는 2성분 고리, 아래 줄의 고리는 3성분 고리입니다. 이를 통해 윗줄의 고리는 아래 줄의 고리와 같은 고리가 아니라는 결론을 내릴 수 있습니다. 한편, 고리 다이어그램의 연결 성분수는 다이어그램이 나타내는 고리의 불변량이 아닙니다. 여기서 말하는 '연결 성분수'란 다이어그램을 그래프로 간주했을 때의 연결 성분수를 말합니다. 3성분의 자명 고리는 **그림 9.3**과 같이 연결 성분이 1, 2, 3인 다이어그램을 가집니다.

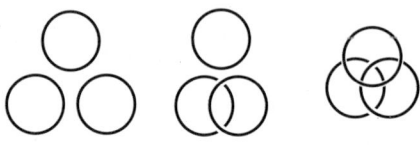

**그림 9.3** 연결 성분이 다른 (3성분 자명 고리의) 다이어그램

이것으로부터 연결 성분수가 다이어그램이 나타내는 고리의 불변량이 되지 않는 것을 알 수 있습니다. 즉, 연결 성분수가 다른 다이어그램이라고 해서 다른 고리의 다이어그램이라고 결론을 내릴 수 없습니다.

> **연습문제 7** 다이어그램의 교점수는 다이어그램이 나타내는 고리의 불변량인가요?
>
> **해답** 고리를 변형하여 다이어그램을 다시 그리면, 다양한 교점수의 다이어그램을 그릴 수 있습니다. 따라서 다이어그램의 교점수는 다이어그램이 나타내는 고리의 불변량이 아닙니다. 예를 들어 주어진 다이어그램에 교점수를 늘리는 라이데마이스터 변형 I을 시행해도 다이어그램이 나타내는 고리는 변하지 않는다는 것을 알 수 있습니다.

> **연습문제 8** 고리의 최소 교점수는 고리의 불변량인가요?
>
> **해답** 최소 교점수는 고리의 불변량입니다. '최소 교점수'란 고리가 나타내는 다이어그램 중에서 가장 교점이 적은 다이어그램의 교점수이므로, 같은 고리이면 항상 일정한 값을 취하기 때문입니다.

## ◆ 고리 다이어그램의 불변량

평면의 동위 변형으로 이동하는 고리의 다이어그램은 '같은 다이어그램'이라고 약속했습니다. 다시 말해 '고리의 불변량'이란, 고리의 다이어그램에 관한 어떤 값으로, 평면의 동위 변형으로 변화하지 않는 것을 말합니다.

> **연습문제 9** 고리 다이어그램의 불변량을 나열하시오.

> **해답** 6.3절(p.134~)에서도 언급한 고리 다이어그램의 동위 변형에 의해 변화하지 않는 양은 고리 다이어그램의 불변량입니다. 고리 다이어그램의 교점의 개수나 면의 개수는 고리 다이어그램의 불변량입니다.

고리와 그 다이어그램은 혼동하기 쉽습니다. 자신이 다루고 있는 것이 고리 자체인지, 다이어그램인지를 항상 인식하도록 주의해야 합니다.

### 제9장 요약

1. '불변량'이란, 생각하고 있는 대상에 대응시킨 어떠한 '값'이며, 대상이 같을 때 그 값이 변화하지 않는 것이다.
2. 불변량이 다른 값을 취하는 것은 '다르다'라고 말할 수 있다. 불변량의 값이 같다고 해서 '같다'라고는 할 수 없다.
3. '고리의 불변량'이란, 고리를 공간 내에서 변형해 겉모습을 바꿔도 변화하지 않는 어떤 양을 말한다.
4. '고리 다이어그램의 불변량'이란, 고리의 다이어그램을 평면의 동위 변형으로 겉모습을 바꿔도 변화하지 않는 어떤 값을 말한다.

# 제 10 장

# 그 고리, 정말로 얽혀 있어?

 3.3절(p.59)에서 제시한 문제 1의 정답이 '다르다'는 것은 예상할 수 있을 것입니다. 그러나 앞서 설명한 것처럼 그림 10.1의 두 고리(호프 고리와 자명 2성분 고리)가 다르다는 사실은 정확한 증명이 필요한 내용입니다. 이 장에서는 '간이 고리수'라고 하는 2성분 고리의 불변량을 소개하고 이용함으로써, 이 두 개의 2성분 고리가 다른 고리인 것을 증명합니다.

**그림 10.1** 다른 2성분 고리

## 1 간이 고리수란?

 2성분 고리에는 '고리수의 절댓값'이라는 유명한 불변량이 있습니다. 그러나 이 불변량을 정의하기 위해서는 '유향 고리'라는 개념을 새롭게 도입해야 하므로 다소 번거롭습니다. 그래서 고리수의 절댓값의 홀·짝수 여부에 착안한 불변량을 소개합니다. 이 책에서는 이를 '간이 고리수'라고 부르기로 합니다. '간이 고리수'란 2성분 고리에 0 또는 1을 대응시키는 불변량입니다. 간이 고리수에 의해 모든 2성분 고리를 0에 대응하는 고리와 1에 대응하는 고리 두 그룹으로 나눌 수 있습니다. 불변량으로서는 조금 약하지만, 정의가 간단하고 계산이 쉽다는 장점이 있습니다. 또한 2성분 고리를 두 그룹으로만 나눌 수 있지만, **그림 10.1**의 두 고리가 서로 다르다는 것을 증명할 수 있습니다. 즉, 간이 고리수를 사용함으로써 59쪽에서 제시한 문제 1의 해답을 제시할 수 있는 것입니다. 다음 절에서는 먼저 간이 고리수를 구하는 방법을 설명한 후, 간이 고리수의 정의를 내리도록 하겠습니다.

## 2. 간이 고리수를 구해보자

간이 고리수는 2성분 고리의 모든 다이어그램으로부터 구할 수 있습니다. 먼저, 간이 고리수를 구하고자 하는 2성분 고리의 다이어그램을 하나 그립니다. 처음에 그린 다이어그램에 따라 간이 고리수를 쉽게 구할 수도 있으므로, 익숙해지면 간이 고리수를 구하기 쉬운 다이어그램을 그리는 것까지 생각해 보면 좋을 것입니다. 그려진 다이어그램의 한 성분을 검은색으로, 다른 한 성분을 회색으로 칠하면 어떤 다이어그램이라도 교점은 **10.2**의 네 종류가 됩니다.

이와 같이 색을 칠하여
교점의 수를 센다

**그림 10.2 교점의 종류**

여기에서는 검은색과 회색을 사용했지만, 원하는 두 가지 색을 사용해도 됩니다. 색칠한 다이어그램의 교점 중 가장 왼쪽과 같이 검은색이 위를 지나는 교점의 개수를 세어봅니다. 그 개수를 2로 나눈 나머지가 '간이 고리수'입니다. 간이 고리수가 2성분 고리의 불변량이 된다는 것은 12장에서 증명하겠습니다. 간이 고리수를 구하기 위해서는 가급적 교점수가 적은 다이어그램으로 구하는 것이 효율적이지만, 여기에서는 호프 고리의 간이 고리수를 **그림 10.3**의 네 가지 다이어그램으로 구해 보기로 합니다.

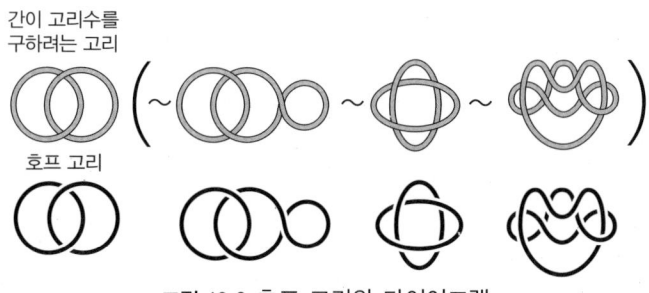

간이 고리수를
구하려는 고리

호프 고리

**그림 10.3 호프 고리와 다이어그램**

**연습문제 1** 다음은 호프 고리의 다이어그램입니다. 각 다이어그램에서 성분을 두 가지 색으로 칠하고, 그림 10.2의 가장 왼쪽 원으로 둘러싼 교점처럼 색이 칠해진 교점의 개수를 각각 구하시오.

그림 10.4 호프 고리와 다이어그램

**해답** 그림 10.5와 같이 구분하여 칠한 경우는 ○ 표시를 한 교점의 수를 세면 되므로, 왼쪽부터 1개, 1개, 3개, 5개가 답이 됩니다.

그림 10.5 답으로 세는 교점

다만, **그림 10.6**과 같이 성분의 색을 바꾸면, 답으로 세는 교점의 개수가 달라지고 모두 1개가 되는 것에 주의하기를 바랍니다.

그림 10.6 성분의 색을 바꾼 다이어그램

이와 같이 칠하는 방법에 따라 검은색이 회색 위를 지나는 교점의 개수는 변할 수 있습니다. 그러나 그 개수의 홀·짝수 여부는 변하지 않습니다. 이 사실은 증명이 필요하지만, 조금 어렵기 때문에 이 책에서는 증명을 생략합니다.

연습문제 1에서 구한 수를 2로 나누면 나머지는 모두 1이 됩니다. 이를 통해 호프 고리의 간이 고리수의 값은 '1'이라는 것을 알 수 있습니다. 호프 고리의 어떤 다이어그램으로부터 간이 고리수를 구해도 항상 그 값이 '1'이라는 것을 확인할 수 있습니다. 다양한 다이어그램을 그려서 확인해 보기를 바랍니다.

**연습문제 2** (1)~(5)의 2성분 고리의 다이어그램이 나타내는 고리의 간이 고리수를 구하시오.

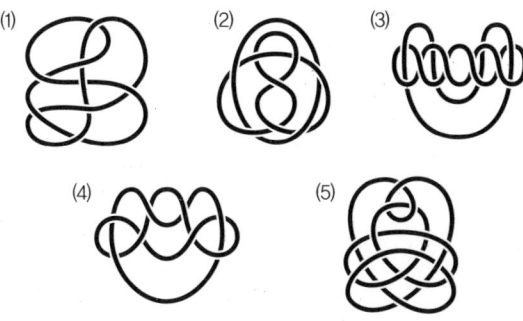

그림 10.7 2성분 고리의 다이어그램

**해답** 먼저 주어진 각 다이어그램의 성분을 회색과 검은색으로 구분하여 칠합니다. 칠한 다이어그램에서 검은색이 위를 지나는 교점, 즉 **그림 10.8**의 ○ 표시를 한 교점의 개수를 세어보면 (1)은 3개, (2)는 2개, (3)은 6개, (4)는 3개, (5)는 7개가 됩니다. 이 개수를 2로 나눈 나머지가 간이 고리수의 수 값이 되므로, (1), (4), (5)는 1이고, (2), (3)은 0인 것을 알 수 있습니다.

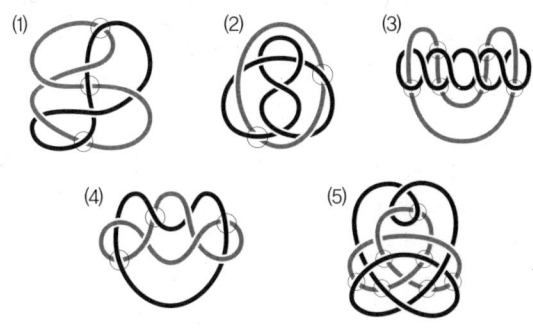

그림 10.8 색을 구분해서 칠한 다이어그램과 교점

**그림 10.9**는 색을 바꿔 칠한 다이어그램입니다. 색을 바꾸면 ○ 표시를 한 교점에서 검은색이 위를 통과하게 됩니다. 검은색이 위를 통과하는 교점의 수는 (1)은 3개, (2)는 2개, (3)은 2개, (4)는 3개, (5)는 3개가 되며, 바뀌는 것도 있고, 바뀌지 않는 것도 있습니다. 어느 경우든 색 바꾸기 전과 후를 비교해 보면, 2로 나눈 나머지는 변하지 않음을 확인할 수 있습니다.

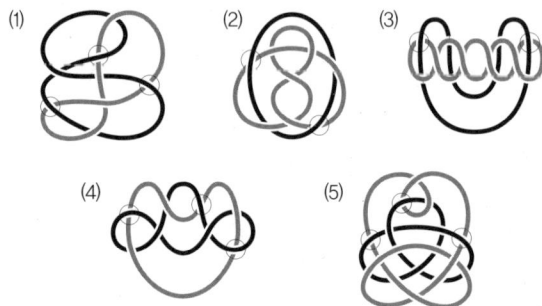

그림 10.9 색을 구분해서 칠한 다이어그램과 교점

> **연습문제 3** 다음 다이어그램은 자명 2성분 고리를 나타내고 있습니다. 다음 물음에 답하시오.
>
> (1) 위의 2성분 고리의 다이어그램으로부터 감이 고리수를 구하시오.
> (2) 다이어그램이 자명 2성분 고리를 나타내고 있음을 확인하시오.
>
>
>
> 그림 10.10 자명 2성분 고리
>
> **해답** (1) 그림 10.11과 같이 성분을 검은색과 회색으로 구분하여 칠하면, 검은색 호가 회색 호 위를 지나는 교점의 수는 8개임을 알 수 있습니다. 8을 2로 나눈 나머지는 0이므로, 감이 고리수의 값은 0이 됩니다.
>
>
>
> 그림 10.11 복잡한 다이어그램으로부터 감이 고리수를 구한다
>
> (2) 이 다이어그램이 나타내는 고리는 공간 내 동위 변형으로 **그림 10.12**와 같이 변형함으로써 자명 2성분 고리임을 알 수 있습니다.

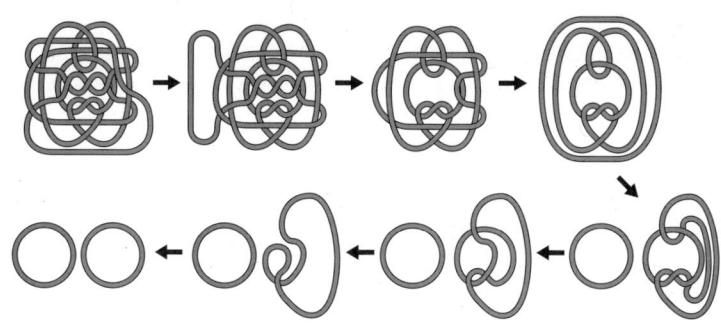

그림 10.12 고리를 푼다

　　연습문제 3의 다이어그램이 나타내는 고리는 자명 2성분 고리이므로 자명 다이어그램을 가집니다. 자명 다이어그램은 각 성분을 2색으로 구분하여 칠해도 **그림 10.13**과 같이 셀 수 있는 교점이 없기 때문에, 간이 고리수는 0인 것을 금방 알 수 있습니다.

그림 10.13 셀 수 있는 교점이 없는 다이어그램

　　연습문제 3의 다이어그램이 자명 고리를 나타내는 다이어그램이라는 것을 알지 못하면, 교점을 줄일 수 있다는 것을 금방 알 수 없을 수도 있습니다. 그러나 다이어그램 중에는 교점의 수를 줄일 수 있다는 것을 쉽게 알 수 있는 것도 있습니다. 간이 고리수 등의 불변량을 구할 때는 다이어그램을 잘 살펴보고 줄일 수 있는 교점이 존재하는지 찾아보는 것이 좋습니다.

**연습문제 4**　화이트헤드 고리의 간이 고리수를 구하시오.

그림 10.14 화이트헤드 고리

**해답** 성분을 회색과 검은색으로 구분하여 칠한 다이어그램을 생각해 봅시다. 이 다이어그램에서 검은색이 위를 지나는 교점, 즉 **그림 10.15**의 ○ 표시를 한 교점의 개수는 2개입니다. 따라서 이 고리의 간이 고리수는 0임을 알 수 있습니다.

**그림 10.15** 화이트헤드 고리의 다이어그램

이로부터 화이트헤드 고리와 자명 2성분 고리의 간이 고리수는 일치하는 것을 알 수 있습니다. 즉, 간이 고리수로는 화이트헤드 고리가 '엉켜 있다', '엉켜 있지 않다'는 판단할 수 없습니다.

**연습문제 5** 다음 2성분 고리의 간이 고리수를 구하시오.

**그림 10.16** 2성분 고리

**해답** 여기에서는 **그림 10.16**에서 그대로 다이어그램을 그려서 구해 보겠습니다. 성분을 회색과 검은색으로 구분하여 칠한 다이어그램을 생각하면 검은색이 위를 통과하는 교점, 즉 그림 10.17에서 ○ 표시를 한 교점의 개수는 7개임을 알 수 있습니다. 따라서 이 고리의 간이 고리수는 1인 것을 알 수 있습니다.

성분을 구분하여 칠한
다이어그램을 생각한다

**그림 10.17** 다이어그램을 그려 간이 고리수를 구한다

이 연습문제에서는 그림 10.16의 고리에 대해 **그림 10.17**과 같이 그대로 다이어그램을 그렸기 때문에 7개의 교점을 세게 되었습니다. 그러나 앞에서 설명한 것처럼 다이어그램을 변형함으로써 세어야 할 교점의 수를 줄일 수 있는 경우가 있습니다. 예를 들어 **그림 10.18**과 같이 변형하면, ○ 표시를 한 3개의

교점이 세어야 할 교점이 됩니다. 변형 후의 다이어그램을 이용하여 계산해도 간이 고리수 값이 1인 것을 알 수 있습니다.

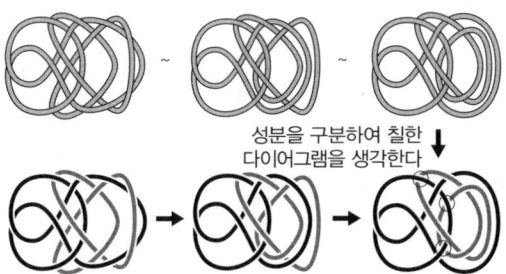

성분을 구분하여 칠한 다이어그램을 생각한다

그림 10.18 변형하고 나서 간이 고리수를 구한다

---

**연습문제 6**  다음 2성분 고리의 간이 고리수를 구하시오.

그림 10.19 2성분 고리

**해답**  그림 10.20의 어떤 다이어그램에서도 ○ 표시를 한 교점의 개수를 세어 간이 고리수를 구하면 0이 된다는 것을 알 수 있습니다.

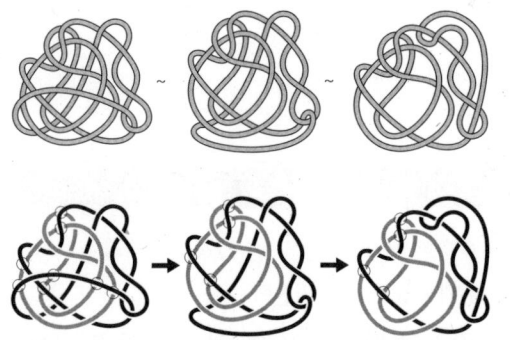

검은색이 위를 지나는 교점의 수 8개　　검은색이 위를 지나는 교점의 수 4개　　검은색이 위를 지나는 교점의 수 4개

그림 10.20 고리를 변형하고 나서 간이 고리수를 구한다

어떻게 변형하면 구하기 쉬운지는 사람에 따라 다르기 때문에 여러 가지로 생각해 보기 바랍니다.

# 3. 계산의 예와 이를 통해 알 수 있는 것

1절에서는 간이 고리수의 계산 방법을 배웠고, 몇 가지 2성분 고리에 대해 간이 고리수를 구해 봤습니다. 여기에서는 그 계산 결과로부터 어떤 결론을 내릴 수 있는지를 자명 2성분 고리, 호프 고리, 화이트헤드 고리를 예로 들어 살펴보겠습니다.

자명 2성분 고리의 간이 고리수는 연습문제 3(p.208)에서 구한 것처럼 0, 호프 고리의 간이 고리수는 연습문제 1(p.206)에서 구한 것처럼 1, 화이트헤드 고리의 간이 고리수는 연습문제 4(p.209)에서 구한 것처럼 0이었습니다. 이 계산 결과에서 알 수 있는 것은 자명 2성분 고리와 호프 고리가 다르다는 것과 호프 고리와 화이트헤드 고리가 다르다는 것입니다.

자명 2성분 고리와 화이트헤드 고리가 다른지의 여부는 간이 고리수로는 알 수 없습니다. 다음 장에서 소개할 '3채색 가능성'이라는 불변량을 이용하면 둘이 서로 다른 고리임을 증명할 수 있습니다.

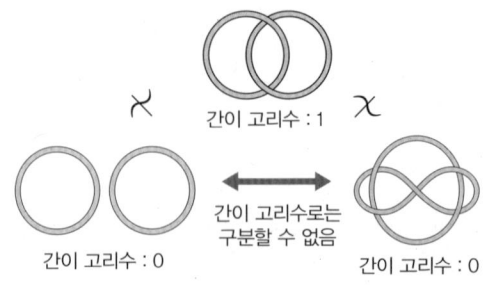

**그림 10.21** 고리의 수

---

**제10장 요약**

1. 간이 고리수는 0 또는 1이라는 값을 갖는 2성분 고리의 불변량이다. 즉, 어느 다이어그램에서 구해도 같은 값을 가진다.
2. 간이 고리수의 값은 2성분 고리 다이어그램의 성분을 검은색과 회색으로 구분하여 칠하고, 검은색 성분이 위를 지나는 교점의 수를 2로 나누어 구한다. 즉, 간이 고리수의 값은 0 또는 1이 된다.
3. 자명 2성분 고리의 간이 고리수의 값은 0이다. 즉, 간이 고리수 값이 1인 고리는 자명 고리가 아님을 알 수 있다.

# 제11장

# 매듭이 정말로 묶여 있을까?

2.2절(p.28)에서 언급했듯이, 세잎 매듭은 '풀 수 없다'는 것, 즉 자명 매듭과 세잎 매듭은 '다른 매듭'이라는 것은 수학에서 증명해야 할 사실입니다. 여기에서는 세잎 매듭이 풀리지 않는다는 것을 수학적으로 엄밀하게 증명해 보겠습니다.

그림 11.1 세잎 매듭은 풀 수 없다

## 1 고리의 3채색 가능성이란?

고리의 다이어그램에 어떤 조건을 만족하도록 3색으로 색을 칠할 수 있는지 알아봄으로써, 그 다이어그램이 나타내는 고리가 풀려 있는지를 판단할 수 있습니다. 먼저, 어떤 조건을 만족하도록 고리의 다이어그램에 색을 칠할 수 있는지를 살펴봅니다.

### ◇ 고리 다이어그램의 3채색

다이어그램의 각 호를 3색으로 칠하는 것을 생각해 봅시다. 참고로 세 가지 색은 '검정, 빨강, 파랑'이나 '빨강, 파랑, 노랑' 등 원하는 색을 선택하면 됩니다. 이 책은 흑백이므로 '검정, 진회색, 회색'의 3색을 사용하기로 합니다.

고리 다이어그램의 각 호를 준비한 3색 중 하나로 칠하는 것을 '채색'이라고 합니다. 채색된 다이어그램은 각 교점 주변 세 개의 호에서,

(i) 모두 같은 색으로 칠해져 있다.
(ii) 서로 다른 세 가지 색으로 칠해져 있다.

중 하나를 만족할 때, 그 다이어그램은 '채색 조건을 만족한다'라고 말합니다. 즉, 채색 조건을 만족하는 다이어그램의 교점 주변은 다음 6가지 중 하나로 칠해져 있는 것입니다.

**그림 11.2** 교점의 채색 패턴

---

**연습문제 1** 모든 교점에서 채색 조건 (ii)를 만족하도록 다음 다이어그램을 칠하시오.

**그림 11.3** 다른 3색으로 칠한다

**해답** 채색 조건 (ii)를 만족하는 채색 방법은 한 가지가 아니라는 점에 주의하기를 바랍니다. 세 가지 색을 모두 사용하여 **그림 11.4**와 같이 칠하면 모든 교점에서 채색 조건 (ii)를 만족합니다. 다만, 이러한 채색 방법은 '색의 교체'를 하는 것일 뿐 본질적으로는 동일합니다.

**그림 11.4** 채색 조건 (ii)를 만족하는 칠하기

---

세 가지 색으로 **그림 11.5**와 같이 3개의 숫자 0, 1, 2를 생각할 수도 있습니다. 이 경우 '호에 색을 칠한다'라고 하기보다는 '호에 숫자를 할당한다'라고 표현하는 것이 더 자연스러울 수 있습니다.

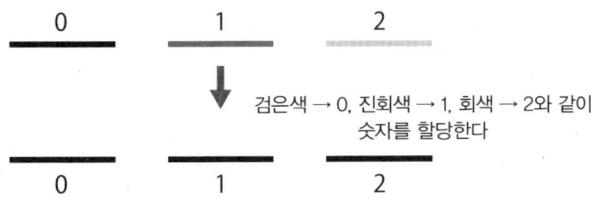

그림 11.5 색을 숫자로 나타낸다

실제로 노트에 그릴 때 색을 사용해 칠하는 것보다 숫자를 이용하면 그리는 것이 간단합니다. 연습문제 1의 해답은 숫자를 이용하면 **그림 11.6**과 같습니다.

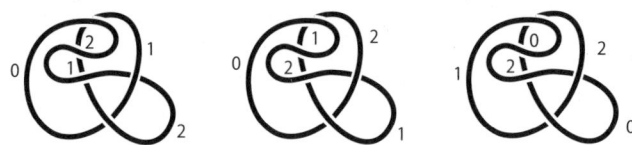

그림 11.6 숫자를 이용한 '채색'

이 책에서는 '검은색, 진회색, 회색'의 3색으로 호를 칠해 갑니다만, 동시에 0, 1, 2의 숫자도 사용하고 있습니다. 이렇게 준비하여 고리가 다른 것을 나타내는 도구가 되는 '고리 다이어그램의 3채색 가능성'을 도입합니다.

> **【3채색 가능성】**
> 고리의 다이어그램이 3채색 가능하다는 것은, 다음 두 가지 조건을 만족하도록 다이어그램을 칠할 수 있을 때를 말한다. 즉, 다이어그램의 호 각각에 다음 두 가지 조건을 만족하도록 3색 중 하나의 색을 칠할 수 있을 때를 말한다.
> (1) 채색된 다이어그램이 채색 조건을 만족한다. 즉, 각 교점에서 채색 조건 (i), (ii) 중 하나를 만족하고 있다.
> (2) 두 가지 이상의 색을 사용하여 칠해져 있다.

조건 (2)는 다이어그램의 호가 모두 같은 색으로 칠해져 있지 않아야 한다는 것으로 바꿀 수 있습니다. 이 두 가지 조건을 만족하도록 채색된 도식을 '3채색 다이어그램'이라고 부르기로 합니다. 고리의 다이어그램이 3채색 불가능하다는 것은 3채색 가능성의 두 가지 조건을 만족하면서 3색으로 칠할 수 없을 때를 말합니다. 즉, 3채색 불가능하다는 것은 3채색 가능하지 않다는 것입니다. 3채색 가능 여부의 판단 대상은 다이어그램이지만, 다음 정리에 의해 3채색 가능 여부는 고리별로 결정되는 것을 알 수 있습니다.

> **【정리】**
> 주어진 두 개의 고리에 대해 각각의 다이어그램을 그린다. 두 개의 고리가 같은 고리라면 두 다이어그램의 3채색 가능성은 일치한다.

이 정리에 의해, 어떤 고리가 주어지면 그 고리의 모든 다이어그램은 3채색 가능하거나 불가능하다는 것을 알 수 있습니다. **그림 11.7**의 윗줄 왼쪽 끝은 오른손계 세잎 매듭의 다이어그램이며, 3채색 가능함을 알 수 있도록 칠해져 있습니다. 나머지 다이어그램도 오른손계 세잎 매듭의 다이어그램이므로 이 정리로 보아 모두 3채색 가능해야 합니다. 실제로 3색을 칠하여 확인해 보기 바랍니다.

그림 11.7 오른손계 세잎 매듭의 다이어그램

고리의 다이어그램에 대해 '3채색 가능'이라는 개념을 도입했지만, 고리에도 '3채색 가능'이라는 개념을 도입할 수 있습니다. 고리가 3채색 가능하다는 것은 그 고리가 3채색 가능한 다이어그램을 가지고 있을 때를 말합니다. 앞서 언급했듯이, 고리가 하나라도 3채색 가능한 다이어그램을 가지면, 그 고리의 모든 다이어그램이 3채색 가능하다는 것을 알 수 있습니다. 따라서 주어진 고리가 3채색 가능한지를 판단하기 위해서는 그 고리의 다이어그램을 선택하여 3채색 가능한 다이어그램인지 아닌지를 조사하면 알 수 있습니다. 3채색 가능성은 고리를 3채색 가능한 고리와 불가능한 고리의 두 그룹으로 나뉘는 불변량으로 볼 수 있습니다. 즉, 3채색 가능성은 고리를 분류하는 데 사용할 수 있다는 것입니다.

'3채색 가능성'을 '불변량'이라고 부르는 것은 익숙해지기 전까지는 어색하다고 느낄 수 있지만, 다음과 같이 간이 고리수와 대응시켜 생각해 보면 쉽게 이해할 수 있습니다. 간이 고리수는 2성분의 고리에 '0' 또는 '1'을 할당합니다. 즉, 간이 고리수를 사용하면 2성분 고리를 '0'이 할당되는 것과 '1'이 할당되는 것의 두 그룹으로 분류할 수 있습니다. 이와 비슷한 것을 '3채색'에 대해서도 생각해 볼 수 있습니다. 고리 다이어그램의 3채색을 고려하여, 다이어그램이 3채색 가능한 고리에는 '가능', 다이어그램이 3채색 불가능한 고리에는 '불가능'이라는 라벨을 할당할 수 있습니다. 즉, 3채색을 이용하면 고리를 '가능'이라는 라벨이 할당되는 것과 '불가능'이라는 라벨이 할당되는 것의 두 그룹으로 분류할 수 있습니다.

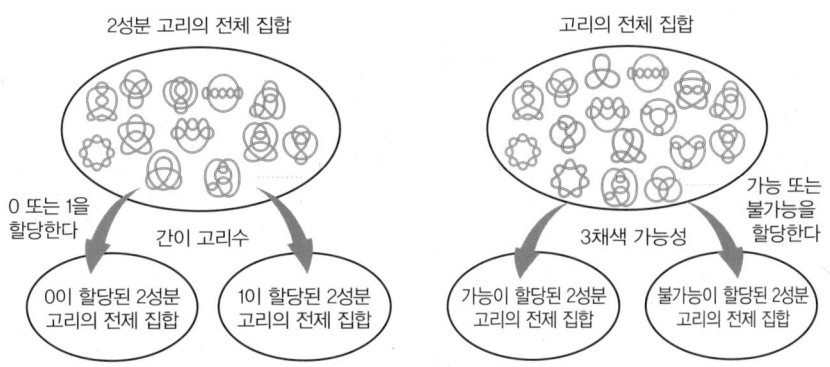

**그림 11.8** 가능 또는 불가능을 할당한다

## 2. 3채색 가능 여부를 알아보자

여기에서는 예제를 통해 실제로 고리가 3채색 가능한지 여부를 알아보겠습니다. 앞에서 봤듯이 오른손계 세잎 매듭은 3채색이 가능합니다. 왼손계 세잎 매듭도 3채색이 가능하다는 것은 **그림 11.9**와 같이 3색의 채색 조건을 만족하도록 구분하여 칠한 다이어그램을 가지고 있는 것으로 알 수 있습니다.

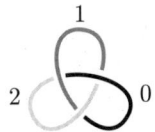

**그림 11.9** 3색으로 칠해진 왼손계 세잎 매듭의 다이어그램

그러나 굳이 칠하지 않더라도 왼손계 세잎 매듭이 3채색 가능하다는 것을 금방 알 수 있습니다. 오른손계 세잎 매듭과 왼손계 세잎 매듭 중 어느 한쪽 다이어그램이 3색 조건을 만족하도록 칠할 수 있다면, 다른 쪽도 3채색이 가능하다는 사실은 다음과 같이 생각하면 금방 알 수 있습니다. **그림 11.10**과 같이 3채색된 오른손계 세잎 매듭의 다이어그램 왼쪽에 대칭축을 두고 선 대칭 이동을 하면 3채색된 오른손계 세잎 매듭의 다이어그램을 얻을 수 있기 때문입니다.

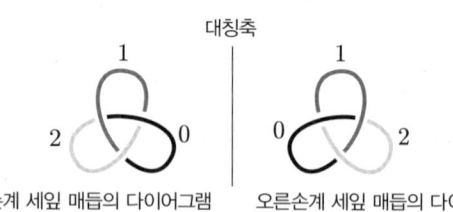

**그림 11.10** 선대칭 이동한 두 개의 다이어그램

---

**연습문제 2** 매듭 $7_7$은 3채색 가능함을 보이시오.

**해답** 매듭이 3채색 가능하다는 것을 보여주기 위해서는, 조건을 만족하도록 색칠할 수 있는 다이어그램이 하나라도 존재한다는 것을 보여 주면 됩니다. 이를 보여주기 위해서는 그 매듭의 다이어그램을 하나 택하여 실제로 칠해 나갑니다. 다이어그램은 어떤 것을 선택해도 괜찮지만, 호의 수가 적은 다이어그램을 선택하는 것이 좋습니다. 예를 들어 $7_7$매듭은 **그림 11.11**과 같이 3색으로 칠할 수 있는 다이어그램을 가지고 있으므로, 3채색 가능함을 알 수 있습니다.

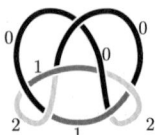

**그림 11.11** 3색으로 칠해진 $7_7$ 매듭

---

이렇게 구분하여 칠하는 방법을 찾을 때, 닥치는 대로 칠하며 조사하다 보면 빠뜨리는 경우가 생길 수 있습니다. 따라서 **그림 11.12**에 따라 다음과 같은 순서를 따라가면 좋을 것입니다.

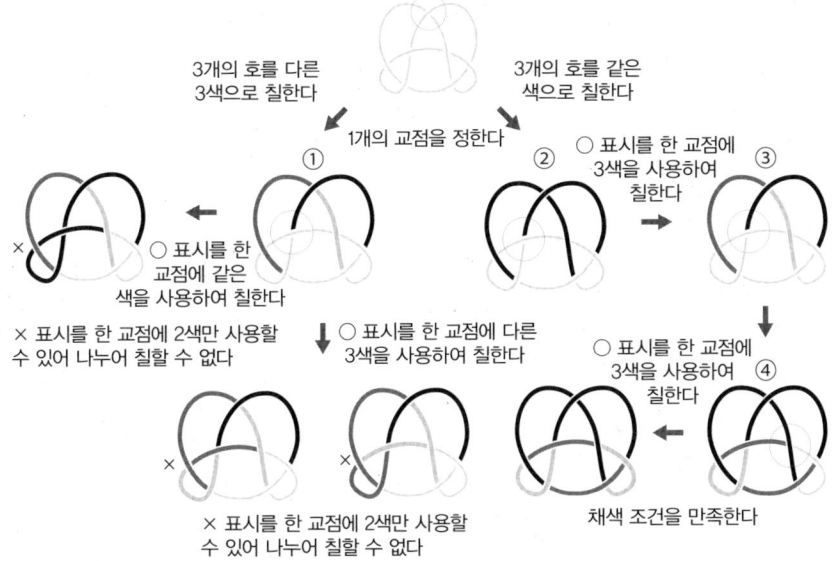

**그림 11.12** 3채색 순서

 교점을 하나 선택합니다. 예를 들어 그림 11.12 상단의 'O 표시를 한 교점'을 선택했다고 가정해 봅시다. 이 교점으로 모이는 호의 색을 칠하는 방법은, 서로 다른 세 가지 색으로 칠하거나 같은 색으로 칠하는 것 중 하나입니다. 우선 다른 세 가지 색으로 칠하는 경우 ①부터 생각해 보겠습니다. ①에서 'O 표시를 한 교점'에 주목하면 나머지 호에 어떻게 색을 칠해도 채색 조건을 충족하지 못한다는 것을 알 수 있습니다. 색을 바꿔도 결과는 동일합니다. 다음으로 같은 색으로 칠하는 경우 ②를 생각합니다. ②에서 'O 표시를 한 교점'은 다른 세 가지 색으로 칠할 수밖에 없고, 새롭게 두 개의 호의 색이 결정되어 ③을 얻습니다. 이 시점에서 두 가지 이상의 색을 사용하고 있다는 점에 주의하기를 바랍니다. ③에서 'O 표시를 한 교점'도 다른 세 가지 색으로 칠할 수밖에 없고, 또 하나의 호의 색이 결정되어 ④를 얻습니다. ④에서 'O 표시를 한 교점'도 다른 세 가지 색으로 칠할 수밖에 없고, 마지막 하나의 호의 색도 결정됩니다. 나머지 3개의 교점 상황을 확인하면, 이 채색 방법이 채색 조건을 만족하고 있음을 알 수 있습니다.

## ◇ 호프 고리의 3채색 가능성

다음은 호프 고리에 대해 알아보겠습니다. 호프 고리는 3채색 불가능한 고리입니다. 이를 나타내기 위해서는 '어떻게 칠해도 조건을 만족시키지 못한다'는 것을 보여줘야 합니다.

호프 고리의 최소 교점수를 실현하는 다이어그램은 2개의 호로 이루어져 있기 때문에 색을 칠하는 방법은 $9(=3^2)$가지로 그리 많지 않습니다. 여기에서는 모든 채색 방법으로 그려서 조사해 보기로 합니다.* **그림 11.13**을 보면 채색 조건을 만족하는 채색 방법은 존재하지 않습니다. 따라서 호프 고리는 3채색 불가능하다는 것을 알 수 있습니다.

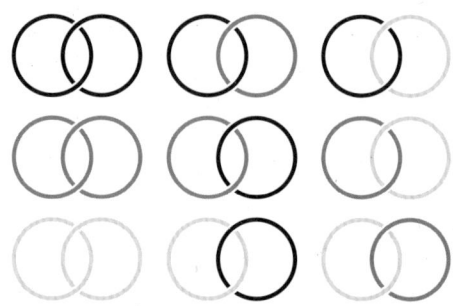

**그림 11.13** 호프 고리의 모든 채색 패턴

## ◇ 8자 매듭의 3채색 가능성

다음은 8자 매듭에 대해 생각해 봅시다. 8자 매듭은 3채색 불가능합니다. 이를 나타내기 위해 호프 매듭과 마찬가지로 '어떻게 칠해도 조건을 만족시키지 못한다'는 것을 확인합니다. 그러나 호가 가장 적게 그려진 8자 매듭의 다이어그램에서도 4개의 호를 가지고 있습니다.

즉, $81(=3^4)$가지의 모든 채색 방법이 조건을 만족시키지 못하는 것을 확인해야 하는데, 모든 방법대로 다 그리는 것은 어렵습니다. 따라서 81개의 모든 채색 방법대로 그리지는 않고, 그 모든 방법이 조건을 만족하지 않는다는 것을 나타내기로 합니다. 다이어그램에서 교점을 선택하고, 그 교점 주변부터 칠해 나가기로 합니다.

---

\* 일반적으로는 모든 채색 방법을 조사하는 증명법은 취하지 않습니다. 여기에서는 일일이 써내려가는 것이 얼마나 어려운지 체험해 보도록 하겠습니다.

먼저 ①의 다이어그램에 ○ 표시를 한 교점에 모인 3개의 호를, 서로 다른 세 가지 색으로 칠하는 경우를 생각합니다. 그림 11.16 ①의 다이어그램에 ○ 표시를 한 교점에 모이는 3개의 호를 ②와 같이 서로 다른 세 가지 색으로 칠합니다. 다음으로 두 개의 호만 서로 다른 두 가지 색으로 칠해진 교점에 주목합니다. ○ 표시를 한 교점에 모인 호 중에서 2개가 1과 2로 칠해져 있으므로, ③과 같이 나머지 1개의 호를 0으로 칠합니다. 그러면 × 표시를 한 교점에서 채색 조건을 만족하지 못합니다. 즉, 이 채색 방법으로는 채색 조건을 만족하는 방법으로 칠할 수 없다고 할 수 있습니다.

다음으로 ①의 다이어그램 중 ○ 표시를 한 교점에 모인 3개의 호를 같은 색으로 칠하는 경우를 생각해 봅시다. 아래 그림 ①의 다이어그램에 ○ 표시를 한 교점에 모이는 3개의 호를 ②와 같이 같은 색 0으로 칠합니다. 그러면 ○표시를 한 교점에서는 2개의 호가 같은 색으로 칠해져 있으므로 세 번째 호도 ③과 같이 같은 색으로 칠하게 됩니다. 그렇게 되면 한 가지 색으로만 칠해져 있으므로 3채색 가능의 조건을 만족하지 못합니다.

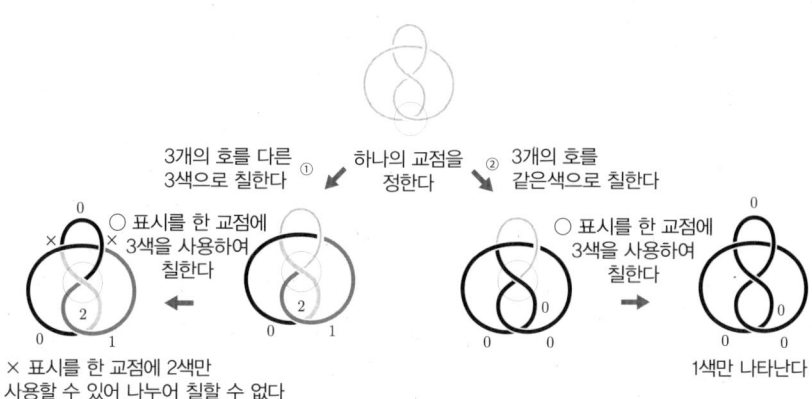

그림 11.14 채색 순서

## ◇ 3채색 가능성에 관한 연습문제

3채색 가능인가 불가능인가 여부를 판단하는 연습으로, 다음의 4문제를 생각해 봅시다.

**연습문제 3**  그림 11.13과 같이 9가지의 채색 방법을 모두 확인하지 않고, 호프 고리가 3색 불가능하다는 것을 보이시오.

**해답**  호프 고리의 최소 교점수를 실현하는 다이어그램을 생각합니다. 이 다이어그램은 호가 2개밖에 없습니다. 따라서 세 가지 색을 모두 사용하여 칠하는 것은 불가능합니다. 호를 서로 다른 두 가지 색으로 칠하면 채색 조건을 만족하지 못합니다. 채색 조건을 만족하려면 한 가지 색으로 칠하는 수밖에 없습니다. 따라서 이 다이어그램은 3색으로 칠하는 것이 불가능하다는 것을 알 수 있습니다.

**연습문제 4**  다음 매듭 $6_1$이 3채색 가능인가 불가능인가의 여부를 판정하시오.

그림 11.15 매듭 $6_1$

**해답**  자연스럽게 다이어그램을 그려 나갑니다. 여기에서는 **그림 11.16** ①의 다이어그램 중 ○ 표시를 한 교점 주변부터 칠해 나가며, 주변에 모인 3개의 호를 ②와 같이 서로 다른 세 가지 색으로 칠합니다. 다음으로 두 개의 호만 서로 다른 두 가지 색으로 칠해진 교점에 주목합니다. ○ 표시를 한 교점에 모인 호 중 2개가 1과 2로 칠해져 있으므로 나머지 1개의 호를 ③과 같이 0으로 칠합니다. 이때 ○ 표시를 한 교점에는 0과 1의 두 가지 색이 사용되었으므로 나머지 하나의 호를 2로 칠하게 됩니다. 또한 ○ 표시를 한 교점에 모인 호 중 2개의 호가 0과 2로 칠해져 있으므로 나머지 1개는 ④와 같이 1로 칠하게 됩니다. 이렇게 칠해진 다이어그램은 채색 조건을 만족할 수 있도록 3색으로 칠해진 것을 알 수 있습니다. 따라서 이 매듭은 3색 채색 가능함을 알 수 있습니다.

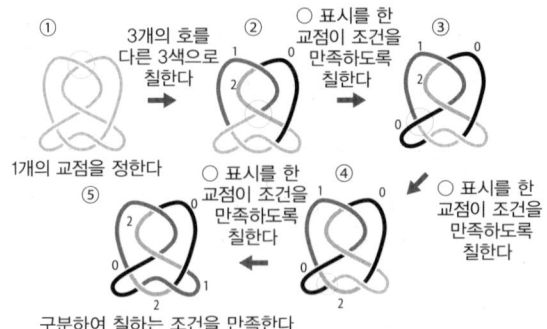

그림 11.16 채색 조건을 만족하는 방법

**연습문제 5** 다음 매듭 $6_2$가 3채색 가능인지 불가능인지를 판정하시오.

그림 11.17 $6_2$ 매듭

**해답** 자연스럽게 다이어그램을 그려 나가며 ○ 표시를 한 교점 주변부터 칠해 나갑니다. 먼저 3색으로 칠하는 경우를 생각해 봅시다. **그림 11.18** ①의 다이어그램 중 ○ 표시를 한 교점에 모인 3개의 호를, ②와 같이 서로 다른 세 가지 색으로 칠합니다. 다음으로 두 개의 호만 서로 다른 두 가지 색으로 칠해진 교점에 주목합니다. ○ 표시를 한 교점에 모인 호 중 2개가 1과 2로 칠해져 있으므로, ③과 같이 나머지 1개의 호를 0으로 칠합니다. 또한 ○ 표시를 한 교점에 모인 호 중 2개의 호가 0으로 칠해져 있으므로, ④와 같이 나머지 1개도 같은 색인 0으로 칠하게 됩니다. 그러면 ○ 표시를 한 교점에 모인 2개의 호는 0으로 칠해져 있으므로 ⑤처럼 나머지 1개의 호도 0으로 칠해야 하는데, 그렇게 하면 교점은 채색 조건을 만족하지 못합니다. 즉, 이런 방법으로는 채색 조건을 만족하도록 칠할 수 없다고 할 수 있습니다.

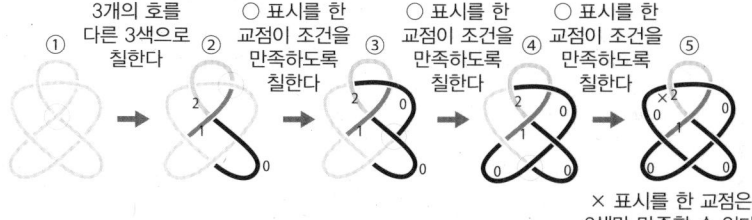

그림 11.18 채색 조건을 만족하지 않는 채색 방법

따라서 다음으로 ①의 다이어그램 중 ○ 표시를 한 교점에 모인 3개의 호를 같은 색으로 칠하는 경우를 생각해 봅시다. 아래 그림 ①의 다이어그램에서 ○ 표시를 한 교점에 모이는 3개의 호를 ②와 같이 같은 색인 0으로 칠합니다. 그러면 ○ 표시를 한 교점에서는 2개의 호가 같은 색으로 칠해져 있으므로, 세 번째 호도 ③과 같이 같은 색으로 칠하게 됩니다. 다음으로 두 개의 호가 같은 색으로 칠해져 있는 ○ 표시를 한 교점에 주목합니다. 채색 조건을 만족하려면 ④와 같이 나머지 하나의 호도 0으로 칠해야 하는데, 그렇게 되면 한 가지 색으로만 칠해져 있으므로 3채색 가능 조건을 만족하지 못합니다. 따라서 이 매듭은 3채색 불가능인 것을 알 수 있습니다.

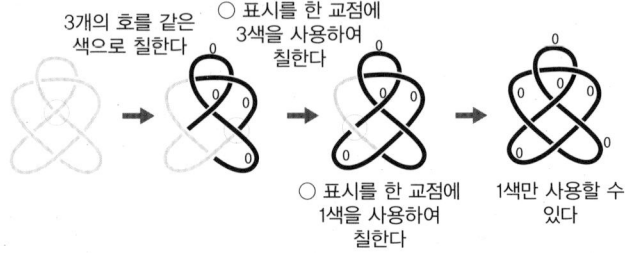

**그림 11.19** 채색 조건을 만족하지만, 1색만 사용할 수 있는 채색 방법

연습문제 6  다음 고리가 3채색 가능인지 불가능인지를 판정하시오.

**그림 11.20** 3채색 가능성 여부

해답  자연스럽게 다이어그램을 그려가며 연습문제 4와 마찬가지로 채색 조건을 만족하도록 3색으로 호를 그리는 것으로 판단해도 되지만, 조금 더 연구해서 생각해 봅시다. 이 매듭을 변형해 보면 $6_2$ 매듭임을 알 수 있습니다. $6_2$ 매듭이 3채색 불가능하다는 것은 연습문제 5에서 이미 보여 주었으므로, 이 매듭은 3채색 불가능하다는 것을 알 수 있습니다.

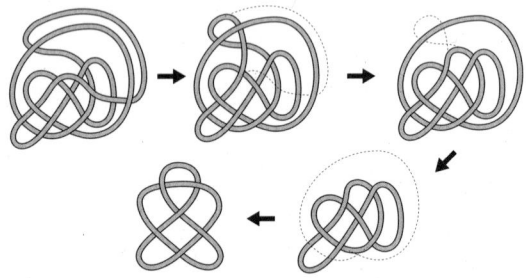

**그림 11.21** $6_2$ 매듭임을 확인

# 3. 3채색 가능 여부의 판정 결과를 통해 알 수 있는 것

1절에서 고리의 3채색 가능성을 정의하고, 2절에서 고리의 3채색 가능성과 불가능성을 판단하는 방법을 배웠으며, 몇 가지 고리의 3채색 가능성을 확인했습니다. 여기에서는 그 판정 결과로부터 어떤 결론을 내릴 수 있는지 살펴보겠습니다.

먼저 자명 매듭, 세잎 매듭, 8자 매듭에 대해 생각해 봅시다. 각각의 3채색 가능성 여부는 불가능, 가능, 불가능이었습니다. 이 결과로부터 자명 매듭과 세잎 매듭이 다르다는 것, 세잎 매듭과 8자 매듭도 다르다는 사실을 알 수 있습니다. 자명 매듭과 8자 매듭이 다른지는 3채색 가능성만으로는 알 수 없습니다. 사실 두 매듭은 서로 다른 매듭이지만, 이 책에서 소개하는 불변량으로는 구별할 수 없습니다.

다음으로 자명 2성분 고리, 호프 고리, 화이트헤드 고리를 생각해 봅시다. 각각의 3채색 가능성을 알아보면 가능, 불가능, 불가능이 됩니다. 이 결과에서 알 수 있는 것은 자명 2성분 고리와 호프 고리가 다르다는 것과 자명 2성분 고리와 화이트헤드 고리가 다르다는 것입니다. 이것은 간이 고리수로는 나타낼 수 없었던 사실입니다. 호프 고리와 화이트헤드 고리가 다른지는 3채색 가능성만으로는 알 수 없습니다. 그러나 앞 장의 마지막에 언급했듯이 간이 고리수를 이용하면 양자를 구별할 수 있습니다. 즉, 이 책에서 소개한 두 가지 불변량을 조합하여 세 가지 2성분 고리를 서로 구별할 수 있는 것입니다.

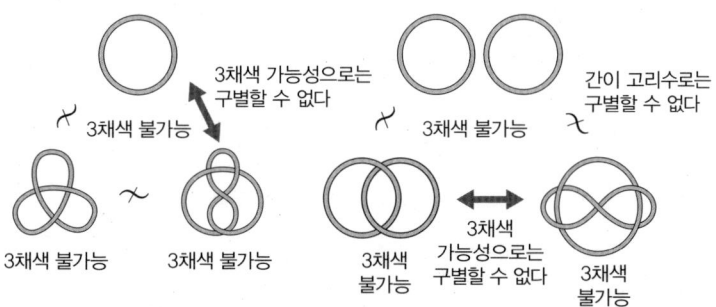

그림 11.22 3채색 가능성으로부터 알 수 있는 것

### 제11장 요약

1. 고리의 3채색 가능성은 '가능' 또는 '불가능'이라는 값을 취하는 고리의 불변량이다.
2. 고리의 3채색 가능성은 다이어그램의 3채색 가능성으로부터 계산할 수 있다. 고리의 어떤 다이어그램을 사용해도 정확하게 구할 수 있다.
3. 고리 다이어그램의 3채색 가능성은 그 다이어그램의 각 호에 어떤 조건을 만족하도록 3색 중 하나의 색을 칠할 수 있는지를 조사하여 판단할 수 있다.
4. 자명 매듭은 3채색 불가능하다. 따라서 3채색 가능한 매듭은 풀 수 없음을 알 수 있다.

# 제 12 장

# 불변성의 증명

앞서 소개했듯이 간이 고리수는 2성분 고리의 불변량이며, 3채색 가능성은 고리의 불변량입니다. 여기에서는 간이 고리수가 2성분 고리의 불변량이고, 3채색 가능성이 고리의 불변량임을 증명합니다. 고리에 대응시킨 '어떤 양'이 불변량임을 보여주기 위해서는, 그 고리의 어떤 다이어그램으로부터 구해도 변하지 않는 것을 나타낼 필요가 있습니다. 여기에서 중요한 역할을 하는 것이 8장에서 소개한 라이데마이스터 정리입니다. 라이데마이스터 변형은 두 고리가 같은 고리임을 보여주기 위한 도구라고 생각하기 쉽지만, 그것만이 전부가 아닙니다. 여기에서는 어떤 값이 고리의 불변량이 된다는 것을 어떻게 보여줄 수 있는지, 왜 라이데마이스터의 정리가 중요한지 살펴봅니다.

## 1. 간이 고리수의 불변성 증명

간이 고리수가 불변량임을 보여주기 위해서는, 어떤 2성분 고리든 그에 해당하는 모든 다이어그램에서 간이 고리수의 값이 같다는 것을 증명해야 합니다. 하지만 하나의 2성분 고리만 생각해도 무수히 많은 다이어그램이 존재하므로, 그 모든 경우에 대해 간이 고리수를 직접 계산해 일일이 확인하는 것은 현실적으로 불가능합니다. 이때 도움이 되는 것이 '라이데마이스터 정리'입니다. 주어진 고리는 어떤 다이어그램을 취하든, 서로 평면의 동위 변형과 라이데마이스터 변형을 통해 서로 이동한다는 것이 라이데마이스터 정리의 핵심입니다. 평면의 동위 변형과 라이데마이스터 변형을 이용하여 고리의 다이어그램을 변형해도 간이 고리수의 값이 변하지 않는다는 것을 말할 수 있다면, 라이데마이스터 정리에 의해 간이 고리수가 2성분 고리의 불변량이라는 것이 성립합니다. 즉, 평면의 동위 변형과 라이데마이스터 변형 I, II, III 각각이 간이 고리수의 값을 바꾸지 않는다는 것을 보여주면 됩니다.

## ◇ 평면의 동위 변형

평면의 동위 변형에 의해 각 교점의 상하 정보는 변하지 않습니다. 따라서 평면의 동위 변형은 간이 고리수를 바꾸지 않는다는 것을 알 수 있습니다.

## ◇ 라이데마이스터 변형 I

라이데마이스터 변형 I은 어느 한쪽의 성분에 교점을 새로 만들거나 삭제하는 조작이므로 양쪽의 성분으로 구성된 교점수에는 영향을 주지 않습니다. 따라서 간이 고리수의 값은 변하지 않는 것을 알 수 있습니다.

## ◇ 라이데마이스터 변형 II

라이데마이스터 변형 II에 나타나는 호가 검은색 또는 회색 중 한 가지 색으로만 칠해진 호만 있다면, 나타나는 교점은 계산할 필요가 없는 교점이므로 간이 고리수를 바꾸지 않습니다. 라이데마이스터 변형 II에 나타나는 교점에 두 가지 색이 사용된 경우, **그림 12.1**의 두 가지 경우를 생각해 볼 수 있습니다.

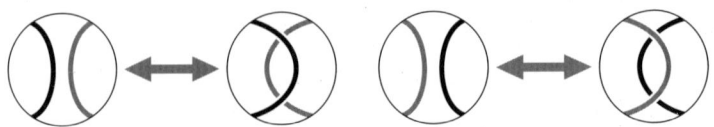

**그림 12.1** 두 가지 색으로 칠해진 라이데마이스터 변형 II

그림 12.1의 왼쪽 라이데마이스터 변형 II의 경우, 화살표의 왼쪽은 교점이 없고, 화살표의 오른쪽은 '검은색이 회색 위를 지나는 교점'이 두 개 있습니다. 오른쪽 라이데마이스터 변형 II의 경우, 화살표의 왼쪽은 교점이 없고, 화살표의 오른쪽은 '회색이 검은색 위를 지나는 교점'이 두 개 있습니다. 즉, 검은색이 회색 위를 지나는 교점의 개수의 변화는 0 또는 2가 됩니다. 간이 고리수는 검은색이 회색 위를 지나는 교점의 개수를 2로 나눈 나머지이므로, 라이데마이스터 변형 II는 간이 고리수의 값을 바꾸지 않는 것을 알 수 있습니다.

## ◇ 라이데마이스터 변형 Ⅲ

그림 12.2와 같이 라이데마이스터 변형 Ⅲ에 나타나는 교점에 $a, b, c, a',$ $b', c'$라는 이름을 붙여 둡니다. 이때 교점 $a, b, c$에서 검은색이 위를 지나는 교점의 개수와 교점 $a', b', c'$에서 검은색이 위를 지나는 교점의 개수가 일치하면 라이데마이스터 변형 Ⅲ을 수행해도 간이 고리수의 값은 변하지 않음을 알 수 있습니다.

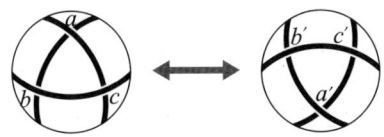

그림 12.2 교점의 대응

라이데마이스터 변형 Ⅲ에 대응하는 고리의 일부를 생각해 봅시다. 여기에 등장하는 3개의 끈을 진회색, 회색, 연회색의 3색으로 색을 칠하고, 라이데마이스터 변형에 나타나는 교점 $a, b, c, a', b', c'$에 대응하는 고리(의 일부) 끈의 겹침에 $a, b, c, a', b', c'$라는 이름을 붙인 것이 다음 그림입니다.

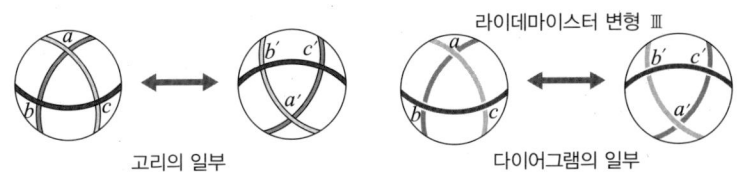

고리의 일부       라이데마이스터 변형 Ⅲ       다이어그램의 일부

그림 12.3 끈의 대응

그렇다면 $a$와 $a'$는 연회색이 회색 끈 위를 지나고, $b$와 $b'$는 진회색이 회색 끈 위를 지나고, $c$와 $c'$는 진회색이 연회색 끈 위를 지나고 있음을 알 수 있습니다. 다이어그램에서도 마찬가지입니다.

간이 고리수를 구하기 위해서는 다이어그램의 각 성분을 서로 다른 두 가지 색으로 나누어 칠합니다. 즉 진회색, 회색, 연회색의 3색으로 칠해져 있는 호 중에서, 한 색을 검은색으로, 나머지 2색으로 칠해진 호가 회색으로 칠해지게 되는데, 교점 $a$와 $a'$, $b$와 $b'$, $c$와 $c'$에서 나타나는 2색과 그 상하 관계는 일치하기 때문에 칠한 후에 검은색이 회색 위를 지나는 교점의 수는 변하지 않습니다.

구체적인 예를 통해 확인해 봅시다. **그림 12.4**와 같이 두 가지 색으로 칠해진 이 다이어그램에서 진회색에 해당하는 부분은 검은색으로, 나머지 두 가지 색, 즉 회색과 연회색에 해당하는 부분은 회색으로 칠해져 있습니다. 다이어그램을 그리기 전에 끈이 겹치는 부분 $b$와 $b'$에서는 진회색의 끈이 위를 지나고 있습니다. 다이어그램에서는 진회색 부분은 검은색으로 칠하게 되므로 $b$와 $b'$에서는 검은색이 위를 지나는 것을 알 수 있습니다.

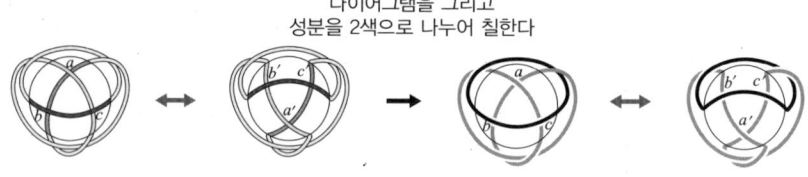

**그림 12.4** 성분을 나누어 칠한다

위 내용과 라이데마이스터 정리에 의해 간이 고리수가 2성분 고리의 불변량임을 알 수 있습니다.

## 2. 3채색 가능성의 불변성 증명

3채색 가능성이 고리의 불변량임을 증명하기 위해서는, 두 다이어그램이 한 번의 평면 동위 변형 또는 라이데마이스터 변형으로 이동할 때 '한 다이어그램이 3채색 가능이라면 다른 다이어그램도 3채색 가능이다'라고 말하면 된다는 것을 라이데마이스터 정리를 통해 알 수 있습니다. 간이 고리수 때와 마찬가지로 평면의 동위 변형과 라이데마이스터 변형 I, II, III이 3채색 가능성을 유지한다는 것을 확인합니다.

### ◇ 평면의 동위 변형

3채색 가능 조건을 만족하도록 그려진 다이어그램에 평면의 동위 변환을 수행했다고 가정해 봅시다. 동위 변환을 하기 전과 후, 사용하는 색의 수는 변하지 않고, 다이어그램의 교점에 사용되는 색과 교점의 상하 정보는 일대일로 대응합니다. 또한 교점 사이를 연결하는 곡선의 색과 연결 방법도 변하지 않습니다. 따라서 동위 변환으로 3채색 가능성은 유지되는 것을 알 수 있습니다.

구체적인 예를 통해 확인해 봅시다. **그림 12.5**에서는 같은 번호의 교점, 같은 번호의 호가 각각 대응하고 있으므로 변형 전에 교점 주위에서 3색이 사용되었다면 변형 후에도 3색이 사용되었고, 한 색만 사용되었다면 변형 후에도 한 색만 사용되었음을 알 수 있습니다.

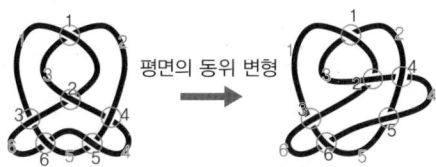

그림 12.5 평면의 동위 변형에 의한 대응

## ◇ 라이데마이스터 변형 I

3채색 가능의 조건을 만족하도록 칠해져 있는 다이어그램에 대해 라이데마이스터 변형 I을 수행하여 얻은 다이어그램도 3채색 가능하다는 것을 나타냅니다. 여기에서는 원의 바깥쪽에 칠하는 방식은 바꾸지 않고 안쪽의 칠하는 방식을 살펴보기로 합니다.

라이데마이스터 변형 I을 수행하여 새로운 교점이 생겼다고 가정해 봅시다. 변형을 수행하는 호가 a로 칠해져 있었다고 가정하면, 원의 바깥쪽을 칠하는 방식은 바뀌지 않아야 하므로 원의 바깥쪽으로 이어지는 호도 a로 칠해지게 됩니다. 이때 이 다이어그램은 **그림 12.6**과 같이 원의 바깥쪽을 향해 a로 칠해져 나가게 되므로 변형 후에도 변형으로 나타나는 호의 바깥쪽 부분은 a로 칠해지게 됩니다. 즉, 변형 후 원 안쪽의 호도 양쪽 끝에서 a로 칠해야 하므로 새로 나타나는 교점 주변은 a로만 칠하게 되는데, 이는 채색 조건을 만족합니다. 따라서 교점을 늘리는 라이데마이스터 변형 I은 3채색 가능성을 유지하는 것을 알 수 있습니다.

그림 12.6 교점을 증가시키는 라이데마이스터 변형 I은 3채색 가능성을 유지한다

라이데마이스터 변형 I로 교점이 제거되었다고 가정해 봅시다. 이 교점은 두 개의 호로 이루어져 있기 때문에 서로 다른 세 가지 색으로 칠할 수 없고 모두 같은 색으로 칠하게 됩니다. 같은 색 $a$로 칠해져 있다고 가정하면, 원의 바깥쪽을 칠하는 방식은 변하지 않으므로 원의 바깥쪽으로 이어지는 호도 $a$로 칠해져 있게 됩니다. 즉, 이 다이어그램은 원의 바깥쪽을 향해 $a$로 칠해져 나가게 되므로 변형 후에도 원의 바깥쪽 부분은 $a$로 칠해져 있어야 합니다. 따라서 변형 후에는 **그림 12.7**과 같이 원 안쪽의 호도 양 끝에서 $a$로 칠해져 채색 조건을 만족하는 것을 알 수 있습니다.

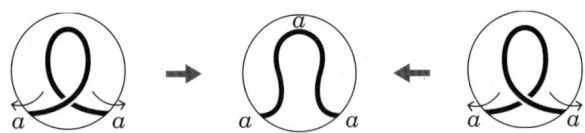

**그림 12.7** 교점을 감소시키는 라이데마이스터 변형 I은 3채색 가능성을 유지한다

두 경우 모두 변형 전의 다이어그램은 (원의 안쪽과 바깥쪽을 합치면) 최소 2색으로 칠해져 있기 때문에 변형 후에도 2색 이상으로 칠해져 있습니다. 따라서 변형 후에도 3채색 가능의 조건을 만족하는 것을 확인할 수 있었습니다.

### ◆ 라이데마이스터 변형 II

3채색 가능의 조건을 만족하도록 칠해진 다이어그램에 대해 라이데마이스터 변형 II를 수행하여 얻은 다이어그램도 3채색 가능함을 보입니다. 여기에서도 원 바깥쪽의 칠하는 방식은 바꾸지 않고 안쪽의 칠하는 방식을 살펴보기로 합니다. 우선 라이데마이스터 변형 II를 수행하여 새롭게 2개의 교점이 생긴 경우를 생각해 봅시다. 원래의 두 개 호가 같은 색 $a$로 칠해져 있다고 가정하면, 변형을 수행한 후에는 회색 호를 제외한 모든 색이 $a$여야 합니다. **그림 12.8**과 같이 색이 정해지지 않은 호에 $a$를 칠하면 채색 조건을 만족하는 것을 알 수 있습니다.

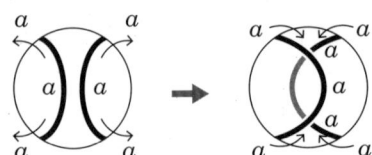

**그림 12.8** 같은 색의 호에 관한 교점을 늘리는 라이데마이스터 변형 II

원래의 두 개 호가 서로 다른 색 $a$, $b$로 칠해져 있다고 가정하면, 원의 바깥쪽으로 이어지는 호도 같은 색으로 칠해지므로 변형 후에는 회색 호를 제외하고는 **그림 12.9**와 같아집니다. 아직 채색되지 않은 회색 호를 나머지 한 가지 색으로 칠하면 채색 조건을 만족하는 것을 알 수 있습니다.

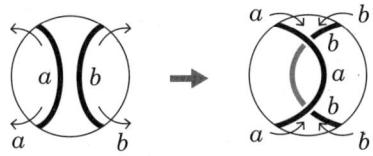

**그림 12.9** 다른 색의 호에 관한 교점을 늘리는 라이데마이스터 변형 Ⅱ

다음으로 라이데마이스터 변형 Ⅱ를 수행하여 교점의 수가 줄어드는 경우를 살펴보겠습니다. 변형 전 모든 호가 같은 색 $a$로 칠해져 있다면, 원의 바깥쪽으로 이어지는 호는 $a$로 칠해지게 됩니다. 변형 후에도 **그림 12.10**과 같이 원의 바깥쪽으로 이어지는 호는 $a$로 칠해져 있으므로, 그대로 두 개의 호를 $a$로 칠하면 채색 조건을 만족하도록 칠할 수 있음을 알 수 있습니다.

**그림 12.10** 같은 색으로 칠해져 있는 교점을 줄이는 라이데마이스터 변형 Ⅱ

변형 전의 호가 한 가지 색으로 칠해져 있지 않은 경우는 **그림 12.11**과 같이 두 개의 교점에 세 가지 색이 모두 사용되고 있는 그림 12.11과 같이 칠합니다.

**그림 12.11** 3색을 사용하고 있는 라이데마이스터 변형 Ⅱ를 수행한 호

변형 전 바깥쪽으로 이어지는 호의 색으로 변형 후 원 안쪽의 호를 칠하는 방법을 정하면 **그림 12.12**와 같이 채색 조건을 만족하는 것을 알 수 있습니다.

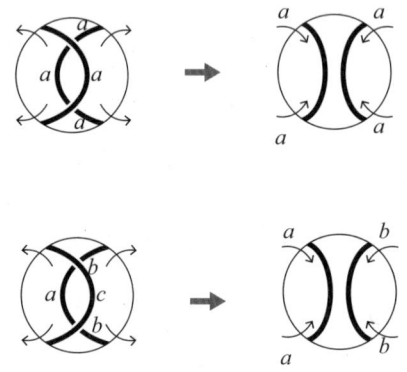

**그림 12.12** 라이데마이스터 변형 Ⅱ 전의 호

두 경우 모두 변형 전의 다이어그램은 (원의 안쪽과 바깥쪽을 더하면) 최소 2색으로 칠해져 있기 때문에 변형 후에도 2색 이상으로 칠해져 있습니다. 따라서 변형 후에도 3채색 가능의 조건을 만족하는 것을 확인할 수 있었습니다.

### ◇ 라이데마이스터 변형 Ⅲ

3채색 가능 조건을 만족하도록 칠해진 다이어그램에 대해 라이데마이스터 변형 Ⅲ를 수행하여 얻은 다이어그램도 3채색 가능함을 보입니다. 여기에서도 원 바깥쪽의 칠하는 방식은 바꾸지 않고 안쪽의 칠하는 방식을 살펴보기로 합니다. 라이데마이스터 변형 Ⅲ은 호의 그림을 '끈'으로 인식하면 3개의 '끈'에 관한 변형이므로 변형 전후로 끈의 끝점의 색이 일치하면 됩니다. 변형 전 호의 **그림 12.13**의 ○ 표시를 한 끝점에 착안하여, 우선 확인해야 할 경우가 몇 가지 있는지를 생각합니다.

**그림 12.13** 3개의 끝점에 주목

색의 교체를 염두에 두면, **그림 12.15**의 5가지 경우를 고려하는 것으로 충분함을 알 수 있습니다. 다만, 이후 그림에서 $a$, $b$, $c$는 서로 다른 세 가지 색을 나타내는 것으로 하겠습니다.

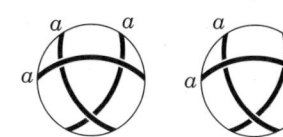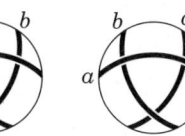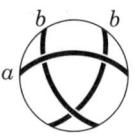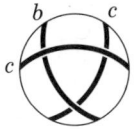

그림 12.14 고려해야 하는 경우

> **연습문제 1** 그림 12.14의 각 경우에 대해 나머지 호를 조건을 만족하도록 칠하시오.
>
> **해답** 그림 12.14의 5가지 경우 각각에 대해 채색 조건을 만족하도록 나머지 호를 칠하면 그림 12.15와 같습니다.
>
>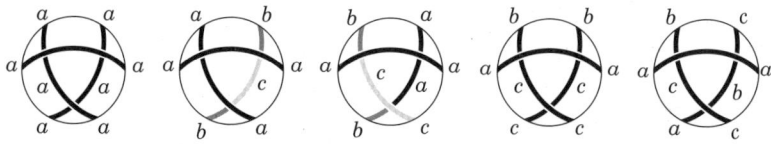
>
> 그림 12.15 칠한 그림

다음으로 변형 후를 살펴봅시다. 변형 전후에 원의 바깥쪽을 칠하는 방식을 바꾸지 않는다면, 바깥쪽으로 이어지는 호의 색은 변형 전에 칠한 색으로 결정됩니다. 따라서 **그림 12.16**의 아직 칠해지지 않은 흰색 호를 채색 조건을 만족하도록 칠할 수 있다면 다이어그램 전체가 채색 조건을 만족하는 것을 알 수 있습니다.

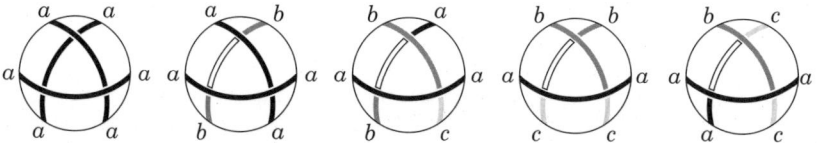

그림 12.16 라이데마이스터 변형 Ⅲ 적용 후의 그림 12.15

그림 12.16에서 두 개의 호만 칠해진 교점을 선택했을 때, 같은 색이 칠해져 있다면 해당 색으로, 다른 색이 칠해져 있을 때 나머지 한 가지 색으로 칠할 수 있으면 채색 조건을 만족하는 것을 알 수 있습니다.

2. 3채색 가능성의 불변성 증명 **235**

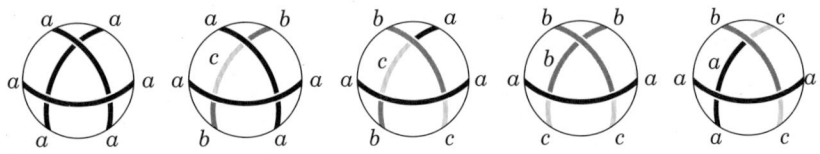

그림 12.17 세 가지 색으로 칠해진 라이데마이스터 변형 Ⅲ 적용 후의 그림 12.15

두 경우 모두 변형 전의 다이어그램은 (원의 안쪽과 바깥쪽을 합치면) 최소 2색으로 칠해져 있기 때문에 변형 후에도 2색 이상으로 칠해져 있습니다. 따라서 변형 후에도 3채색 가능의 조건을 만족하는 것을 확인할 수 있었습니다.

이상으로부터 3채색 가능성은 고리의 불변량임을 알 수 있습니다.

---

### 제12장 요약

1. 라이데마이스터 정리는 고리에 대응시킨 '어떤 양'이 불변량임을 보여주는 데 중요한 역할을 한다.
2. 라이데마이스터 정리에 의해 고리에 대응시킨 '어떤 양'이 불변량임을 증명하기 위해서는 그 양이 평면의 동위 변형과 라이데마이스터 변형에서 변하지 않는다는 것을 보여주면 된다.

# 제13장 고리를 풀자

최근 매듭이론을 이용한 분자생물학 연구가 주목받고 있습니다. 토포이소머라아제(topoisomerase)라는 효소는 DNA를 절단하고 재결합하는데, DNA 매듭(고리 모양의 DNA)을 효율적으로 풀어주는 것이 실험에서 관찰되고 있습니다. 그러나 이 효소가 어떤 메커니즘으로 DNA 매듭을 풀어가는지는 알려지지 않습니다. 이 현상을 밝히기 위해 매듭 이론에서 오래전부터 알려진 '교차 교환'이라는 조작을 '효소의 DNA에 대한 작용'의 수학적 모델로 보고 매듭 이론을 응용하는 것이 고려되고 있습니다. 이 장에서는 매듭을 풀 수 있는 '교차 교환'이라는 조작을 도입하여 실제로 매듭을 풀어봅니다. 또한 몇 가지 새로운 불변량을 소개합니다.

## 1. 교차 교환과 매듭의 풀림수(unknotting number)

1937년에 벤트(Hilmar, Wendt)는 '교차 교환'이라고 부르는, 매듭의 다이어그램 교점의 위아래를 바꾸는 **그림 13.1**과 같은 조작을 정의했습니다.

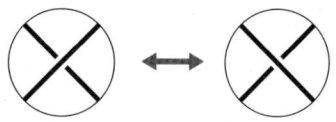

**그림 13.1** 교차 교환

예를 들어 세잎 매듭의 표준 다이어그램은 그림 13.2의 ○ 표시를 한 교점에서 교차 교환을 하면 자명 매듭의 다이어그램으로 만들 수 있습니다. **그림 13.2**와 같이 교차 교환을 한 후 라이데마이스터 변형 I, II를 수행하면 자명 다이어그램으로 만들 수 있음을 확인할 수 있습니다.

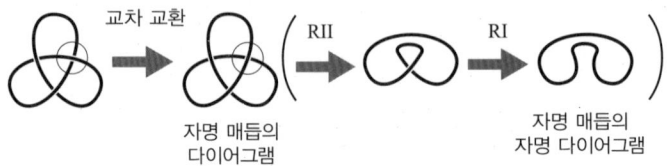

**그림 13.2** 세잎 매듭을 푸는 교차 교환

그림 13.3의 $8_3$ 매듭 다이어그램은 ○ 표시를 한 두 개의 교점에서 교차 교환을 수행함으로써 자명 매듭의 다이어그램으로 만들 수 있습니다.

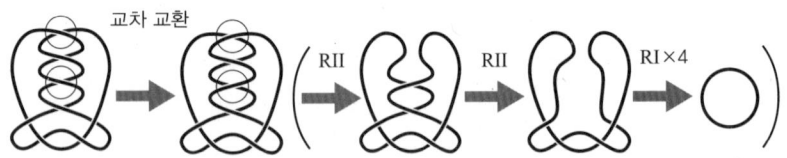

**그림 13.3** $8_3$ 매듭을 푸는 교차 교환

그림 13.3의 $8_3$ 매듭 다이어그램은 한 번의 교차 교환으로는 자명 매듭의 다이어그램이 될 수 없습니다. 이는 이 다이어그램의 교점 각각에 대해 교차 교환을 수행하여 생성되는 매듭의 다이어그램을 자명 매듭의 다이어그램으로 만들 수 없다는 것으로 확인할 수 있는데, 뒤에서 기술하는 연습문제 8의 해답에서 보다 효율적으로 확인할 수 있습니다. 교차 교환은 고리의 다이어그램에 대해서도 마찬가지로 정의할 수 있습니다.

> **연습문제 1** 다음 다이어그램에 교차 교환을 실시하여 자명 매듭의 다이어그램을 구하시오. 또한 얻어진 다이어그램이 자명 매듭을 나타냄을 확인하시오.
>
>
>
> **그림 13.4** 매듭 다이어그램
>
> **해답** 그림 13.5와 같이 ○ 표시를 한 교점에 교차 교환을 함으로써 자명 매듭의 다이어그램을 얻을 수 있습니다. 이것이 자명 매듭의 다이어그램임을 그림 13.5와 같이 확인할 수 있습니다.

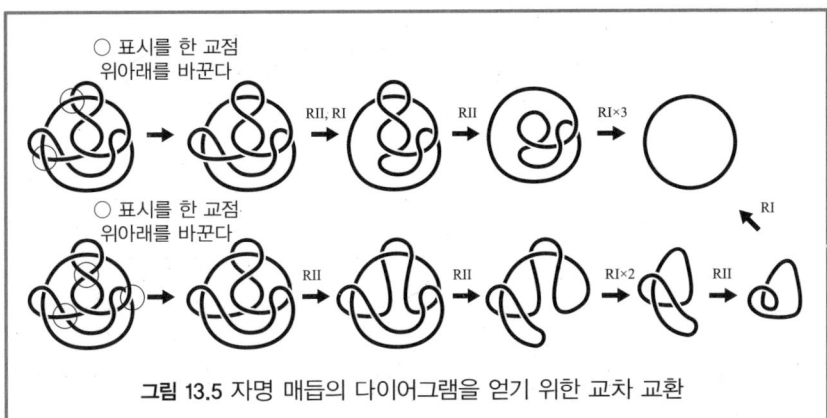

그림 13.5 자명 매듭의 다이어그램을 얻기 위한 교차 교환

 필자가 연습문제 1의 해답을 제시할 때, 교차 교환 후 '교점의 수를 줄이는 라이데마이스터 변형 Ⅱ'가 적용될 수 있도록 교점을 선택하여 자명 매듭의 다이어그램을 얻으려고 했습니다. 그러나 교차 교환 후 자명 매듭의 다이어그램을 얻을 수 있는 교점 선택 방법은 다른 방법도 있습니다. 누가 하더라도 같은 교점을 선택할 수 있는 통일된 방법이 있을까요? 또한 세잎 매듭과 $8_3$ 매듭에 대해서는 교차 교환으로 자명 매듭의 다이어그램을 만들 수 있다는 것을 보여주었는데, 다른 매듭에 대해서는 어떨까요? 여기에서는 이 두 가지 질문에 대해 긍정적인 답변을 드리겠습니다.

 일반적으로 어떤 매듭의 다이어그램도 몇 개 교점의 위아래를 바꾸면 자명 매듭의 다이어그램을 만들 수 있습니다. 이를 증명하기 위해 모든 매듭의 투영도는 위아래를 잘 설정하면 자명 매듭의 다이어그램을 얻을 수 있다는 것을 증명하는 것으로 충분합니다.

> **연습문제 2** 자명 매듭의 다이어그램을 얻을 수 있다는 것을 증명할 수 있다면, 어떤 매듭의 다이어그램이라도 몇 개 교점의 위아래를 바꾸면 자명 매듭의 다이어그램으로 만들 수 있다는 것을 증명할 수 있는 이유는 무엇인가요?
>
> **해답** 원래 다이어그램의 교점에서 상하 정보를 얻을 수 있는 자명 매듭의 다이어그램과 다른 부분의 교점에서 교차 교환을 하면, 자명 매듭의 다이어그램을 얻을 수 있기 때문입니다.

지금부터는 주어진 매듭의 투영도로부터 자명 매듭의 다이어그램을 얻을 수 있는 통일된 방법을 제시하고자 합니다.

매듭의 투영도가 주어졌을 때, 다음과 같이 위아래를 설정하면 자명 매듭의 다이어그램을 얻을 수 있습니다. **그림 13.6**과 같이 다이어그램 위에 시작 지점을 정하고, 추가로 나아갈 방향을 정합니다. 시작 지점에서 결정한 방향을 따라 진행하면서 처음 교점을 지날 때 지나가는 선분이 위가 되도록 각 교점에 상하 정보를 부여합니다. 이미 상하 정보를 부여한 교점을 지날 때는 그대로 아래쪽을 지나갑니다. 모든 교점에 상하 정보를 부여하고 시작 지점으로 돌아오면 자명 매듭의 다이어그램을 얻을 수 있습니다.

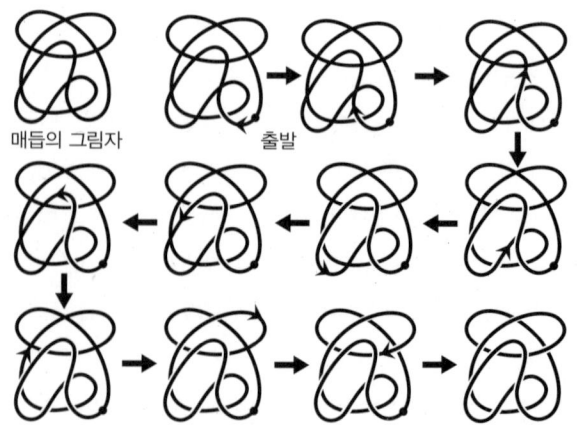

**그림 13.6** 자명 매듭의 다이어그램을 얻기 위해 상하 정보를 부여하는 방식

> **연습문제 3**  그림 13.6에서 얻은 자명 매듭의 다이어그램을 자명 다이어그램으로 변형하는 라이데마이스터 변형과 평면의 동위 변형 열을 제시하시오.

> **해답**  그림 13.7과 같은 라이데마이스터 변형과 평면의 동위 변형 열로 자명 매듭의 다이어그램을 얻을 수 있습니다.

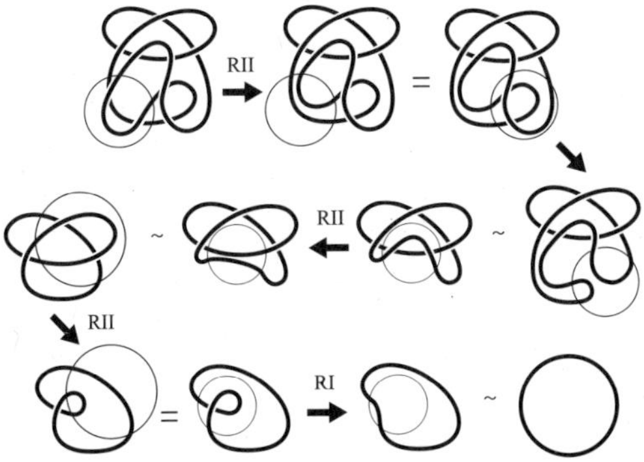

**그림 13.7** 자명 매듭의 다이어그램을 얻기 위한 동위 변형과 라이데마이스터 변형 열

이처럼 매듭의 투영도에 교점의 상하 정보를 부여하면 언제든지 자명 매듭의 다이어그램을 얻을 수 있다는 것은 다음과 같이 설명할 수 있습니다. **그림 13.8**의 매듭은 그림 13.5의 다이어그램에 대응하는 매듭인데, 교점의 상하 정보를 부여하는 방법에 따라 시작 지점부터 화살표를 따라 점차 고도를 낮추면서 진행된다고 생각할 수 있습니다. 상상하기 어려운 분들은 시작 지점에서 중단하고 화살표 방향으로 진행하면서 끝점을 서서히 위로 들어 올린다고 생각하시기를 바랍니다. 단, 그대로는 끝점이 연결되어 있지 않기 때문에 마지막에 바로 위로 올라가서 출발 지점으로 돌아와서 끝점을 연결해야 합니다. 그렇게 하면 자명한 매듭임을 알 수 있습니다.

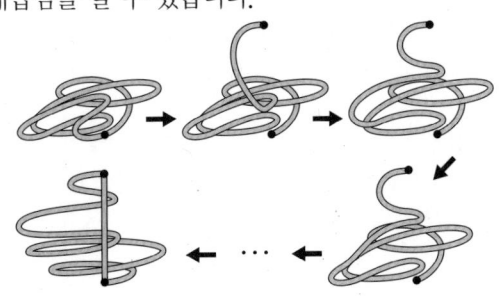

**그림 13.8** 끈을 엉키지 않도록 펴가는 것이 가능

**연습문제 4** 다음 매듭의 다이어그램에 교차 교환을 실시하여 자명 매듭의 다이어그램으로 만드시오.

그림 13.9 매듭의 다이어그램

**해답** 다이어그램으로부터 교점의 상하 정보를 무시하고 얻을 수 있는 투영도를 생각해 봅니다. 그림 13.10과 같이 시작 지점과 방향을 정하고, 투영도를 따라가면서 처음 교점을 통과할 때, 통과하는 선분이 위가 되도록 교점에 상하 정보를 제공하면 자명 매듭의 다이어그램을 얻을 수 있습니다. 이 다이어그램과 원래의 다이어그램을 비교해 보면 위아래가 바뀌는 교점은 ○ 표시를 한 교점임을 알 수 있습니다. 따라서 원래 다이어그램의 ○ 표시를 한 교점의 상하 정보를 교차 교환을 통해 바꾸면 자명 매듭의 다이어그램을 얻을 수 있습니다.

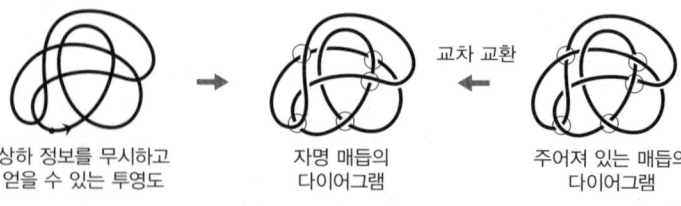

그림 13.10 자명 매듭의 다이어그램을 얻기 위한 교차 교환

연습문제 4의 해답에서는 5개의 교점에서 교차 교환을 통해 자명 매듭의 다이어그램을 만들었지만, 실제로는 더 적은 수의 교차 교환으로 자명한 매듭의 다이어그램을 얻을 수 있습니다.

**연습문제 5** 연습문제 4의 매듭 다이어그램을 자명 매듭의 다이어그램으로 만들기 위해 필요한 교차 교환의 최소 개수가 3개 이하임을 보이시오.

**해답** 그림 13.11에서 ○ 표시를 한 3개의 교점에 교차 교환을 실시하면 자명 매듭의 다이어그램을 얻을 수 있으므로, 필요한 교차 교환의 최소 개수는 3개 이하임을 알 수 있습니다.

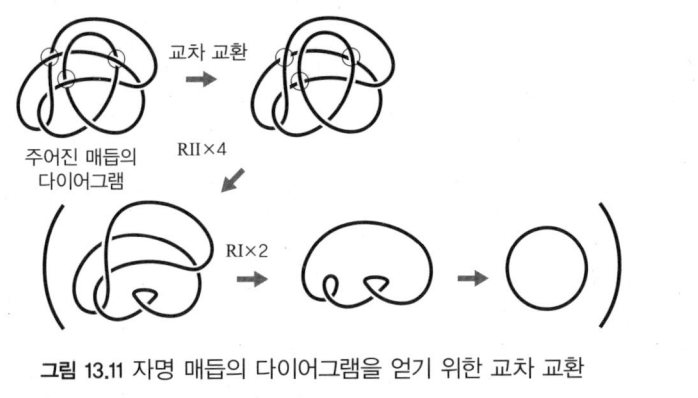

**그림 13.11** 자명 매듭의 다이어그램을 얻기 위한 교차 교환

그러나 이러한 교점을 무작위로 찾는 것은 효율적이지 않은 경우가 많습니다. 사실, 자명 매듭의 다이어그램을 얻기 위해 교차 교환을 해야 하는 교점의 수가 교점수의 절반 이하인 경우, 이를 실현하는 교점을 찾는 것은 어렵지 않습니다. 연습문제 4 매듭의 다이어그램을 예로 들어보겠습니다. 그림 13.10의 교차 교환으로 얻은 자명 매듭 다이어그램의 거울상 역시 자명 매듭의 다이어그램입니다. 다이어그램의 거울상은 교점의 상하 정보를 바꾸면 얻을 수 있으므로, **그림 13.12**와 같이 교차 교환으로 교체한 교점은 원래 상태로 돌아가고, 교체하지 않은 교점의 상하 정보는 반대가 됩니다.

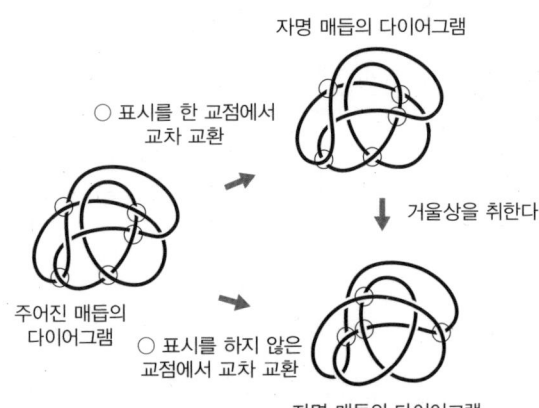

**그림 13.12** 그림 3.11의 자명 매듭 다이어그램의 거울상을 얻기 위한 교차 교환

1. 교차 교환과 매듭의 풀림수

연습문제 4의 해답에서는 9개의 교점 중 5개의 교점에 교차 교환을 하여 자명 다이어그램을 얻었습니다. 교점의 위아래를 교체하지 않은 4개의 교점의 위아래를 교체하면, 얻어진 자명 매듭의 다이어그램 거울상을 얻을 수 있습니다. 일반적으로 주어진 매듭의 다이어그램은 교점수의 절반 이하의 교차 교환으로 자명 매듭의 다이어그램으로 만들 수 있습니다.

> **연습문제 6** 어떤 매듭의 다이어그램은 전체 교점의 절반 이하의 교점에서 교차 교환을 함으로써 자명 매듭을 나타낼 수 있습니다. 그러한 교점을 선택하는 방식의 순서를 제시하시오.
>
> **해답** 주어진 매듭 다이어그램의 교점 상하 정보를 무시하고 얻은 투영도가 자명 매듭이 되도록 13.1절(p.237~)에서 설명한 방법으로 교점에 상하 정보를 제공합니다. 이렇게 얻은 자명 매듭의 다이어그램은 원래 매듭의 다이어그램에 몇 번의 교차 교환을 통해 얻을 수 있습니다. 교차 교환을 하는 교점의 수가 전체 교점수의 절반 이하라면, 그 교점의 집합이 원하는 집합이 됩니다. 교차 교환을 하는 교점의 수가 전체 교점수의 절반 이상이라면, 그 교점 이외의 교점이 구하고자 하는 교점의 집합이 됩니다.
> 왜냐하면 교차 교환을 하는 교점의 위아래를 교체하면 앞에서 얻은 자명 매듭 다이어그램의 교점 위아래를 교체한 것을 얻을 수 있기 때문입니다. 이 역시 자명 매듭의 다이어그램으로 되어 있기 때문입니다.

> **연습문제 7** 다음의 매듭 다이어그램에서 몇 개의 교점을 교차 교환하여 자명 매듭의 다이어그램으로 만드시오.
>
>
>
> **그림 13.13** 매듭 다이어그램
>
> **해답** 다이어그램에서 교점의 상하 정보를 무시하고 얻을 수 있는 투영도를 생각해 봅시다. **그림 13.14**와 같이 시작 지점과 진행 방향을 정하고, 투영도를 따라가면서 교점의 상하 정보를 결정하면 자명 매듭의 다이어그램을 얻을 수 있습니다. ○ 표시를 한 교점의 위아래를 교체하면 원래의 다이어그램을 얻은 자명 매듭의 다이어그램을 만들 수 있습니다.

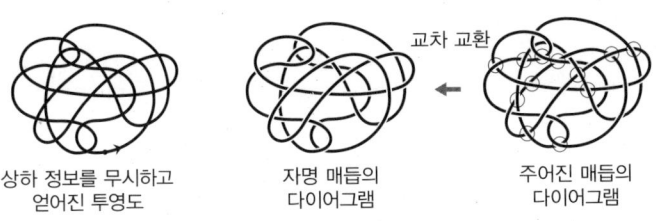

**그림 13.14** 자명 매듭 다이어그램을 얻기 위한 교차 교환

연습문제 7의 해답에서는 12개의 교점에 교차 교환을 실시하여 자명 매듭의 다이어그램을 만들었습니다. 이 다이어그램의 교점수는 29개이므로 12개의 교점은 전체 교점수의 절반 이하입니다. 그러나 이 다이어그램을 자명 매듭의 다이어그램으로 만들기 위해 필요한 교차 교환의 최소 개수는 아닙니다. 이는 **그림 13.15**의 ○ 표시를 한 7개의 교점을 교체하면 자명 매듭의 다이어그램을 만들 수 있다는 것을 알 수 있습니다.

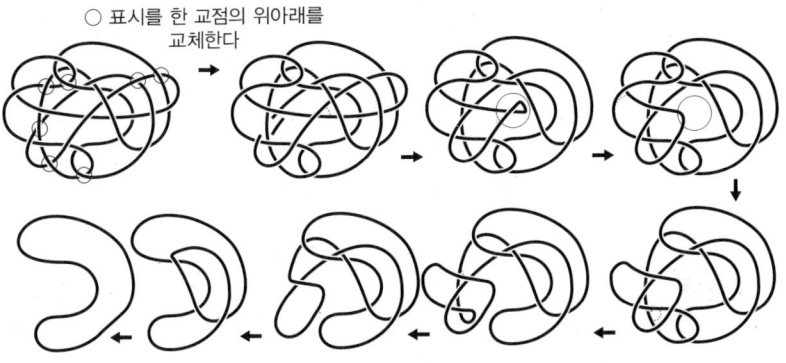

**그림 13.15** 자명 매듭의 다이어그램을 만들기 위한 일곱 번의 교차 교환

또한 '7'이라는 수는 12보다 작지만, 자명 다이어그램을 얻기 위한 교차 교환의 최소 횟수인지는 알 수 없습니다. 일반적으로 자명 매듭의 다이어그램을 얻기 위한 교차 교환의 최소 횟수를 결정하는 것은 매우 어렵습니다. 주어진 다이어그램을 자명 매듭의 다이어그램으로 만들기 위한 교차 교환의 최소 횟수가 $n$이라는 것을 보여주기 위해서는, 어떤 $n-1(>0)$개의 교점을 위아래로 교체해도 자명 매듭의 다이어그램이 되지 않는다는 것을 보여줘야 하기 때문입니다. 이를 실감할 수 있도록 다음 문제를 생각해 봅시다.

**연습문제 8** $7_3$ 매듭의 다이어그램을 자명 매듭의 다이어그램으로 만들기 위해 필요한 교차 교환의 최소 횟수가 2회임을 보이시오. 단, 책 뒤의 표에 있는 매듭이 자명하지 않다는 것을 확인해도 됩니다.

그림 13.16 $7_3$ 매듭의 다이어그램

**해답** 자명 매듭의 다이어그램을 얻기 위해 필요한 교차 교환의 최소 횟수가 '2'라는 것을 보여주기 위해서는, 다이어그램에 두 번의 교차 교환을 잘 수행하면 자명 매듭의 다이어그램을 나타낸다는 것을 확인하고, 추가로 그 다이어그램에 한 번의 교차 교환을 어떻게 수행하더라도 자명 매듭의 다이어그램을 나타내지 않음을 보여 주면 됩니다. 이 다이어그램은 7개의 교점을 가지므로 7개의 다이어그램이 비자명 매듭의 다이어그램임을 확인하면 됩니다. 그러나 다이어그램의 특징에 주목하면, 두 개의 매듭이 자명하지 않음을 보여주면 충분하다는 것을 알 수 있습니다. 다이어그램의 교점은 **그림 3.17**에서 알 수 있듯이 매듭에서 두 줄의 끈을 꼬아서 만들었습니다.

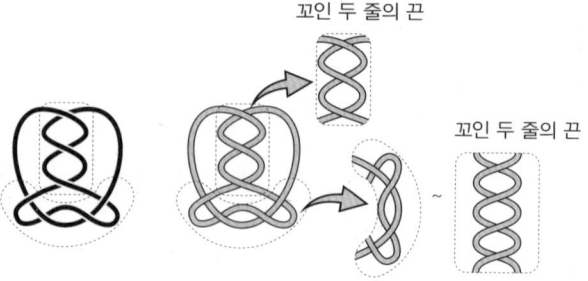

그림 13.17 매듭 $7_3$에 포함된 꼬인 두 줄의 끈

이 꼬임에 관한 다이어그램을 그린 후, **그림 13.18**과 같은 교차 교환을 하면 1개의 꼬임을 제거할 수 있음을 알 수 있습니다. 그림은 2개의 교점 중 ○ 표시를 한 위쪽 교점에 교차 교환을 한 경우이지만, 둘 다 대칭성이 있으므로 180° 회전시키면 아래쪽 교점을 교차 교환한 경우가 되므로 어느 한쪽을 생각하면 충분합니다.

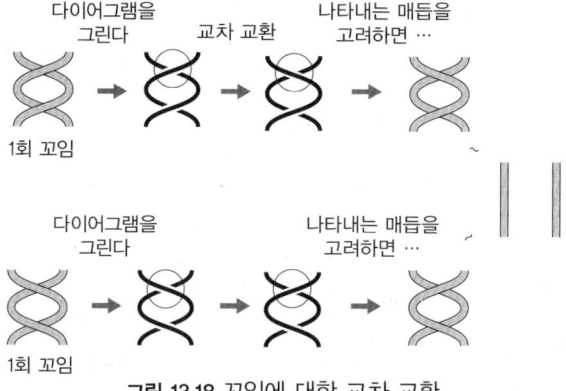

그림 13.18 꼬임에 대한 교차 교환

**그림 13.19**의 $7_3$ 매듭은 점선으로 둘러싸인 두 곳에서 두 줄의 끈이 꼬여 있습니다. 한 번의 교차 교환으로 한 번의 꼬임을 풀 수 있다고 생각하면, 주어진 다이어그램의 한 교점에 교차 교환을 적용한 다이어그램으로부터 얻어지는 매듭은 그림 13.19의 $7_3$ 매듭의 점선 테두리 안의 꼬임을 하나 푼 매듭이라는 것을 알 수 있습니다. 이를 변형하면 각각 $5_1$ 매듭 또는 $5_2$ 매듭이 됩니다. 둘 다 자명 매듭이 아니므로, 주어진 다이어그램은 한 번의 교차 교환으로 자명 매듭이 될 수 없음을 알 수 있습니다.

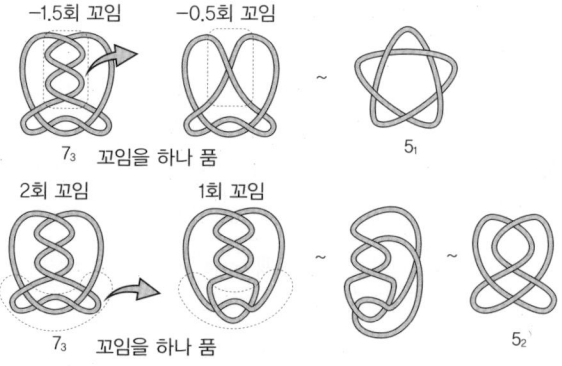

그림 13.19 한 번의 교차 교환으로 구한 다이어그램에서 얻어진 매듭

**그림 13.20**의 ○ 표시를 한 두 교점에 교차 교환을 하면 두 번의 교차 교환으로 자명 매듭의 다이어그램을 만들 수 있음을 알 수 있습니다. 따라서 이 다이어그램을 자명 매듭의 다이어그램으로 만들기 위해 필요한 교차 교환의 최소 횟수는 '2'라는 결론을 내릴 수 있습니다.

1. 교차 교환과 매듭의 풀림수

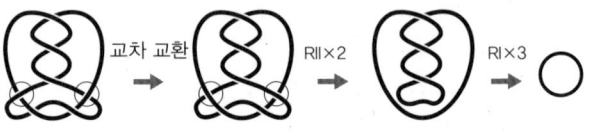

**그림 13.20** 두 번의 교차 교환

 그렇다면 주어진 매듭의 다이어그램을 자명 매듭의 다이어그램으로 만들기 위해 교차 교환을 실시하는 교점의 최소 개수로부터 원래 매듭의 어떤 유용한 정보를 얻을 수 있을까요? 안타깝게도 하나의 다이어그램을 고정시켰기 때문에 얻을 수 있는 것은 그 다이어그램에 대한 정보일 뿐, 원래 매듭에 대한 정보는 얻을 수 없습니다. 구체적인 예를 들어보겠습니다. **그림 13.21**의 왼쪽 다이어그램은 적어도 3개의 교점에서 교차 교환을 해야 자명 매듭의 다이어그램이 됩니다. 반면, 오른쪽의 다이어그램은 2개의 교점에서 교차 교환을 하면 자명 매듭의 다이어그램이 될 수 있습니다.

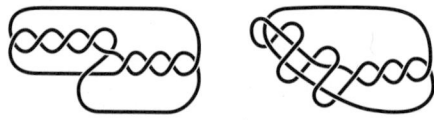

**그림 13.21** 자명 매듭이 되기 위해 실시하는 교차 교환의 횟수가 다른 다이어그램

 그러나 이 두 다이어그램은 같은 매듭의 다이어그램입니다. 이것으로부터 주어진 매듭의 다이어그램이 '최소한 $n$개의 교점에서 교차 교환을 하면 자명 매듭의 다이어그램이 된다'고 하더라도, 매듭을 변형하여 다이어그램을 재구성하면 '$n-1$개 이하의 교점에서 교차 교환을 하면 자명 매듭의 다이어그램이 될 수 있다'는 것을 알 수 있습니다. 따라서 주어진 매듭의 모든 다이어그램 각각에 대해 교차 교환으로 자명 매듭의 다이어그램이 되기 위해 필요한 교점의 최소 개수를 생각하고, 그중 가장 작은 값을 구합니다. 이 값은 어떤 의미에서 매듭의 복잡도를 측정한다고 할 수 있습니다. 이 값을 '매듭 풀림수(unknotting number)'라고 하며, 매듭의 불변량이 됩니다.

 매듭 풀림수는 다음과 같이 정의할 수 있습니다. $n$을 자연수로 가정합니다. 주어진 매듭에 대해 $n$개의 교점에 교차 교환을 하면 자명 매듭이 되는 다이어그램이 있고, 추가로 $n-1$개 이하의 교점에 교차 교환을 해도 자명 매듭의 다이어그램을 얻을 수 있는 다이어그램이 존재하지 않을 때, 이 매듭의 매듭 풀림수는 '$n$'이라고 합니다. 주의해야 할 점은 $n-1$개 이하에는 0개도 포함된다는 점입니다. '0개의 교점에 교차 교환을 한다'는 것은 '교차 교환을 하지 않는다'는 뜻입니다. 이는 원래의 다이어그램이 자명 매듭의 다이어그램이 아닌, 즉 비자명 매듭의 다이어그램라는 것을 의미합니다.

> **연습문제 9** 그림 13.21의 두 다이어그램이 나타내는 매듭이 같은 매듭을 나타낸다는 것을 보이시오.
>
> **해답** 왼쪽 다이어그램이 나타내는 매듭은 **그림 13.22**와 같이 변형하여 오른쪽 매듭과 같은 모양으로 만들 수 있으므로 같은 매듭임을 알 수 있습니다.[*] 오른쪽 다이어그램부터 시작해도 되지만, 왼쪽 다이어그램은 교점을 교체하여 최소 교점을 실현하고 있습니다. 따라서 왼쪽 다이어그램보다 교점이 많은 오른쪽 다이어그램이 나타내는 매듭을 변형했습니다.
>
>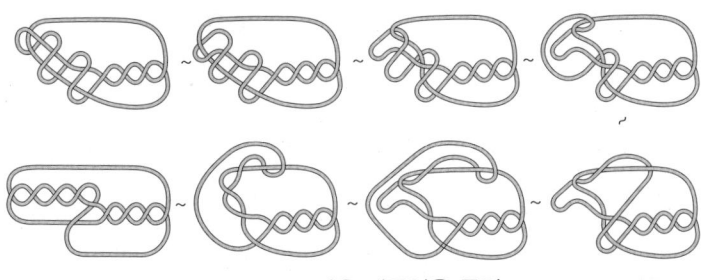
>
> **그림 13.22** 같은 매듭임을 증명

그림 13.22의 매듭 풀림수는 2로 알려져 있습니다. 매듭 풀림수가 '2'라는 것은 이 매듭은 2개의 교점에서 교차 교환을 하면 자명 다이어그램이 되는 다이어그램을 가지지만, 한 번의 교차 교환으로 자명 매듭의 다이어그램이 되는 다이어그램을 가지지 않는다는 것을 뜻합니다.

그림 13.21의 오른쪽 다이어그램은 교차 교환을 두 번 하면 자명 다이어그램이 되는 것은 이미 보았습니다만, 모든 다이어그램이 한 번의 교차 교환으

---

[*] 여기에서는 공간 내의 매듭을 상상하기 쉽도록 다이어그램이 아닌 끈 모양의 매듭을 그리고 있습니다.

1. 교차 교환과 매듭의 풀림수

로 자명 매듭의 다이어그램이 될 수 없다는 것은, 지금까지의 지식으로는 유감스럽게도 증명할 수 없습니다. 일반적으로는 매듭 풀림수를 결정하는 것은 어려운 문제이지만, 지금까지 배운 지식만으로 매듭 풀림수를 결정할 수 있는 매듭도 있습니다.

---

**연습문제 10**  세잎 매듭의 매듭 풀림수가 1임을 보이시오.

**해답**  그림 13.2와 같이 세잎 매듭의 표준적인 다이어그램은 한 번의 교차 교환으로 자명 매듭의 다이어그램을 만들 수 있습니다. 또한 세잎 매듭은 자명 매듭과는 다릅니다. 즉, 어떤 다이어그램을 생각해도 교차 교환 0회로는 자명 매듭이 될 수 없습니다. 따라서 세잎 매듭의 매듭 풀림수는 '1'이라고 할 수 있습니다.

---

**연습문제 11**  서로 다른 매듭 풀림수가 1인 매듭의 열을 구성하시오.

**해답**  자연수 $n$에 대해 $n$절반꼬임을 갖는 트위스트 매듭을 $T_n$로 나타내면, 매듭의 열 $T_1$, $T_2$, $T_3$ …을 구하는 것이 됩니다. 이를 확인해 봅시다.

**그림 13.23**에 그려진 다이어그램 $T_n$은 ○ 표시를 한 교점에서 교차 교환을 하면 자명 매듭을 나타냅니다. 이는 그림 13.23과 같은 다이어그램의 변형에서도 확인할 수 있으며, 이러한 교차 교환에 대응하는 매듭의 변화가 '트위스트 매듭의 후크 부분을 떼어내는 것'에 대응하는 것에서도 확인할 수 있습니다. 이것으로 '$T_n$의 매듭 풀림수가 1 이하'임을 알 수 있습니다.

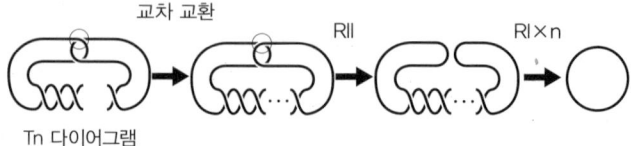

**그림 13.23 트위스트 매듭**

$T_n$는 그림 13.23과 같은 기약 교대 다이어그램을 가지므로 최소 교점수는 '$n+2$'입니다. 이로부터 '$T_n$가 자명 매듭이 아니다'라는 것과 '자연수 $n$이 다르면 매듭 $T_n$도 다르다'는 것을 알 수 있습니다. 또한 전자(그리고 그림 13.23 바로 앞의 결론)로부터 '$T_n$의 매듭 풀림수가 1'임을 알 수 있고, 후자로부터 '$T_1$, $T_2$, $T_3$, …이 무한한 매듭의 열'임을 알 수 있습니다.

---

주어진 매듭의 매듭 풀림수를 구하는 문제는 여전히 매듭 이론의 어려운 문제로 여겨지고 있습니다.

## 2 고리 풀림수

여기에서는 매듭뿐 아니라 고리에 대해서도 앞 절과 마찬가지로 생각해 봅시다. 먼저, 고리의 투영도에서 자명 고리의 다이어그램을 얻는 방법에 대해 알아보겠습니다.

2성분 이상의 고리 투영도도 다음 순서에 따라 교점에 상하 정보를 부여하여 자명 고리의 다이어그램을 만들 수 있습니다. 투영도의 각 성분에 1부터 순서대로 번호를 부여하고, 성분별로 시작 지점과 진행 방향을 정합니다. 1이 할당된 성분부터 순서대로 시작 지점에서 방향을 따라 진행하며, 처음 교점을 통과할 때 통과하는 선분이 위가 되도록 상하 정보를 부여합니다. 이미 상하 정보를 부여한 교점을 통과할 때는 그대로 아래쪽을 통과합니다. 이를 반복하여 시작 지점으로 돌아오면 두 번째 성분에 대해서도 마찬가지로 시작 지점에서 방향을 따라 진행하여 교점에 상하 정보를 부여합니다. 그리고 세 번째 성분에 대해서도, 네 번째 성분에 대해서도 … 등, 모든 성분에 도달할 때까지 반복하여 얻어진 고리의 다이어그램은 자명 고리의 다이어그램이 됩니다.

구체적인 예를 통해 확인해 봅시다. 아래에서는 투영도의 일부에 교점의 상하 정보를 부여한 것도 '다이어그램'이라고 부르기로 합니다. **그림 13.24**는 4성분 고리의 투영도에 앞서 설명한 방법으로 모든 교점에 상하 정보를 부여한 것입니다.

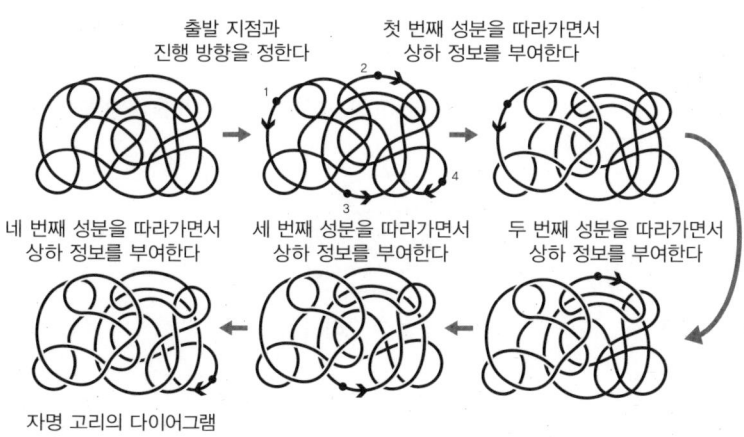

**그림 13.24** 교점의 상하 정보를 부여하는 방법

서로 다른 성분 간의 교점을 고려하지 않더라도, 교점의 상하 정보는 13.1절 (p.237)에서 설명한 부여 방식을 따르고 있기 때문에, 이 다이어그램의 각 성분은 자명 매듭의 다이어그램임을 알 수 있습니다. 또한 **그림 13.25**를 보면 첫 번째 성분보다 두 번째 성분, 두 번째 성분보다 세 번째 성분, 세 번째 성분보다 네 번째 성분이 아래에 있다는 것을 알 수 있습니다. 따라서 그림 13.24와 같이 교점의 상하 정보를 부여한 투영도는 자명 고리의 다이어그램이 되는 것을 알 수 있습니다.

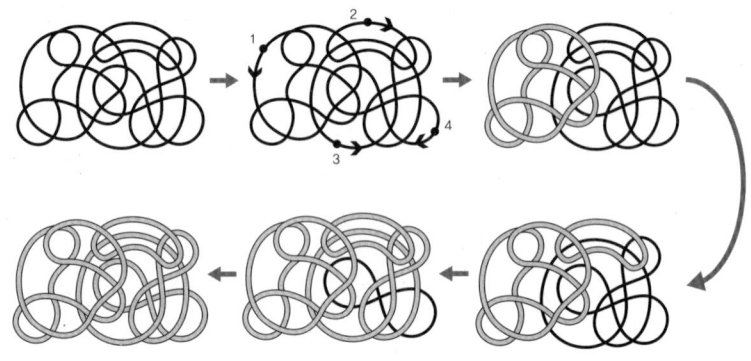

**그림 13.25** 그림 13.24의 다이어그램에 대응하는 고리

이 방법을 이용하여 다음 두 개의 연습문제를 풀어봅시다. 상하 정보를 부여하는 성분의 순서, 진행 방향에 따라 얻을 수 있는 다이어그램이 달라지므로 정답은 하나만이 아닙니다.

연습문제 12  다음 2성분 고리의 투영도에 교점의 상하 정보를 부여하여 자명 고리의 다이어그램을 구하시오.

**그림 13.26** 2성분 고리의 투영도

해답  **그림 13.27**과 같이 투영도의 각 성분을 순서대로 시작 지점을 정하고, 순서에 따라 교점의 상하 정보를 부여하면 자명 2성분 고리의 다이어그램을 얻을 수 있습니다.

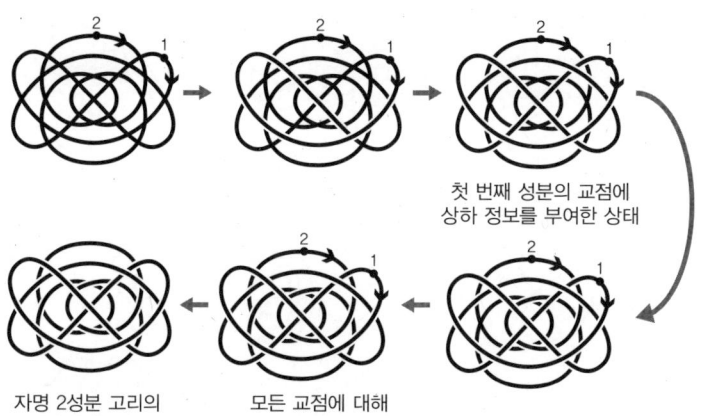

그림 13.27 순서에 따라 교점에 상하 정보를 부여

**연습문제 13**  다음 고리 다이어그램을 자명 고리로 만들기 위해서는 어떤 교점에 교차 교환을 실시하면 좋을지 답하시오.

그림 13.28 고리 다이어그램

**해답**  다이어그램의 교점 상하 정보를 제거한 투영도를 생각해 봅시다. **그림 13.29**와 같이 투영도의 각 성분에 순서를 정하고, 순서에 따라 교점에 상하 정보를 부여해 나가면 자명 고리의 다이어그램을 얻을 수 있습니다.

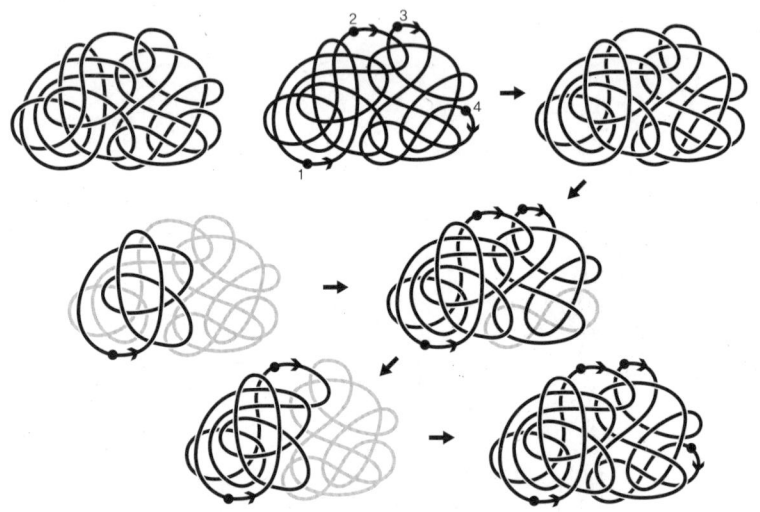

**그림 13.29** 투영도의 교점에 상하 정보를 부여하는 순서

얻어진 자명 고리의 다이어그램과 주어진 다이어그램이 대응하는 교점에서 상하 정보가 서로 바뀌는 점이 교차 교환을 해야 할 교점이 됩니다. 그러한 교점은 **그림 13.30**에서 ○ 표시를 한 교점임을 알 수 있습니다.

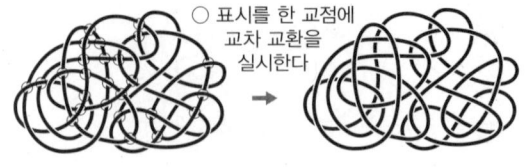

**그림 13.30** 자명 고리의 다이어그램으로 만들기 위해 교차 교환을 하는 교점

매듭 풀림수의 개념은 고리로도 확장할 수 있습니다. $n$을 '자연수'라고 할 때, 주어진 고리에 대해 $n$개의 교점에 교차 교환을 실시하면, 자명 고리가 되는 다이어그램이 존재합니다. 또한 $n-1$개 이하의 교점에 교차 교환을 실시해도 자명 고리의 다이어그램을 얻을 수 있는 다이어그램이 존재하지 않을 때, 이 고리의 고리 풀림수는 '$n$'이라고 합니다.

> **연습문제 14**   호프 고리의 고리 풀림수가 1임을 보이시오.

> **해답**   그림 13.31과 같이 호프 고리의 표준 다이어그램은 한 번의 교차 교환으로 자명 고리의 다이어그램을 만들 수 있습니다. 또한 호프 고리의 간이 고리수의 값은 '1'이므로 자명 고리가 아닙니다. 즉, 교차 교환 0회로는 자명 고리가 될 수 없습니다. 따라서 매듭 풀림수를 '1'이라고 결정할 수 있습니다.

**그림 13.31** 자명 고리의 다이어그램이 되도록 교차 교환을 실시하는 교점

## ◇ 교차 교환과 간이 고리수

교차 교환은 다이어그램이 나타내는 고리를 풀거나 더 간단한 것으로 만들 수 있습니다. 교차 교환이 다이어그램이 나타내는 고리를 변경시켜도 불변량의 값은 변경시키지 않을 수 있습니다. 이 점을 이용하면 불변량을 구하는 것이 쉬워지는 경우가 있습니다.

> **연습문제 15**   간이 고리수의 값을 변경시키지 않는 교차 교환의 예를 들어보시오.

> **해답**   2성분 고리 다이어그램의 경우, 같은 성분 간의 교점에서의 교차 교환은 간이 고리수가 변경되지 않습니다. 그림 13.32의 교차 교환은 같은 성분 간의 교점에 대해 이루어지기 때문에 간이 고리수의 값에 영향을 주지 않음을 알 수 있습니다.

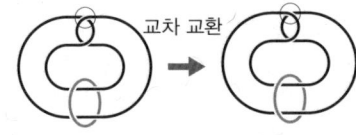

**그림 13.32** 간이 고리수의 값이 변경되지 않는 교차 교환

간이 고리수를 구하기 위해 계산하는 것은 다른 성분으로 구성된 교점만이므로, 같은 성분상의 교점의 위아래를 어떻게 바꿔도 간이 고리수의 값에는

영향을 미치지 않습니다. 같은 성분상의 교차 교환을 '자기 교차 교환'이라고 부릅니다.

**그림 13.33**은 성분을 검은색과 회색으로 나누어 칠한 화이트헤드 고리의 다이어그램입니다. 이 다이어그램을 이용한 간이 고리수는 이미 연습문제 10.4(p.209)에서 구했지만, 여기에서는 교차 교환을 이용하여 구해보겠습니다. 그림 13.33에서 ○ 표시를 한 교점은 검은색 한 색만 사용하고 있습니다. 즉, 간이 고리수에는 영향을 주지 않는 교점입니다. 다른 교점의 상하 정보는 일치하므로 이 두 다이어그램에서 구한 간이 고리수는 일치하는 것을 알 수 있습니다.

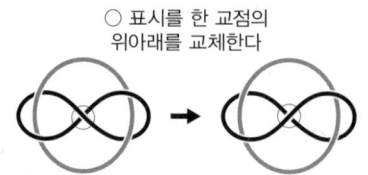

**그림 13.33** 간이 고리수가 일치하는 고리

오른쪽 고리의 다이어그램이 나타내는 고리는 **그림 13.34**와 같이 변형하면, 자명 고리임을 알 수 있으므로 간이 고리수의 값은 0입니다. 따라서 왼쪽 고리의 다이어그램이 나타내는 고리(화이트헤드 고리)의 간이 고리수 역시 0임을 알 수 있습니다.

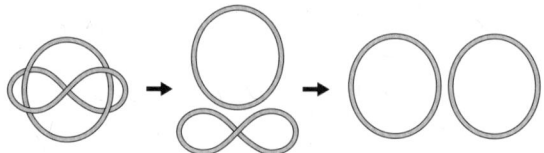

**그림 13.34** 자명 2성분 고리

언뜻 보기에 복잡해 보이는 고리라도 다이어그램을 자기 교차 교환으로 다른 고리의 다이어그램으로 바꾸면 간이 고리수를 쉽게 구할 수 있는 경우가 있습니다. 예를 들면 **그림 13.35** 고리의 간이 고리수는 '0'이라는 것을 금방 알 수 있습니다.

그림 13.35 간이 고리수가 0인 고리

**그림 13.36**과 같은 다이어그램을 그리고 ○ 표시를 한 교점에서 자기 교차 교환을 수행합니다. 이를 통해 얻어진 다이어그램이 나타내는 고리가 원래의 고리와 다른 고리라고 해도 간이 고리수의 값은 변하지 않습니다. 따라서 원래 고리의 간이 고리수를 구하는 대신 자기 교차 교환으로 얻은 다이어그램으로 부터 간이 고리수를 구할 수 있습니다.

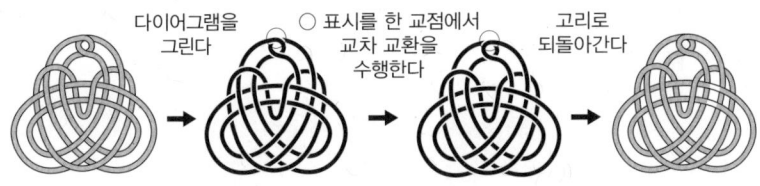

그림 13.36 간이 고리수의 값이 일치하는 2성분 고리

간이 고리수는 고리의 불변량이므로, 공간 내에서 고리를 변형한 후 다이어 그램을 구해도 같은 값이 됩니다. 그림 13.36의 맨 오른쪽 고리는 **그림 13.37** 과 같이 변형하면 자명 2성분 고리임을 알 수 있습니다.

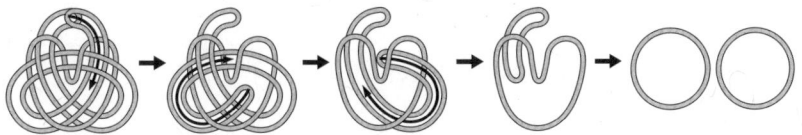

그림 13.37 자명 2성분 고리

자명 2성분 고리의 간이 고리수는 0이므로, 그림 13.35의 2성분 고리의 간 이 고리수의 값은 '0'이라는 결론을 내릴 수 있습니다. 이미 간이 고리수를 구 한 고리 중에도 자기 교차 교환을 이용하면 더욱 간단하게 간이 고리수를 구 할 수 있는 것이 있습니다. 예를 들어, 연습문제 6(p.211)에서 간이 고리수를 구한 2성분 고리의 간이 고리수는 **그림 13.38**과 같이 자기 교차 교환을 적용

하여 얻은 다이어그램(이 나타내는 고리)을 변형하여 겉모양을 단순화하여 얻어지는 다이어그램으로도 구할 수 있습니다.

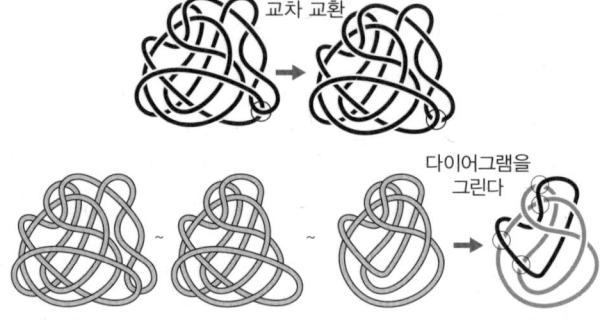

그림 13.38 자기 교차 교환을 시행하여 간이 고리수를 구한다

**연습문제 16** 다음 고리의 간이 고리수를 구하시오.

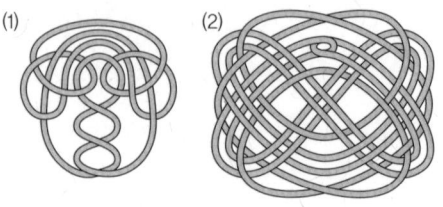

그림 13.39 고리의 간이 고리수

**해답** (1) **그림 13.40**과 같이 이 고리의 다이어그램을 그려 ○ 표시를 한 교점에서 자기 교차 교환을 시행합니다. 자기 교차 교환을 한 후의 다이어그램이 나타내는 고리의 간이 고리수는 원래 고리의 간이 고리수 값과 달라지지 않으므로, 이 고리의 간이 고리수를 구할 수 있습니다.

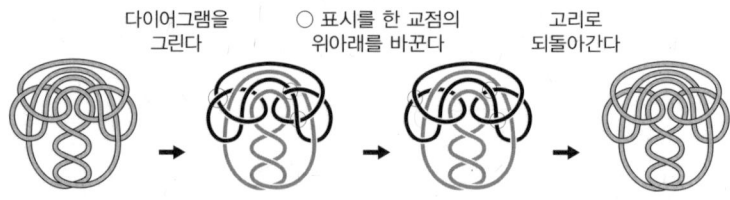

그림 13.40 자기 교차 교환에 의한 변형

그림 13.41과 같이 고리를 변형한 후 다이어그램을 그려 간이 고리수의 값을 구합니다. 세어야 하는 교점은 ○ 표시를 한 2개이므로 이 고리의 간이 고리수 값은 0임을 알 수 있습니다.

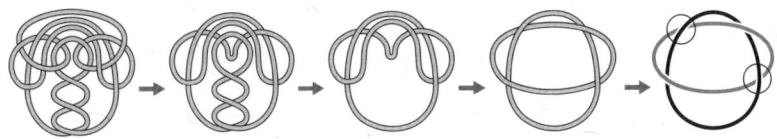

그림 13.41 자기 교차 교환을 이용하여 간이 고리수를 구한다

(2) 그대로 다이어그램을 그리고, 그림 13.42에서 ○ 표시를 한 부분에 대한 교점을 바꾸면 연회색의 성분이 분리되는 것을 바로 알 수 있습니다. 이 변형은 자기 교차 교환에 의해 실현할 수 있습니다. 따라서 간이 고리수는 0임을 알 수 있습니다.

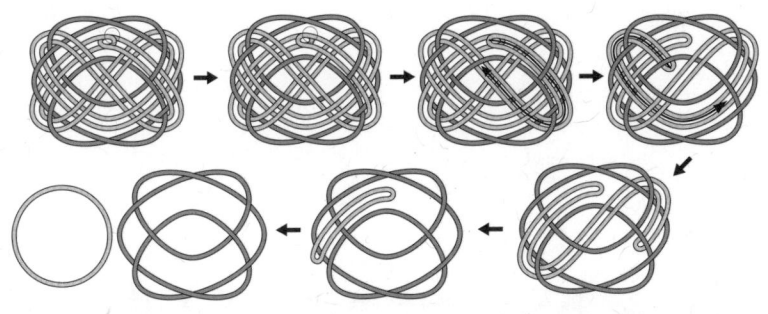

그림 13.42 자기 교차 교환으로 실현할 수 있는 고리의 변형

연습문제 16에 국한된 것만이 아니더라도, 문제를 정의에 따라 그대로만 푸는 것이 아니라 한 템포 쉬었다가 시작하면 쉽게 풀 수 있는 문제가 다른 문제에도 있었습니다. 이것은 매듭 이론에 국한된 것이 아니라 다양한 분야에 있어서도 마찬가지입니다. 이 책을 통해 매듭 이론뿐만 아니라 이러한 사고방식에 대해서도 이해해 주시기를 바랍니다.

> **제13장 요약**
>
> 1. 고리 다이어그램의 어떤 교점에서 그 교점의 상하 정보를 바꾸는 조작을 '교차 교환'이라고 부른다.
> 2. 교점에 상하 정보를 잘 부여하면, 고리의 투영도는 자명 고리를 나타내는 다이어그램으로 만들 수 있다.
> 3. 매듭 $K$의 매듭 풀림수가 $n$일 때, $K$의 어떤 다이어그램의 경우 '$n$개의 교점에서 교차 교환을 실시하면 자명 매듭을 나타낸다'라는 말은 $K$의 어떤 다이어그램도 '$n-1$개 이하의 교점에서 교차 교환을 실시하는 것만으로는 자명 매듭을 나타내지 않는다'가 된다. 고리에 대해서도 마찬가지로 정의한다.
> 4. 자기 교차 교환은 고리를 변경시키지만, 2성분 고리의 간이 고리수의 값을 변경시키지는 않는다.

# 매듭과 고리의 표

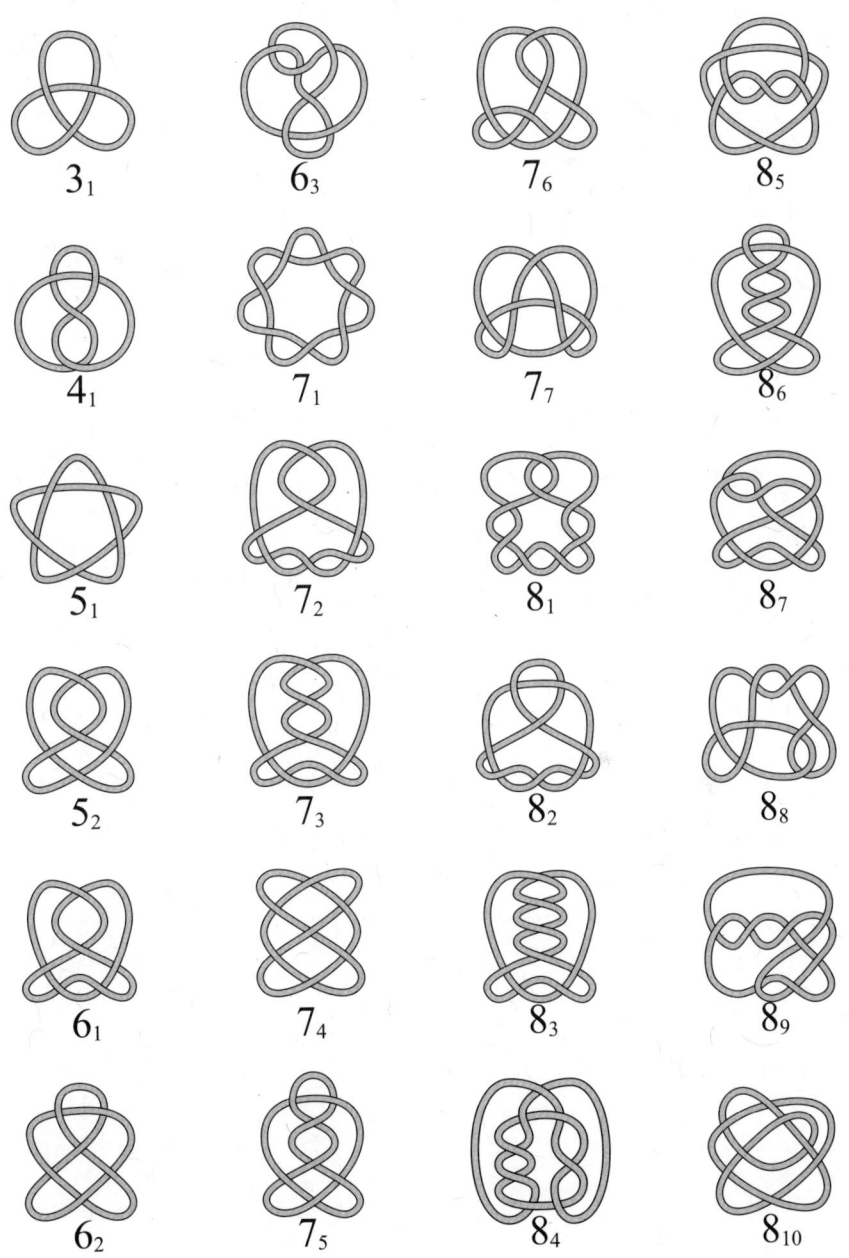

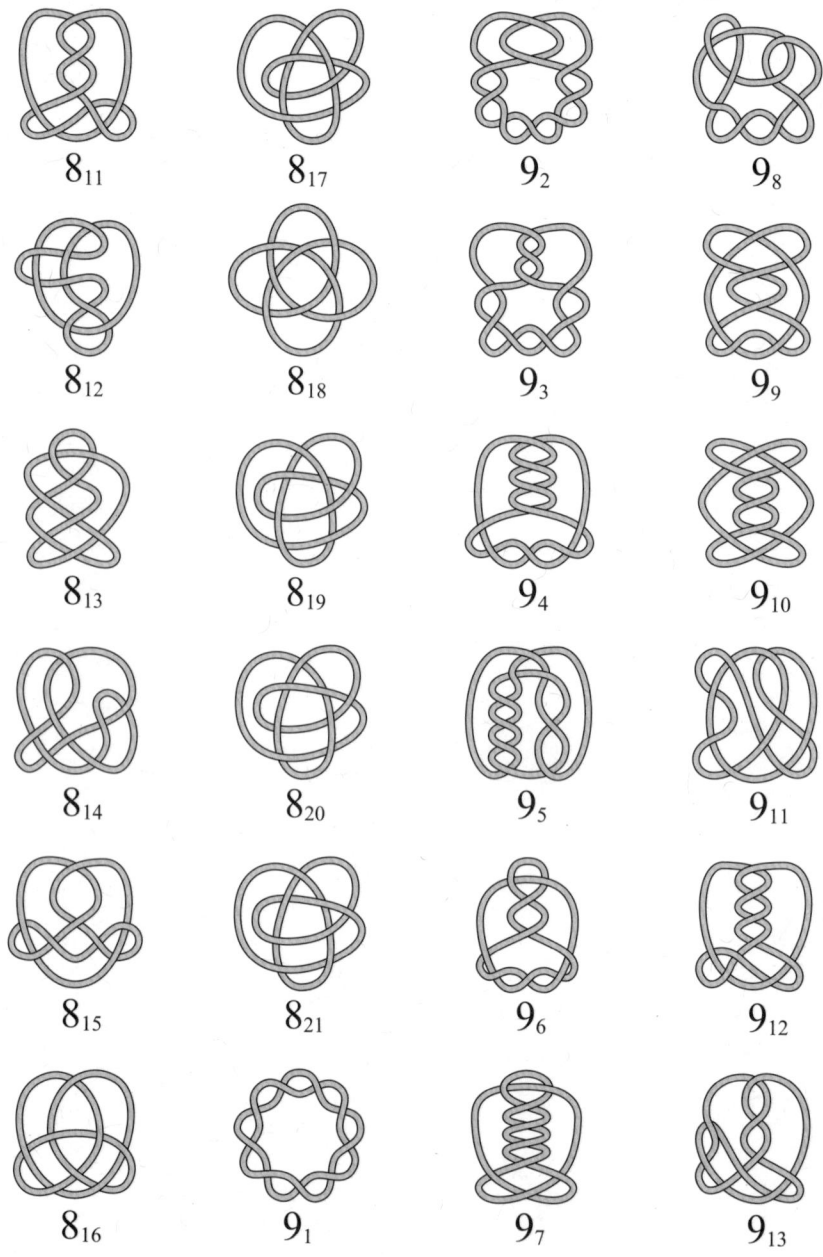

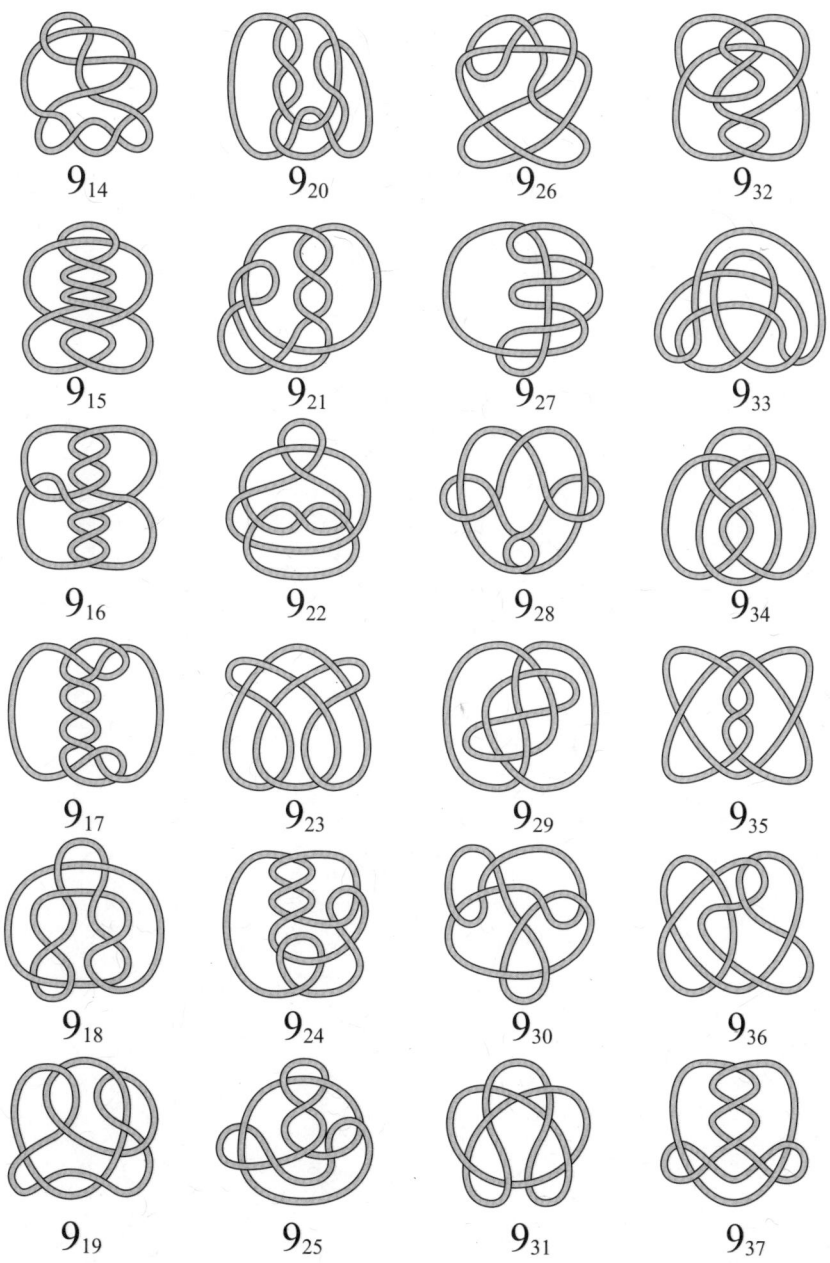

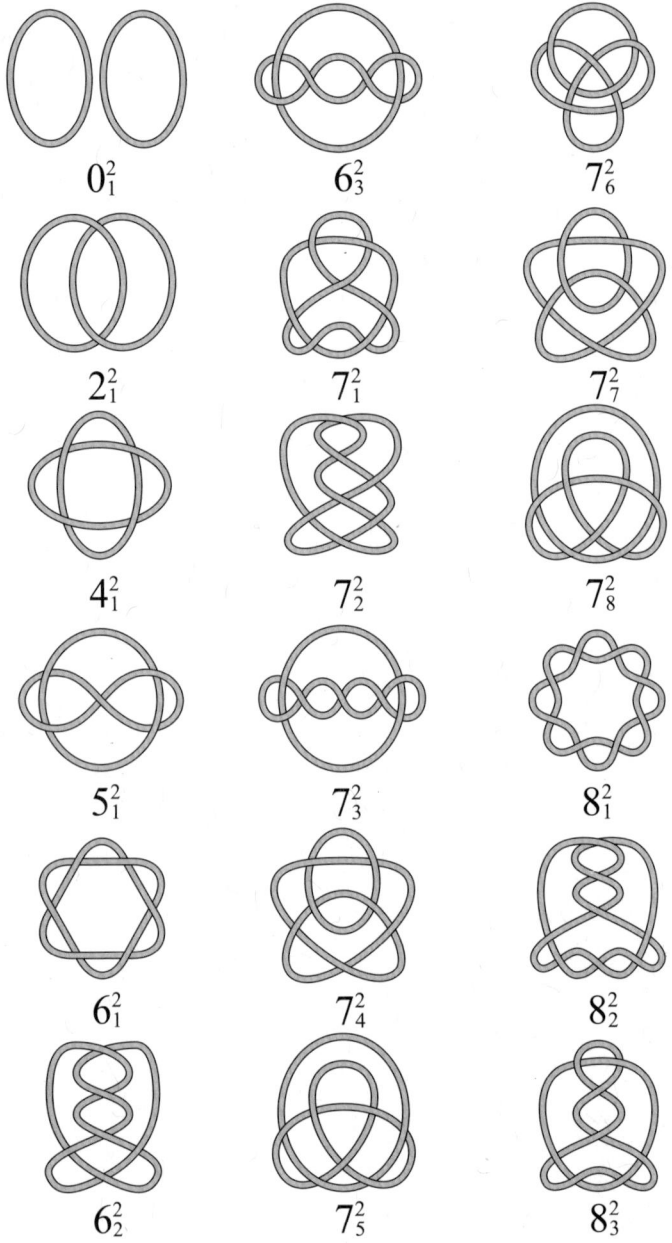

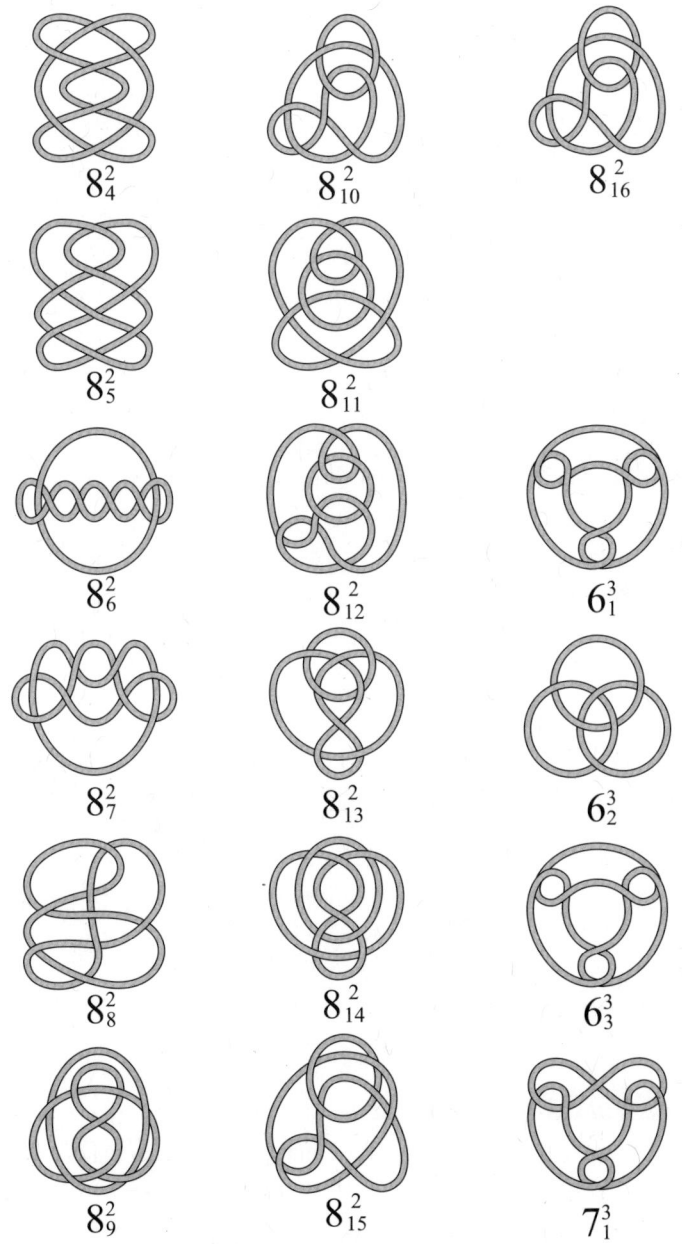

매듭과 고리의 표  265

# 찾아보기

## 숫자·기호·영문자

2성분 고리 24, 34, 48, 120, 192, 204, 217, 225, 256
2중점 41
3성분 고리 24, 75, 147, 201
3채색 가능성 212, 213, 230
8자 매듭 12, 55
knot 10

## ㄱ

가고메 매듭 10, 19
간이 고리수 204, 227, 255
같은 다이어그램 122, 134
같은 매듭 28, 133
거울상 80, 88
고리 21, 39, 62
고리의 불변량 201, 227
고리의 성분 23
고리의 표 154, 261
교대 다이어그램 149, 164
교대 매듭 149
교차 교환 237, 255
구슬 매듭 62
그래니 매듭(grany knot) 67
기약 다이어그램 53, 165

## ㄷ

다른 매듭 28
다이어그램 18, 39, 45, 133
다이어그램의 불변량 201
다중점 41

## ㄹ

라이데마이스터 변형 175, 185, 227
라이데마이스터 정리 185, 227
루프 106, 144
리틀(Charles Newton Little) 166

## ㅁ

마디 매듭 63
맞매듭(스퀘어 매듭) 66
매듭 10, 21, 39, 59, 62, 105, 154, 170, 213, 237, 261
매듭 풀림수(unknotting number) 248
무라사키 쿠니오 164
무의미한 교점(nugatory crossing) 53
무한 매듭 11
무한면 107, 189

## ㅂ

보로메오 고리 68
부둣가 매듭 64
분리 가능 74
분리 평면 76
분해 구면 97
불변량 32, 139, 194, 201, 204, 227
브루니안 고리 71
변 106
비연결 그래프 109
비자명 다이어그램 146
비자명 매듭 97, 102, 249

## ㅅ

상하 정보 ········· 45, 80, 95, 134, 172
성분수 ····················· 38, 110, 201
세로 매듭(그래니 매듭) ············ 67
세잎 매듭 ·· 11, 21, 36, 44, 62, 88, 134,
142, 156, 170, 213, 225
솔로몬의 매듭 ······················ 68
스티브도어(Stevedore) 매듭 ······ 64
슬립 매듭 ······················ 14, 28

## ㅇ

연결 그래프 ·························· 109
연결 성분 ······················ 110, 201
오른손계 세잎 매듭 ···· 44, 62, 88, 156, 216
오일러 공식 ························ 109
오일러 공식의 확장 ················ 113
옭 매듭 ···························· 10, 62
완전 불변량 ························ 199
외과의사 매듭 ······················ 67
왼손계 세잎 매듭 ····· 44, 62, 88, 142, 156, 170, 216
사람의 불변량 ····················· 195
이중 8자 매듭 ······················ 28

## ㅈ

자기 교차 교환 ···················· 256
자명 고리 ·········· 26, 71, 146, 187, 251
자명 다이어그램 ········· 146, 209, 244
자명 매듭 ······· 22, 26, 40, 72, 99, 146, 155, 188, 213, 225, 237
정점 ·································· 106

## ㅊ

차수 ·································· 107
최소 교점수 ···················· 155, 164

## ㅋ

카우프만(Louis Kauffman) ········ 164
커크만(Thomas Penyngton Kirkman) ··· 164
켈빈 경(Lord Kelvin) ················ 166

## ㅌ

테이트(Peter Guthrie Tait) ········ 166
투영도 ···························· 40, 115
톰슨(William Thomson) ············ 166
트위스트 매듭 ······················ 69
티슬스웨이트(Morwen Thistlethwaite) 164

## ㅍ

퍼코(Kenneth Albert Perko, Jr.) ···· 160
퍼코의 쌍 ···························· 167
평면 그래프 ···················· 105, 115
프라임 매듭 ·························· 99

## ㅎ

합성 매듭 ····························· 89
호 ··············· 57, 135, 128, 213, 230
호프 고리 ············ 59, 204, 220, 225
화이트헤드 고리 ······· 35, 62, 212, 225

그림으로 쉽게 배우는 수학
# 매듭 이론

2025. 9. 3. 1판 1쇄 인쇄
**2025. 9. 10. 1판 1쇄 발행**

지은이 | 신조 레이코 · 다나카 코코로
옮긴이 | 권기태
펴낸이 | 이종춘
펴낸곳 | BM (주)도서출판 성안당

주소 | 04032 서울시 마포구 양화로 127 첨단빌딩 3층(출판기획 R&D 센터)
    | 10881 경기도 파주시 문발로 112 파주 출판 문화도시(제작 및 물류)
전화 | 02) 3142-0036
    | 031) 950-6300
팩스 | 031) 955-0510
등록 | 1973. 2. 1. 제406-2005-000046호
출판사 홈페이지 | www.cyber.co.kr
ISBN | 978-89-315-8594-0 (93410)
정가 | 19,000원

### 이 책을 만든 사람들
책임 | 최옥현
진행 | 정지현
표지 디자인 | 박주연
본문 디자인 | 김인환
홍보 | 김계향, 임진성, 김주승, 최정민, 이해송
국제부 | 이선민, 조혜란
마케팅 | 구본철, 차정욱, 오영일, 나진호, 강호묵
마케팅 지원 | 장상범
제작 | 김유석

이 책의 어느 부분도 저작권자나 BM (주)도서출판 성안당 발행인의 승인 문서 없이 일부 또는 전부를 사진 복사나 디스크 복사 및 기타 정보 재생 시스템을 비롯하여 현재 알려지거나 향후 발명될 어떤 전기적, 기계적 또는 다른 수단을 통해 복사하거나 재생하거나 이용할 수 없음.

■ 도서 A/S 안내

성안당에서 발행하는 모든 도서는 저자와 출판사, 그리고 독자가 함께 만들어 나갑니다.
좋은 책을 펴내기 위해 많은 노력을 기울이고 있습니다. 혹시라도 내용상의 오류나 오탈자 등이 발견되면 **"좋은 책은 나라의 보배"**로서 우리 모두가 함께 만들어 간다는 마음으로 연락주시기 바랍니다. 수정 보완하여 더 나은 책이 되도록 최선을 다하겠습니다.
성안당은 늘 독자 여러분들의 소중한 의견을 기다리고 있습니다. 좋은 의견을 보내주시는 분께는 성안당 쇼핑몰의 포인트(3,000포인트)를 적립해 드립니다.
잘못 만들어진 책이나 부록 등이 파손된 경우에는 교환해 드립니다.